SHUIJI JINSHU JIAGONGYE
FANGFU JISHU

水基金属加工液防腐技术

李 涛　顾学斌　编著

化学工业出版社
·北京·

内容简介

本书简要介绍了金属加工液的应用行业、概念、微生物污染与环境风险及金属加工液相关的环保立法、环境政策与相关标准等，重点阐述了金属加工液基础知识、微生物基础知识、微生物污染对水基金属加工液的危害、微生物检测技术、水基金属加工液微生物污染的控制策略等内容。本书还从水基金属加工液产品研发、杀菌剂的应用、产品采购与选型、产品应用与管理等环节介绍防腐技术的实施方法，并分析了防腐措施对废水处理环节的影响。最后，对水基金属加工液防腐技术在今后面临的挑战提出了独到见解。

本书适合为金属加工液产品的研发、制造、技术服务、营销人员，以及机械加工行业相关从业者提供参考，也可供其他涉及微生物污染控制的工业领域从业人员、相关专业院校师生参考。

图书在版编目（CIP）数据

水基金属加工液防腐技术/李涛，顾学斌编著. —北京：化学工业出版社，2022.8

ISBN 978-7-122-41367-3

Ⅰ.①水… Ⅱ.①李…②顾… Ⅲ.①金属加工-水基润滑剂-防腐剂 Ⅳ.①TE626.3

中国版本图书馆CIP数据核字（2022）第077556号

责任编辑：张 艳　　文字编辑：郭丽芹 陈小滔
责任校对：宋 夏　　装帧设计：王晓宇

出版发行：化学工业出版社（北京市东城区青年湖南街13号 邮政编码100011）
印 装：北京科印技术咨询服务有限公司数码印刷分部
710mm×1000mm 1/16 印张14½ 字数248千字
2022年10月北京第1版第1次印刷

购书咨询：010-64518888　　售后服务：010-64518899
网 址：http://www.cip.com.cn
凡购买本书，如有缺损质量问题，本社销售中心负责调换。

定 价：85.00元

京化广临字2022-11

前言

近年来，随着我国金属材料加工与机械制造行业的迅速发展，与之相关的环境污染问题也愈发严重，其“三废”污染源主要来自加工过程中使用的工艺介质——水基金属加工液的无序排放。

控制水基金属加工液的环境风险，需要不断加强环保立法和执法监管，但最为根本的是从源头上减少乃至杜绝废弃物的产生。水基金属加工液被微生物污染而引起腐败是最主要的废水成因。防腐技术即防止因微生物污染引起腐败，从而使微生物活动所导致的产品风险最小化。显而易见，防腐工作应立足于事前预防，而非发生腐败后再行处理。实施防腐技术可为水基金属加工液用户和社会带来诸多收益，如延长加工液使用寿命、减少废水总量、提高生产效率、降低运营成本、防范健康风险、保护生态环境等，同时也是供应链内相关企业积极履行社会责任的行为。

本书内容聚焦于水基金属加工液防腐技术，内容较丰富、全面，注重理论联系实践，以全面的视角看待防腐工作，提出了微生物污染的三级预防策略，阐述了水基金属加工液的供应链中各环节对产品防腐工作的贡献。虽然各个环节的实施方法有所侧重，但核心目标都是为了控制微生物的数量、抑制其生理活性，进而获得满意的产品使用寿命。本书的内容体系如下图所示。

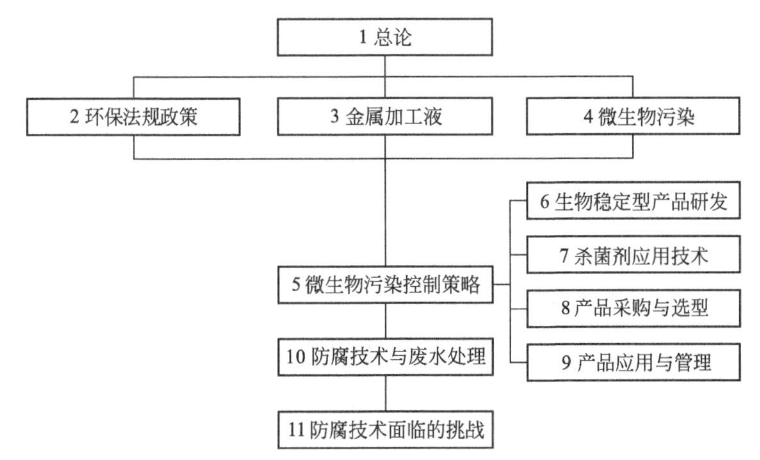

本书第 4 章和第 7 章由李涛、顾学斌合著，其余章节由李涛编著。本书的出版得到了南京科润工业介质股份有限公司、南京坦斯特润滑油有限公

司、上海日乾化工科技有限公司的支持，在此一并表示感谢!

希望本书能为我国金属加工液行业的发展提供一些帮助和参考。由于笔者学识尚浅，书中内容难免会有疏漏和不妥之处，恳请读者给予指正。可通过邮箱 litlub@163. com 联系到作者。

编著者

2022 年 8 月

目录

第1章 总 论 001

1.1 材料加工与机械制造行业简述 001
1.2 金属材料加工与金属加工液 002
1.2.1 金属材料加工的范畴 002
1.2.2 金属加工液的内涵和概念 004
1.2.3 金属加工液的水性化趋势 005
1.2.4 金属加工液的失效 006
1.3 金属加工液的微生物污染与环境风险 007
1.3.1 微生物污染与腐败 007
1.3.2 金属加工液对环境的影响途径 009
1.3.3 金属加工液中的环境污染物 009
1.4 防腐技术方法论及控制环节 010
1.4.1 方法论 011
1.4.2 控制环节 017

第2章 金属加工液相关的环保立法、环境政策与相关标准 019

2.1 中国的环保立法、环境政策与相关标准 019
2.1.1 水环境保护相关举措 020
2.1.2 土壤环境保护相关举措 022
2.1.3 大气环境保护相关举措 024
2.1.4 有毒有害化学品风险管控政策和措施 026
2.2 国外主要经济体的环保立法与相关政策 032
2.2.1 欧盟 032
2.2.2 美国 034

2.2.3 日本 036
2.3 与金属加工液行业有关的国际公约 038
2.4 环保政策对金属加工液行业的影响 039

第 3 章 金属加工液 042

3.1 金属加工液发展简史 042
3.2 金属加工液的分类 044
3.2.1 按产品用途分类 044
3.2.2 按技术原理分类 045
3.3 常见金属加工液的典型配方结构 047
3.3.1 切削油 047
3.3.2 乳化型切削液 048
3.3.3 全合成切削液 049
3.3.4 复合型金属加工液 049
3.4 金属加工液的技术发展趋势 050

第 4 章 水基金属加工液的微生物污染 051

4.1 霉腐微生物的形态构造和特点 051
4.1.1 细菌 051
4.1.2 放线菌 054
4.1.3 酵母菌 055
4.1.4 霉菌 057
4.2 微生物生长条件 059
4.3 水基金属加工液中的微生物 062
4.3.1 细菌 063
4.3.2 真菌 063
4.4 水基金属加工液的生物降解过程 064
4.5 微生物污染的危害 066

4.5.1 对工作液的危害 067
4.5.2 对设备和加工件的危害 069
4.5.3 对人体健康的危害 070
4.5.4 对生态环境的危害 072
4.5.5 对经济效益的损害 072
4.6 微生物检测技术 073
4.6.1 计数法 073
4.6.2 重量法 075
4.6.3 生理指标法 075
4.6.4 微生物快速检测技术 075

第5章
水基金属加工液微生物污染控制策略 078

5.1 预防微生物污染的理论依据 078
5.2 微生物污染的主要危险因素 079
5.2.1 危险因素的概念 079
5.2.2 危险因素的识别 079
5.3 微生物控制原理 080
5.3.1 机械方法 081
5.3.2 化学方法 081
5.3.3 物理方法 082
5.3.4 生物方法 084
5.4 微生物污染的三级预防策略 086
5.4.1 一级预防 086
5.4.2 二级预防 087
5.4.3 三级预防 088

第6章
生物稳定型水基金属加工液 089

6.1 生物稳定型配方技术的内涵 089
6.2 生物稳定型配方体系构建原理 090

6.2.1 营养源的削减 091
6.2.2 环境条件的控制 092
6.2.3 抗微生物化学制剂的应用 093
6.3 有机物的生物降解性 094
6.3.1 有机物生物降解性的基本规律 094
6.3.2 不同有机物的生物降解性 095
6.4 有机物生物降解性的表征方法 102
6.4.1 生物降解性的测定原理 102
6.4.2 生物降解性的测定方法 104
6.5 腐败挑战试验 111
6.5.1 动态评价法 111
6.5.2 静态评价法 117
6.6 生物稳定型水基切削液的开发 117
6.6.1 有机胺的生物稳定性评价 118
6.6.2 生物稳定型水基切削液配方示例 123

第7章 杀菌剂在水基金属加工液中的应用 125

7.1 工业杀菌剂概述 125
7.1.1 杀菌剂的定义 125
7.1.2 杀菌剂的作用机制 128
7.1.3 杀菌剂的分类 129
7.1.4 杀菌剂的安全性与毒理学评价 131
7.2 用于水基金属加工液中的杀菌剂活性成分 132
7.2.1 醛类和甲醛释放体杀菌剂 133
7.2.2 唑类杀菌剂 133
7.2.3 酚类及其衍生物杀菌剂 139
7.2.4 阳离子型杀菌剂 140
7.2.5 其他类型杀菌剂 142
7.3 杀菌剂在水基金属加工液中的应用技术 145
7.3.1 杀菌剂选型的考虑要素 145
7.3.2 杀菌剂的使用方法 149

7.3.3 微生物的抗逆性及其应对措施 155

第8章
水基金属加工液产品采购与选型 158

8.1 采购环节对防腐工作的重要性 158
8.2 产品选型的考虑要素 159
8.2.1 技术要素 159
8.2.2 经济要素 161
8.2.3 法规符合性 161
8.3 产品选优方法 161

第9章
水基金属加工液应用阶段的防腐管理 167

9.1 水基金属加工液防腐管理的特点 167
9.2 管理实施责任主体 168
9.3 水基金属加工液的储存 169
9.4 工艺用水 170
9.4.1 原水 171
9.4.2 自来水 172
9.4.3 软化水 173
9.4.4 纯水和超纯水 174
9.4.5 再生水 176
9.5 工作液的配制程序 177
9.6 水基切削加工液的日常管理 180
9.6.1 现场防腐相关的管理项目 180
9.6.2 工作液防腐管理的关键要素 195
9.6.3 工作液微生物控制能力的恢复 196
9.6.4 严重腐败的应对措施 197
9.7 工作液净化技术 198
9.8 化学品管理承包模式 200

9.8.1 化学品管理承包相关概念 201
9.8.2 化学品管理承包项目运行模式 202
9.8.3 化学品管理团队及其主要工作内容 203
9.8.4 化学品管理服务的技术要求 204
9.8.5 化学品管理承包模式的优越性和局限 205

第10章
防腐技术对废水处理环节的影响 207

10.1 水基金属加工液废水的特点 207
10.2 工业废水的处理系统及其原理 208
10.3 防腐技术对废水处理环节的影响 210
10.3.1 产品类型的影响 210
10.3.2 酸碱度和pH值的影响 211
10.3.3 残留杀菌剂成分的影响 213
10.3.4 难降解有机物的影响 213
10.3.5 添加剂溶解性的影响 214
10.4 废水最少量原则 214

第11章
水基金属加工液防腐技术面临的挑战 217

参考文献 220

第1章

总论

1.1 材料加工与机械制造行业简述

材料是人类用于制造物品、器件、构件、机器或其他产品的物质。材料是物质，但不是所有物质都可以称为材料，如燃料和化学原料、工业化学品、食物和药物，通常都不归类于材料。一般意义上的材料可以根据其化学成分的不同分为金属材料、无机非金属材料和有机高分子材料。其中，金属材料主要包括黑色金属（铁、铬、锰及其合金）、有色金属（铝、铜、镁、钛、锡、铅等金属及其合金），以及金属间化合物；无机非金属材料主要包括过渡金属或性质与之相近的金属与硼、碳、硅、氮、氧等非金属元素组成的化合物，如水泥、混凝土、玻璃、陶瓷、岩体矿物等；有机高分子材料主要包括各种塑料、橡胶以及合成纤维。除此之外，这三类材料相互复合可以制备得到性能更加优异的各种复合材料。这些各具特色的材料构成了工业发展所必需的物质基础，由钢铁厂、有色金属厂、化工厂等企业以供应商的身份提供给市场。

材料要成为具有实用价值的商品，需要经过人为加工处理。材料加工指人类对材料进行加工制造的生产活动。在加工制造过程中，通过采用特定的物理和（或）化学方法、加工设备与工具、工艺参数和介质，使加工对象在组织与性能、形状与尺寸、表面微观结构与状态等方面发生改变，以提高其价值。材料从毛坯到成品，就是经特定的工艺和加工流程来获得所需要的质量的过程，绝大多数零部件除经历机械加工过程以外，还需要经过热处理、表面处理、清洗、防锈、电镀、焊接等加工工艺，最终由零部件制造厂、组装厂、总装厂等产品企业为终端消费者提供各种各样的整体产品。

材料加工技术分为机械加工技术（常规加工技术）和非机械加工技术（特种加工技术）两大类。

（1）机械加工技术

机械加工技术是历史悠久且应用广泛的材料加工方式，其名称有两层含义。含义一：用机械来加工工件的技术，更明确地说是通过一种机械设备对工件的外形尺寸或性能进行改变的过程。这种机械通常称为机床（工具机或工作母机），加工工艺大多是采用比被加工工件材料力学性能更高的工具（刀具、模具）通过机械力的作用，将工件材料去除、使其变形或改变其性能，达到所需要的形状尺寸和质量要求。含义二：制造某种机械的技术，是按照人们需求，运用主观掌握的知识技能和客观存在的物质及工具，采用有效的方法使原材料转化为机械产品的过程中所实施的手段的总和。其产品是机械加工设备、发动机、汽车、起重机等国民经济所需各项技术装备，但从本质上来看，这些机械均大量使用了机械加工、非机械加工获得的零部件。

（2）特种加工技术

特种加工技术指不使用普通刀具来切削工件材料，也不需要在加工过程中施加明显的机械力，而是将电能、热能、光能、声能、磁能等物理能量、化学能量或其组合，乃至与机械能的组合直接施加到被加工的部位上，从而实现材料去除、增长或表面改性并达到所需的形状尺寸和表面质量要求的加工方法。目前，特种加工技术已成功开发应用的就有数十种，如电镀加工、镀膜加工、电铸加工、电化学加工、超声波加工、喷射加工、激光束加工、电火花加工、电子束加工、离子束加工、化学加工、快速成形加工等。需要注意的是，特种加工技术和常规加工技术往往分处于同一零部件的不同加工工序，共同赋予了材料的质量特性。特种加工技术在难加工材料的加工、模具及复杂型面的加工、零件的精密微细加工等领域已成为重要的加工方法或仅有的加工方法，是现代制造技术的前沿。

1.2 金属材料加工与金属加工液

1.2.1 金属材料加工的范畴

金属材料是现代社会最为基础的材料，其特有的力学性能、物化性能、工艺性能，赋予其优异的加工特性。金属材料加工是最重要、最具代表性的材料加工活动。

在传统制造工艺中，根据零部件加工时的受热状态划分为冷加工和热加工两大类，典型的冷加工是金属切削加工、冲压加工等，热加工则包含热处理、热轧等，均主要利用力学、热力学原理。但随着材料科学的进步和材料加工方法的发展，材料加工亦从其本质机理进行分类，分为去除加工、结合加工、变形加工、相变加工等，其范畴详见表 1-1。

表 1-1 材料加工机理的范畴

分类	加工机理		加工方法
去除加工	力学加工		切削加工，磨削加工，磨粒流加工，磨料喷射加工，液体喷射加工
	物理加工		超声波加工，激光加工
	电物理加工		电火花线切割加工，等离子体加工，电子束加工，粒子束加工
	化学加工		化学铣削加工，光刻加工
	电化学加工		电解加工
	复合加工		电解磨削，超声电解磨削，超声电火花电解磨削，化学机械抛光
结合加工	附着加工	物理加工	物理气相沉积，离子镀
		热物理加工	蒸镀，熔化镀
		化学加工	化学气相沉积，化学镀，硅烷纳米陶瓷膜
		电化学加工	电镀，电铸，刷镀
	注入加工	物理加工	离子注入，离子束外延
		热物理加工	渗碳，掺杂，烧结，晶体生长，分子束外延
		化学加工	渗氮，渗硼，渗硫，氧化，活性化学反应，磷化
		电化学加工	阳极氧化
	连接加工		化学粘接，激光焊接，快速成形制造，卷绕成形制造
变形加工	冷、热流动加工		轧制，挤压，辊压，锻造，辊锻，液态模锻，粉末冶金
	黏滞流动加工		金属型铸造，压力铸造，离心铸造，熔模铸造，壳型铸造，低压铸造，负压铸造
	分子定向加工		液晶定向
相变加工	组织结构与成分转变		淬火，退火，回火，正火，时效，调质

① 去除加工。又称为分离加工，是从工件上去除一部分材料而成形的加工技术。

② 结合加工。是利用物理和化学方法将相同材料或不同材料结合在一起而成形的一种堆积成形、分层制造技术。按照结合机理、结合强弱又可分为附着（沉积）、注入（渗入）、连接（结合）三种。

③ 变形加工。又称为流动加工，是利用力、热、分子运动等手段使工件产生变形，从而改变其尺寸和性状以及性能的加工技术。

④ 相变加工。是利用加热、保温和冷却等手段使金属材料工件内部组织结构发生相变，或产生化学成分的不连续变化，进而改变其力学性能（强度、硬度、韧性、弹性模量等）、物理性质（电、磁、热等）的加工技术。

与金属材料的加工工艺相比，无机非金属材料和高分子材料的加工范畴大大缩小，但仍然具有相似性。如陶瓷材料可以进行粉末冶金、磨削加工，塑料可以进行铸造、电镀和切削加工。正因如此，它们在部分工艺介质的选择上具有一定的相似性、通用性。

在零部件的加工过程中，往往还需要一些辅助工序才能得到质量优良的产品，如防锈工序、清洗工序、表调工序等。防锈工序的作用是防止零部件在工序间流转或成品库存放期间出现氧化、生锈、腐蚀等现象，保证加工质量的持续稳定；清洗工序的作用是去除黏附在零部件表面的污染物，以便进行下一道工序加工、检验、装配等生产活动，包括脱脂、除锈等；表调工序用于消除材料表面状态的不均匀性，增加金属表面单位面积内的晶核数量，从而加快反应速度并提高表面处理质量。它们作为辅助工序，对零部件加工质量影响很大，在生产过程中也起到关键作用，因而也可归类于材料加工的范畴。

1.2.2 金属加工液的内涵和概念

在各种材料加工方法中，相当多的加工过程需要辅以适当的工艺介质来达到最优质量、最高效率、最适成本、最小波动的质量控制目标，这些工艺介质被称为“加工介质”或“工业介质”，它们可在加工过程中起到润滑、冷却、清洗、防护、导电、载体、成膜等作用，是工业制造领域不可或缺的基础物料。例如，在使用数控（CNC）加工中心对金属毛坯进行切削加工的过程中，使用水基切削液作为润滑和冷却介质，保证了加工过程的顺利进行，延长了工具寿命，获得了高精度的加工表面和高的效费比。同时，水基切削液也发挥了其防锈功能以防止零部件、设备、工装等发生腐蚀，通过冲洗掉金属碎屑、污泥、杂油等杂质使零部件和系统内部保持清洁，并将碎屑、杂质、杂油运输至集中收集点。正因为这些性能特点，传统干式切削已仅限于在部分材料的粗加工工序使用。

材料加工介质从物态上讲，有离子态、气态、液态、固态以及它们的混合状态等形式，其中液态介质用途最广，且可在一定条件下转化为其他几种形态发挥其功效。即便是不涉及物态转变，液态的加工介质仍然是消费量最大、最具代表性的一类，又因其加工对象以金属材料为主，故“金属加工液（metal working fluid，MWF）”成为材料加工介质的代表性称呼。此处，

"液"涵盖了一切流体介质和半流体介质，其内涵的丰富性是由材料及其加工工艺的多样性和复杂性决定的。除作用于金属材料加工过程，金属加工液也用来加工塑料、橡胶、石材、陶瓷、玻璃、硅晶片、碳纤维等非金属材料，其物质形态也有多种。

金属加工液的概念有广义和狭义之分。从广义上讲，凡是应用于金属材料加工范畴的一切工艺介质均可以称为金属加工液，包括了切削、成型、清洗、防锈、表面处理、热处理等各个加工领域的工艺介质。从狭义上讲，金属加工液仅指用于在材料切削和成型加工过程中满足润滑、冷却、防锈及清洗等作用的工艺介质。机械加工行业通常使用其狭义概念，但金属加工液制造商却可提供其广义概念上的各种产品。

1.2.3 金属加工液的水性化趋势

历史上，动植物油脂、水或水溶液都曾被用于材料的加工过程。在切削与成型加工领域，含动植物油脂、氯化石蜡等成分的矿物油基产品，具有优异的润滑性能，但热传导性能较差；而水及其溶液廉价且具有卓越的冷却性能，但润滑性能不足。如何将它们的优点集于一身，扬长避短，是近几十年来金属加工液行业的基础课题。消费市场选择的结果是，越来越多的产品配方发展成乳化类型，不仅在配方中引入了水作为基础成分，而且最终经水稀释后使用，典型的应用是乳化型切削加工液、乳化型铝合金轧制液、乳化型防锈油剂等；使用完全不含矿物基础油的高性能全合成配方也日益推广开来。从切削加工液的产品演化路径（图 1-1）即可窥得这一趋势。需说明的是，目前在水基切削加工液领域，对全合成与半合成产品的概念、划分，观点尚未统一。

在庞大的切削与成型加工液产品体系内，将水引入传统的油性配方，至

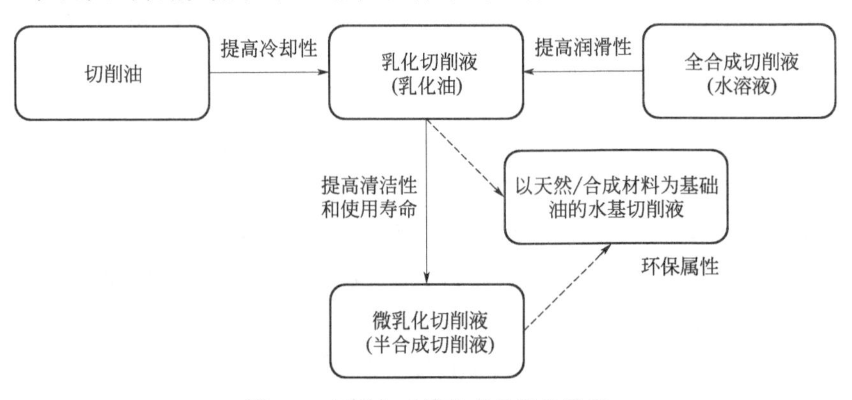

图 1-1　切削加工液的产品演化路径

少带来了以下几个优势：①增强了冷却性能和散热效率；②核心性能指标得到最大程度的保留；③降低了产品综合使用成本；④减少了对矿物油资源的消耗；⑤显著减少油雾，改善了现场作业环境。

然而，水的引入也带来了一些不能忽视乃至决定成败的问题：①为微生物繁殖引发腐败创造了机会，增加了废弃物总量和环境污染风险；②加速了某些添加剂的水解，引起体系失稳、性能劣化等；③相比油性产品，在润滑性能上的短板难以弥补；④需要面对设备、工装和加工件的生锈和腐蚀风险；⑤产品配方复杂化，需引入多种表面活性剂和应对腐败、生锈、腐蚀、水质等风险的功能添加剂；⑥需要精细化的成本管理；⑦用户现场管理工作量增多。

水基金属加工液非常容易受到微生物的攻击，如水基切削液、水基轧制液、水基清洗剂、水基淬火剂等，腐败变质成为产生废弃物的主要原因。而另外一些水基金属加工液产品，尤其是随着近现代特种加工技术的发展而伴生的产品，如磷化液、硅烷表面处理剂、酸洗液、电解液等，尽管其工艺原理决定了只能在水环境下完成加工过程，但其配方设计、理化指标和成分特点使之具备了较低的腐败风险。需要特别注意的是，被水污染的纯油性产品也能支持微生物的生长。

总体来看，金属加工液的水性化是非常成功的，其代表性产品是水基切削液和水基轧制液，它们的推广应用为行业用户带来的收益远大于风险。

1.2.4 金属加工液的失效

当金属加工液的工作液功能不能满足用户要求时，称为失效。产品的失效意味着产品使用寿命到期以及废水的产生，进而带来费用支出、环境风险等问题。

金属加工液的工作液失效既有内部因素导致，也有外部因素使然。

(1) 内部因素

产品性能不能满足要求而导致废弃，常见的内部因素有产品腐败变质、性能下降、气味不适或人体刺激性强等。据调研，国内仅有 9.9%的水基切削液用户换液周期在一年以上，1/3 的用户不足 6 个月，1/4 的用户甚至不足 3 个月，这表明水基切削液使用寿命远远低于合理水平。更换工作液的原因有很多种，腐败是其中之一。如图 1-2 所示，在众多因素中，腐败（微生物污染）问题排在第二位，而其他各项性能均会在一定程度上受到微生物活动的影响，因此微生物的实际影响远大于统计数据，成为长期困扰金属加工行业的难题。事实上，由于工作液的腐败是不可逆的，而非像润滑不足、防锈性差、消泡性差等性能缺陷可通过后期补强予以弥补，所以微生物污染是水基切削液产品需要应对的主要难题。

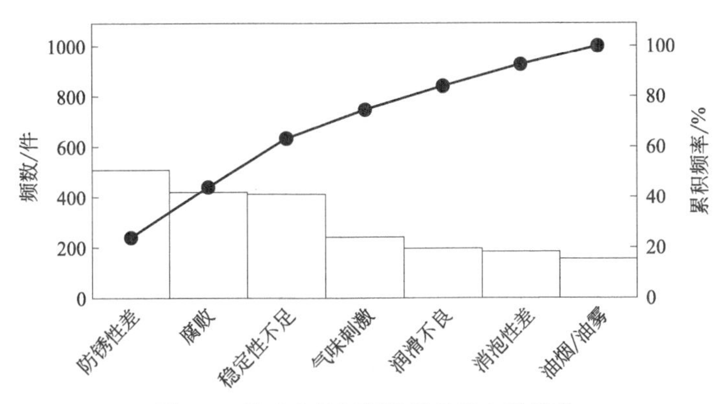

图 1-2 影响水基切削液质量的主要因素

（2）外部因素

产品因不可控或不可预见性事件导致的工作液强制报废。常见的外部因素主要有：①外部污染，较典型的是不同工序之间的串联污染，如乳化液中混入酸洗剂导致破乳、淬火油中混入水基切削液导致冷却特性改变等。②因相关方主观因素导致，如其顾客提出新的成分限制要求与当前产品不能相符、客户转产使加工对象发生不可兼容的改变等。③因外部不可抗力导致，如法规和政策的更新导致产品化学成分受到限制、工厂停工等。

由此可见，金属加工液发生失效的原因是多种多样的，包含了产品功能、应用对象、环保属性等各个方面，其中微生物污染导致的腐败失效是备受关注的问题。如果用户询问供应商“你们的产品使用寿命有多长？”时，通常是指产品的抗腐败能力，这是由腐败的易发性、破坏性、不可逆等特点决定的。

1.3 金属加工液的微生物污染与环境风险

1.3.1 微生物污染与腐败

微生物污染是指细菌、真菌等微生物活动及其代谢产物对工艺介质组分和功能的破坏，以及随之产生的毒性效应。微生物的存在对水基金属加工液有诸多危害，如何降低乃至杜绝微生物的负面影响决定了产品使用寿命的长短。一个高品质（包括产品质量和应用品质）工作液系统和低品质工作液系统的表观区别就在于对微生物的控制能力上。

由微生物污染引起工艺介质的物化性质和性能被破坏的现象称为腐败，腐败的最终后果是金属加工液的工作液丧失使用价值。金属加工液的腐败与日常生活中常见的食物腐烂、动植物生物降解在本质上并无不同。一个稳定的水基金属加工液运行系统中，含有数十种化合物的工作液极易成为微生物的天然培养基，内含的微生物的种类组成、活性同环境中化学物质的种类、浓度有关，并受温度、湿度、酸碱度、氧气、营养供应以及种间竞争等环境条件的影响，最终形成的是一个与环境相适应的微生物群落。

微生物在水解酶的支持下，可于细胞外促使有机物发生水解反应，变成容易进入细胞的物质。有机分子进入细胞内部后，在不同的细菌中、不同的环境下转化的途径是不同的。生物降解按照程度和环境条件的不同，可分为初级生物降解和最终生物降解（好氧或厌氧）。

(1) 初级生物降解

化合物在微生物的作用下，由生物作用引起的化学物质原始母体分子结构发生改变（转变）达到某些特性消失的降解过程［式(1-1)］。

$$\text{有机物 A} \xrightarrow{\text{生物酶}} \text{物质 B(有机物 A 消失)} \tag{1-1}$$

(2) 最终好氧生物降解

在氧气存在的情况下，好氧菌通过氧化酶、脱氢酶的作用，将有机物氧化为 CO_2、H_2O 及存在的其他元素的无机盐（矿化作用）并产生新的生物种群的过程［式(1-2)］。好氧生物降解主要发生在氧分丰富的水基液体内、污水处理厂的曝气过程、江河湖海上层水体等环境，氧化过程比较彻底，最终产物积累较少，获得的能量较多。

$$\text{有机物 A} \xrightarrow{\text{生物酶}} \text{物质 B} \xrightarrow{\text{生物酶}} \cdots \xrightarrow{\text{生物酶}} CO_2 + \cdots + H_2O + \text{微生物(有机物完全降解)} \tag{1-2}$$

(3) 最终厌氧生物降解

在缺氧环境中，化合物被厌氧菌分解为挥发性有机酸（甲酸、乙酸、丙酸、丁酸、戊酸等）、醇（乙醇、丁醇等）、醛、CH_4 等低分子有机物，以及 H_2S、N_2 和 H_2O 并产生新的生物量的过程［式(1-3)］。厌氧生物降解过程主要发生在宏观生物膜内部、江河湖海的下层水体和污泥层等环境，产物大都不是稳定的无机物，而是中间产物。此类氧化不彻底，细菌获得的能量少，但细菌对原始底物消耗较多，并且不受氧供应的限制。

$$\text{有机物 A} \xrightarrow{\text{生物酶}} \text{物质 B} \xrightarrow{\text{生物酶}} \cdots \xrightarrow{\text{生物酶}} CH_4 + H_2S + \cdots$$

$+H_2O+$微生物(有机物完全降解)　　(1-3)

基于上述反应机制可以得出结论，贫氧条件下的厌氧菌活动是引起水基金属加工液产生腐败臭味的主要原因。大多数金属加工液，如水基切削液、水基轧制液等，均含有矿物油、油脂、脂肪酸、合成添加剂、水分等基本组分，这些组分为微生物的生长和繁殖提供了丰富的物质条件和良好的营养环境。产品内含有的营养物质越多、应用环境越恶劣，微生物就越容易繁殖。虽然可通过添加杀菌剂等措施来预防微生物污染，但是在生产和使用过程中还是很容易受到微生物的侵害。

1.3.2 金属加工液对环境的影响途径

金属加工液对环境的污染来自产品制造和使用过程中，自身所含的化学物质的泄漏和未经处理的排放，其污染物有化学原材料、产成品、辅材以及废水等，污染物形态有液体、固体和气体三种。

环境污染物的产生途径有：①设备排出的废水以及冲洗地面产生的废水，这部分废水是机械加工企业中含油废水的主要来源；②工作液严重腐败而又未能妥善处置导致的污染；③产品在生产和储运过程中发生泄漏进入环境中；④被工件、切磨屑以及工装携带出的工作液；⑤沾染产品的工作服、擦油布、包装材料等；⑥产品质量不合格或超过有效期而丧失使用价值，需废弃处理；⑦通过其他途径泄漏到环境中。

金属加工液对环境的污染，目前仍以排放为主要原因，其数量之巨大远非“跑冒滴漏”可比。据统计，在全球范围内有将近80%的废水未经处理就直接排放，其中以工业废水为主，微生物污染导致的工作液腐败无疑是最大推手。一旦发生重大环境污染事故，在巨额赔偿和污染治理费用面前，往往事故企业即便赔得倾家荡产，受害者也难以得到应有的补偿，最终只能由政府、社会“埋单”。而更常见的隐性污染、分散性小规模污染事件，同样危害深远，例如某些不法企业使用暗管、渗井、渗坑、灌注等方式将切削、电镀等环节产生的废水直接排入地下或自然水系，或使用未经处理的含重金属离子的电镀废水作为碱性废水中和剂使用，或将酸洗、洗涤、磷化废水处理产生的污泥作为一般垃圾委托给环卫单位处置。因此，必须采取切实有效的措施防止金属加工液中的化学物质进入并在环境中扩散、迁移、积累和转化。

1.3.3 金属加工液中的环境污染物

金属加工液是成分复杂的配方产品，不同用途的金属加工液成分迥异，当这些化学成分排入环境且超过环境负荷时，便成为环境污染物。在各种污染环境的因素中，化学污染最为重要，约占总污染的 80%～90%，是潜在危害最大的一种，其次是生物污染，物理污染较为少见。金属加工液中可能含有的污染物及其主要危害见表 1-2。

表 1-2　金属加工液中可能含有的污染物及其主要危害

类别		典型物质	主要危害
化学污染物	一般有机物	石油类污染物、氨基酸、油脂类、表面活性剂类、糖类、树脂类、部分有机酸、挥发性有机化合物等	污染大气、水体和土壤，影响渔业和农业生态； 引发水体富营养化； 造成酸沉降现象(酸雨)
	有机毒物	多氯联苯类、芳烃类、卤代烃类、有机农药类、有机氰化物类、苯系物类，以及硝基苯类、酚类、肼类和部分的酯、醛、醇、酮、醚等	皮肤刺激性，致癌、致畸、致突变，生物毒性； 引发水体富营养化； 造成持久性有机物污染
	酸	有机酸有草酸、柠檬酸、苯甲酸、油酸、亚油酸和磺酸类化合物等，无机酸有盐酸、硫酸、硝酸、硅酸、硼酸等	妨碍水体自净作用； 增加水体的腐蚀性； 影响淡水生物的生长
	碱	有机碱有乙醇胺、羟乙基乙二胺、二环己胺等，无机碱有氢氧化钠、氢氧化钾等	妨碍水体自净作用； 影响渔业和农业生态； 促进亚硝酸盐和硝酸盐的生成
	重金属	铜、铅、锌、锡、镍、钴、锑、汞、镉、铋等金属及其化合物	生理和神经毒性； 致癌、致畸、致突变作用
	固体废物	金属灰、油泥、砂轮灰、垃圾、生物膜碎片等	劣化水质，危害水生生物； 造成土壤板结，恶化土质
物理污染物	大气热污染	加工过程中排放的 CO_2、CCl_4 等气体； 排放水蒸气等废热	温室效应； 热岛效应
	水体热污染	钢铁热轧、热处理、表面处理等生产过程中产生的大量废弃热水	使水温升高，加重水体缺氧和富营养化，劣化水质
生物污染物		腐败液体中的致病性微生物及其代谢产物	引发感染、过敏、中毒等症状； 破坏土壤等环境中的微生物自然平衡； 增加人畜共患传染病的传播风险

1.4　防腐技术方法论及控制环节

污染预防（pollution prevention）是指在回收、处理或处置之前从源头上减少、消除或防止污染的实践。防腐技术是一门防止微生物污染的科学技术，预防水基金属加工液的腐败，核心是解决微生物污染问题。本节从方法论的角度对水基金属加工液防腐技术进行讨论。

1.4.1 方法论

防腐技术的实施目的是获得最持久、稳定的产品性能（寿命）。水基金属加工液产品的性能本质上是表征产品在给定外界条件下的行为的一种参量。要有效控制产品性能，必须重视环境对性能的影响，必须对性能进行定量化或定性化，必须从行为的过程去深入理解性能，而这一切都伴随着产品结构的改变和能量的转移。以下从产品结构、环境、性能、过程、能量这五个方面探讨水基金属加工液防腐技术的方法论。

1.4.1.1 结构

结构是水基金属加工液产品的组分及组分间关系的集合，此处的组分亦可理解为成分、原料、材料、物质。事实上，每一个产品的结构都是开发人员在现有条件下根据基础研究和应用研究的成果，结合生产实践而获得的，合理的产品结构是防腐技术得以实施的基础，也是核心内容。图 1-3 列出了产品配方中的组分与微生物作用之间的关系。显然，容易被微生物分解的组分是配方结构中的短板。

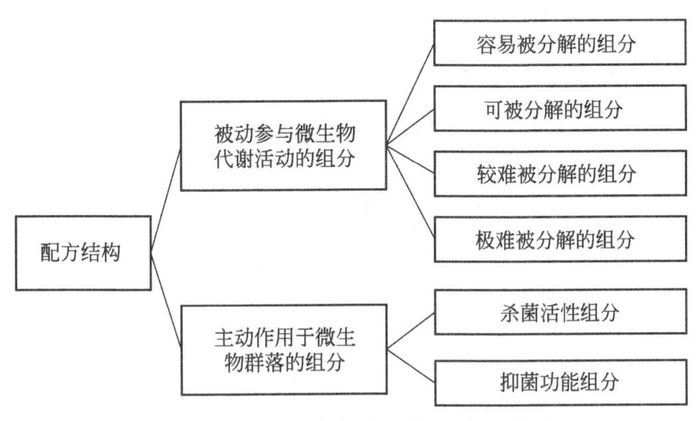

图 1-3　产品组分与微生物活动的关系

需要注意的是，产品结构具有可变性。以运动的观点来看，组分及其含量均已确定的产品，即使不考虑原材料的质量波动，其内部结构也是动态变化的，这种变化一般会引起产成品性能的衰减。例如，在产成品储存期和应用过程中，矿物油氧化变色、醛载体缓慢释放出甲醛、胺类物质的挥发损失、极压剂中的硫单质析出、磷酸酯类添加剂的水解、乳化体系失稳、消泡剂聚集失效等，尤其是在应用过程中，工作液更是面临众多污染物质的侵入和功能组分的不均衡消耗等问题，成分变化幅度也更大、规律更复杂。因此，在对产品配方做防腐结构设计时，必须考虑产品的内部运动规律。

1.4.1.2 环境

水基金属加工液以外的部分构成了环境，如厂房、设备、工装、工件、各类污染物（包括微生物在内的一切对工作液有害的物质）、人员、操作规程、水体、土壤、大气、气候等，水基金属加工液防腐技术的研究对象主要就是工艺介质与环境之间的相互作用，核心是与微生物之间的关系。促进工作液腐败的环境因素可概括为物理环境、化学环境和生物环境三类环境指标的改变（图 1-4）。在正常情况下，一种产品在某一客户现场使用效果很好，但在另一客户现场卫生管理水平很差或者环境条件很恶劣时，却频繁发生腐败现象，即使添加杀菌剂却一点效果都没有的现象并不稀奇，其原因就在于环境的影响。

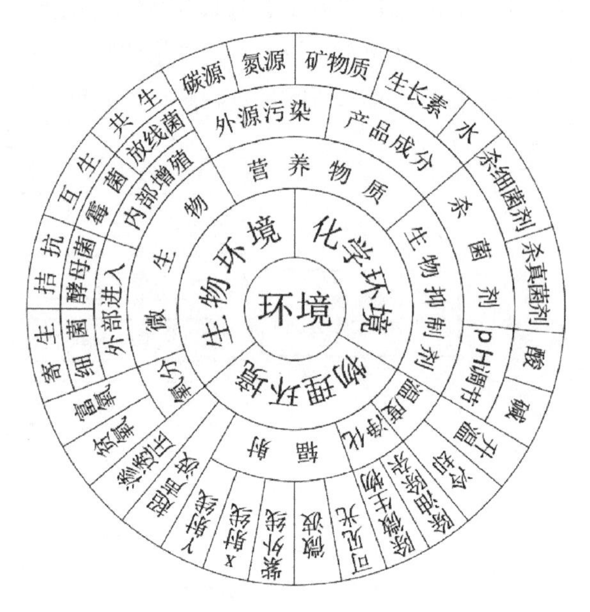

图 1-4 与腐败相关的环境因素

正确应对环境条件是防腐技术的重要内容，如以合理的产品结构设计来适应环境，改变环境条件降低腐败倾向，对微生物进行控制以延长使用寿命或实现废液的生化处理，从既往的环境导致腐败的实践中学习总结并改善防腐措施，对生态环境的保护举措和可持续发展理念推动产品的技术革新和防腐技术的推广等。从这个意义上来说，产品配方针对防腐目标的不断优化便是产品持续“适应环境”的举措。

1.4.1.3 性能

研究产品的结构和环境乃至过程变化均是为了控制性能。水基金属加工液的性能是该系统自身的输出，而影响其性能的外界环境条件便是系统的输入（图 1-5）。因此，从现象的本质来看，同一产品在不同工况下的不同性能表现，只是相同的产品在不同的外界条件下所表现出的不同行为。

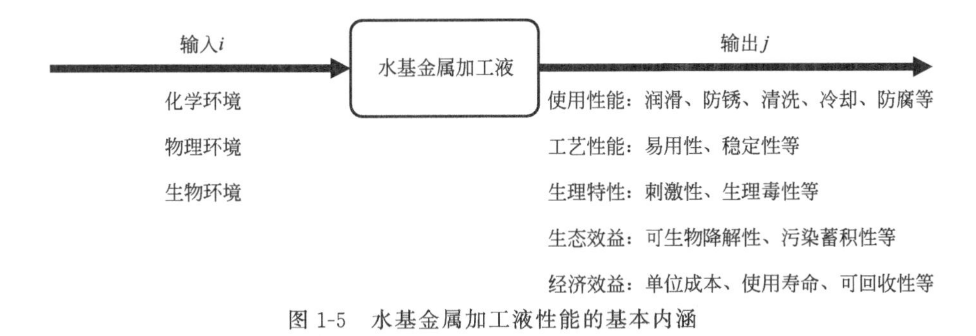

图 1-5　水基金属加工液性能的基本内涵

水基金属加工液的性能（P_{ij}）受到产品结构（s）和环境（e）的影响，而这种性能的变化又需要时间（t），因此，性能是组分、环境和时间的函数，即

$$P_{ij}=F(s,e,t) \tag{1-4}$$

产品性能好坏是其使用功能优劣的直接判据。通常，性能应该定量化表达，以便于统计分析和比较；某些性能，如外观和颜色变化、生物膜数量、气味、泡沫等，不便于量化，此时可将检测结果进行分级和打分，便可将“定性”变为“定量”。

1.4.1.4 过程

过程是水基金属加工液在给定外界条件下从始态到终态的变化。只有深入了解微生物污染的发展过程，才能理解防腐技术的内涵。

① 过程有方向、路线、结果三个基本问题。

a. 方向决定了结果是否有利。产品性能可有三种变化趋势（图 1-6），以微生物稳定性为例，工作液状态的变化过程朝着微生物增殖的方向发展，则会诱发腐败现象；朝着微生物数量或活性降低的方向发展，则可保障工作液的防腐寿命。一般情况下，金属加工液的防腐性能是随时间而下降的（图 1-6a），如功能组分的消耗、污染物质的增多、氧含量的下降等，它们是微生物发展的推动力。若施加阻力，通过合理的控制手段进行有效干预，如补充功能组分、分离污染物质、投放杀菌剂等，则可使其性能得以维持或升高（图 1-6b,c）。

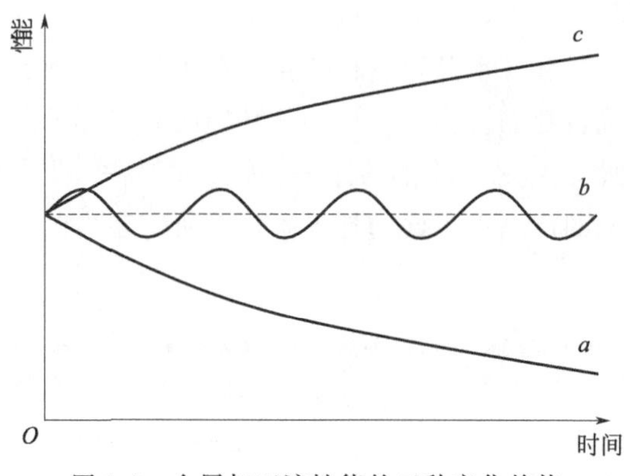

图 1-6　金属加工液性能的三种变化趋势

b. 路线取决于产品性能和环境的协同作用。作为防腐技术的研究对象，微生物污染的发展过程视环境条件的不同而不同，其路线是人为决策与行动的反映，解决“怎么做”的问题。产品在研发阶段可采用不同的技术路线，在应用阶段亦可结合实际情况采取不同的控制手段。

c. 结果是评价防腐实施方案成败的唯一标准。事物的发展结果可运用相关的性能指标分析予以评价，但腐败事件作为一种已经发生的、不可逆转的现象，必须预先人为干预，使之向理想的状态发展。

水基金属加工液的微生物污染预防策略即通过选择正确的方向、恰当的路线来获得理想的结果。

② 过程的变化受到内因和外因的影响，外因通过内因而起作用。腐败发生的内因是产品结构，外因是环境条件，内因和外因综合作用影响了工作液系统与微生物群落之间的动态平衡。当污染物进入系统或其他环境条件改变后，平衡状态即被打破，同时抑制微生物活动的因素也在起作用，诸多因素的共同作用要么使体系平衡状态从扰动恢复，要么达到新的平衡。当这种趋势不断朝着微生物增殖的方向发展，最终的平衡状态是工作液中的有效成分被消耗殆尽，微生物数量达到顶峰，代谢产物累积，即发生腐败现象。

③ 始态与终态之间的差值可通过一系列物理、化学、生物指标予以测量。较为常用的指标有微生物数量、温度、pH 值、浓度等，可通过对性能的持续监测，测得指标改变数值或程度，经统计分析即可表征过程的变化并预测其发展趋势，为采取相应的措施提供决策依据。

④ 工作液的腐败过程包含了若干子过程，过程的阻力是各个子过程的阻力之和，阻力最大的子过程对腐败的程度和速率起决定作用。此外，

水基金属加工液工作液内容物的改变和功能的劣化是一个从量变到质变的渐进过程，只有超出指标容许范围的成分分解和性状变化才会引起腐败或报废。

1.4.1.5 能量

在产品全生命周期（全寿命周期）内，工作液和微生物相互作用产生的一切物质转化均伴随着能量的转化，物质是能量流动的载体，能量是物质流动的动力。生物氧化过程就是各种有机物在酶作用下氧化为代谢产物并释放能量的过程，其本质上与体外非生物氧化完全相同。

微生物通过新陈代谢与外界环境进行物质和能量的交换。微生物将从周围环境中摄取的营养物质，通过一系列生化反应，合成为自身结构化合物的过程称为同化作用；反之，将体内物质经过一系列生化反应分解为不能再利用的物质排出体外的过程称为异化作用。新陈代谢包括了生物体内所发生的一切合成代谢与分解代谢，两者是相互联系、相互依存、相互制约的（图 1-7）。其中，合成代谢是吸能反应，新增微生物生物量，消耗环境中的化合物组分，造成工艺介质性能衰退；分解代谢是放能反应，释放的能量部分用来合成高能化合物供微生物生理活动的需要，部分用来合成代谢产物，其余部分则以热的形式散发出来。微生物在适宜的条件下，约 20min 就能增殖一代，在如此之短的时间内即可合成新细胞内所需的全部的复杂物质。

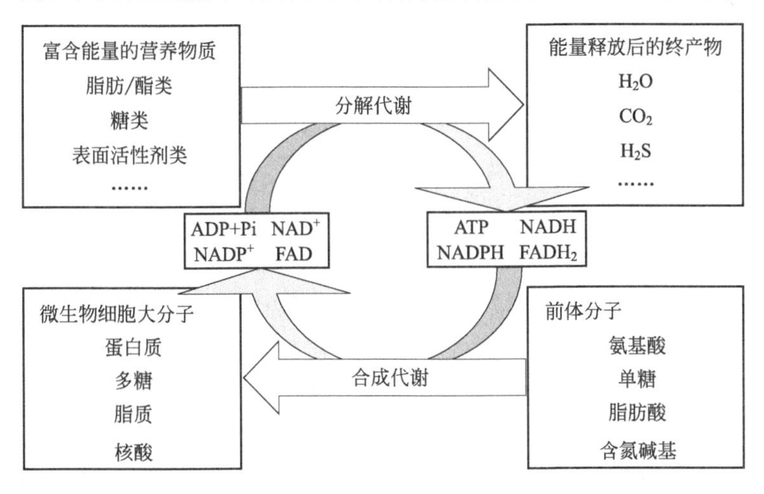

ATP：三磷酸腺苷；
NADH：辅酶Ⅰ(还原型)；
NADPH：辅酶Ⅱ(还原型)；
FADH$_2$：黄素腺嘌呤二核苷酸(还原型)；
ADP+Pi：游离磷酸基团+能量；
NAD$^+$：辅酶Ⅰ(氧化型)；
NADP$^+$：辅酶Ⅱ(氧化型)；
FAD：黄素腺嘌呤二核苷酸

图 1-7 合成代谢与分解代谢的关系

尽管在实验室中复杂有机物的合成与分解需要有高温、强酸、强碱等剧烈条件才能进行，但在生物体内的温和条件下却进行得极为顺利和迅速，其根本原因就是生物体内普遍存在起催化作用的蛋白质——酶。酶作为生物催化剂，具有高度的催化效率和专一性，但对温度、酸碱度、重金属离子、配位体或紫外线照射等可导致蛋白质变性的环境因素非常敏感。因此，通过抑制微生物酶活性的方法阻止其生理活动也是高效的。

能量代谢过程服从热力学定律。假定微生物与工作液的总能量保持不变(即没有额外的物质和能量进入)，那么系统所含的能量将在机械能、化学能、热能、辐射能、生物能等能量形式之间互相转变。当微生物抑制因素减弱或消失时，系统内的所有生化过程都自发地趋向于增加系统的总熵的方向。在标准温度和压力条件下，自由能变化 ΔG、总热能变化 ΔH、总体熵变化 ΔS 三者之间的关系为：

$$\Delta G = \Delta H - T\Delta S \tag{1-5}$$

自由能 ΔG 可由测定反应平衡时产物和反应物的浓度计算出来。ΔG 代表了生物体在恒温恒压下用以做功（完成生化反应）的能量，其数值取决于产物与反应物之间的自由能之差，并与反应物和产物的浓度、反应体系的温度有关，与反应历程无关。①$\Delta G>0$：系统内营养物质浓度较低或微生物生理活动被抑制，生化反应不能自发进行。②$\Delta G=0$：体系处于平衡状态，此时微生物量基本维持恒定，工艺介质可在一定时期内稳定运行。③$\Delta G<0$：环境中的营养物质浓度较高而抑制因素弱，酸碱度和温度等条件适合酶促反应发生，从而形成了推动力，生化反应可自发进行，此时环境的改变将直接体现在物质的分解后果和微生物生物量的增加上。从水基金属加工液的角度来看，腐败过程是向能量下降的方向发展的，且朝着阻力最小的方向降低能量，其结果是分子结构生物氧化阻抗小的化合物优先被微生物分解利用，代谢产物的自由能大大降低，远较原来的化合物稳定。

从上述微生物能量和营养物质代谢规律可以看出，阻断微生物生理活动的代谢过程即可有效实现防腐的目的，并非只能依赖杀菌剂。与欧姆定律（$I=U/R$）的内涵相似，微生物群落对产品组分的分解潜能对应于“电压 U”，产品组分自身的微生物分解阻抗对应于“电阻 R”，而产品组分中的大分子分解为小分子过程可视为物质的流动，可对应于“电流 I”。由此可知，若要减小“I”，则必须降低“U”（杀灭或抑制微生物）或/和提高“R”（提高组分的生物稳定性）。

在本节内容中，防腐技术的方法论可概括为“完善结构，控制环境，监测性能，干预过程，阻断能量”，这五者是有机统一、相辅相成的，共同构成了防腐技术的内涵。

1.4.2 控制环节

按照风险控制环节的不同，微生物控制有狭义和广义之分。狭义的微生物控制只是在产品制造和使用过程中施以杀菌剂和环境调整剂（如碱、酸等）来实现，而广义的微生物控制则从供应链的角度赋予防腐技术更全面的内涵。防腐控制环节的范畴从过去的研发、应用两部分拓展为产品的全生命周期和完整供应链组成（图 1-8），微生物控制“预防为主、综合治理”的核心理念得以更好的贯彻。与之相应地，产品发生微生物污染的风险因素也得到更好的控制，发生风险事件的频率显著降低。

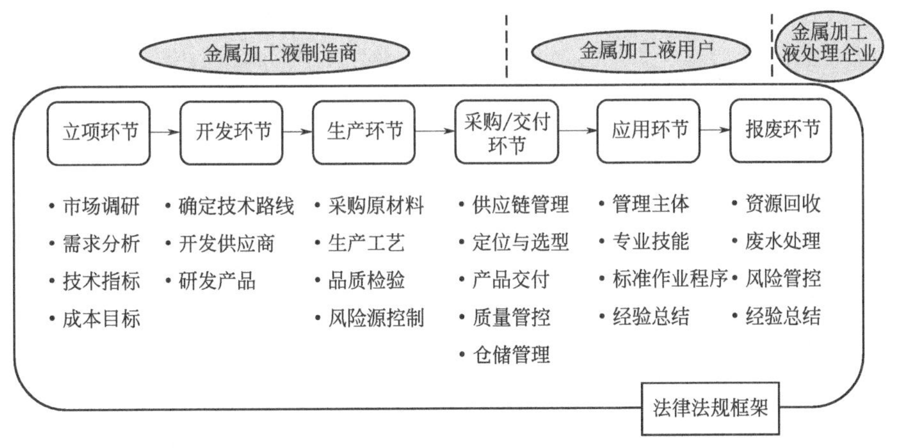

图 1-8 供应链中防腐工作涉及的主要环节和内容

水基金属加工液防腐技术的贯彻实施需要供应链的深度参与。简而言之，供应链就是采购单位把东西买进来、生产单位去加工增值、物流单位去交付给客户，环环相扣，形成供应链。如果以水基金属加工液用户为中心点，向前延伸至供应商的供应商，向后延伸至客户的客户，构成完整的供应链，则各环节要么对产品的防腐效果产生影响，要么受到防腐措施及其成效的影响。在防腐技术的贯彻链条中，水基金属加工液制造商负责采购优质原材料、提供优质产品，用户承担采购优质产品、正确使用产品的责任，供应商与用户间的协作可使防腐技术发挥最大的效益，也使供应链的上、中、下游企业均成为受惠者。

编著者说明

金属加工液种类繁多，面临的微生物污染形势差异显著。本书所涉及的“水基金属加工液”聚焦于存在较大微生物污染风险的金属加工液品类，如水基切削加工液、水基轧制加工液、水基清洗剂、水基淬火液等，它们受微生物污染的影响、腐败过程与机理、防治技术等并无本质区别，防腐技术具有共通性。由于水基切削和成型加工液的市场消费量约占到机加工领域（此处指切削、成型、热处理、防锈、清洗等）工艺介质总量的60%以上，因此本书对于防腐技术的描述也以它们为主要对象。

第2章

金属加工液相关的环保立法、环境政策与相关标准

2.1 中国的环保立法、环境政策与相关标准

随着国民经济的迅猛发展，我国生产领域不断扩大，生产节奏日益加快，与之相关的重大环境污染事故的数量不断增加，污染事件的危害程度、影响范围越来越大，水体、大气、土壤等环境无一幸免。现阶段我国的工业污染主要集中在纺织、印染、造纸、化工、钢铁、机械加工、表面处理、食品工业、电力、采掘等行业，这些行业所产生的废水排放量占了总废水排放量的80%以上。

我国政府在不同历史阶段均成立了环境工作领导机构以应对环境污染问题。早在1952年为了粉碎美国的细菌战而发动的爱国卫生运动可视作环境保护的启蒙；1971年国家计委成立了“三废”利用领导小组；1973年1月成立了国务院环境保护领导小组筹备办公室，并于同年召开了第一次全国环境保护会议，次年10月中国国务院环境保护领导小组正式成立；在1982年的机构改革中，国务院设立城乡建设环境保护部，并将环境保护领导小组并入城乡建设环境保护部，成为该部的环境保护局；1984年，经国务院批准，城乡建设环境保护部环境保护局改组为国家环境保护局；2008年7月组建环境保护部，后又于2018年3月重组为生态环境部。

目前，我国已经构建起了宪法、环境保护基本法、缔结或参加的国际条约、环境保护单行法、环境保护行政法规、环境保护部门规章、环境保护的地方行政规章和其他环境规范性文件等8个层次的环境法体系，颁布实施国

家环境保护标准1000多项，初步形成了种类比较齐全、结构基本完整的环境标准体系，并于近年来先后实施大气、水、土壤污染防治行动计划，制订了量化工作目标，实施最严格的环境保护政策。这些举措为实施“三线一单”（生态保护红线、环境质量底线、资源利用上线和生态环境准入清单）生态环境分区管控、打好污染防治攻坚战、保护环境和经济社会可持续协调发展奠定了基石，也是贯彻新时代生态文明思想、提升生态环境治理体系和治理能力现代化水平的重要体现。

2.1.1 水环境保护相关举措

水污染，指水体因某种物质的介入，而导致其化学、物理、生物等方面特性的改变，从而影响水的有效利用，危害人体健康或者破坏生态环境，造成水质恶化的现象。

2.1.1.1 水环境保护相关立法

目前我国已有《中华人民共和国水法》《中华人民共和国水污染防治法》《中华人民共和国海洋环境保护法》等几部以水为主要立法对象的法律，此外还有十余部涉水法律，这些法律从不同角度赋予了20多个政府部门70多项“管水”权，此外还有相关的行政法规、部门规章、地方法规规章。

1983年3月，《中华人民共和国海洋环境保护法》正式生效，这是我国第一部为保护海洋环境及资源、防止污染损害而制定的法律，标志着中国海洋环境保护工作进入法制化轨道。该法于1999年进行了修订，并于2013年、2016年、2017年先后三次修正。现行《中华人民共和国海洋环境保护法》主要适用于中国内水、领海、毗连区、专属经济区、大陆架以及中华人民共和国管辖的其他海域，其中第三十三条至第四十一条规定：禁止向海域排放油类、酸液、碱液、剧毒废液和高、中水平放射性废水；严格限制向海域排放低水平放射性废水；严格控制向海域排放含有不易降解的有机物和重金属的废水；严格控制向海湾、半封闭海及其他自净能力较差的海域排放含有机物和营养物质的工业废水、生活污水；沿海农田、林场施用化学农药必须执行国家农药安全使用的规定和标准，应当合理使用化肥和植物生长调节剂；在岸滩弃置、堆放和处理尾矿、矿渣、煤灰渣、垃圾和其他固体废物的，依照《中华人民共和国固体废物污染环境防治法》的有关规定执行；禁止经中华人民共和国内水、领海转移危险废物。

1984年5月，全国人大常委会审议通过《中华人民共和国水污染防治法》，奠定了治理水污染、保护水环境的法律基础。该法分别于1996年、2008年、2017年进行了修正或修订，最新版于2018年1月1日起施行，在我国水生态环境保护工作中发挥了重要作用。《中华人民共和国水污染防治法》对于工业水污染防治提出了明确要求，且对重点水污染物排放实施总量控制和排污许可制度。其中，第三十三条至三十七条规定，禁止向水体排放或倾倒油类、酸液、碱液、剧毒废液、放射性固体废物或者含有高放射性和中放射性物质的废水、工业废渣、可溶性剧毒废渣等污染物，禁止在水体清洗装贮过油类或者有毒污染物的车辆和容器。2000年3月20日发布实施了《中华人民共和国水污染防治法实施细则》。

1988年1月21日，全国人大常委会审议通过《中华人民共和国水法》，其后经2002年（修订）、2009年（修改）、2016年（修改）3次更新。现行《水法》第三十二条明确规定，县级以上地方人民政府水行政主管部门和流域管理机构负责对水功能区的水质状况进行监测和报告。此外，该法还建立了饮用水水源保护区制度，并采取制定全国水资源战略规划、水资源配置和节约使用、提高工业用水重复利用率、管控排污口、管理地下水超采、限制围垦等措施防止水源枯竭和水体污染，保证城乡居民饮用水安全。

2.1.1.2 水环境保护计划

我国的水环境保护计划主要是《水污染防治行动计划》（“水十条”）以及《地下水污染防治实施方案》等。《水污染防治行动计划》于2015年2月26日由中共中央政治局常务委员会会议审议通过，同年4月2日由国务院正式批复并向社会公开全文。“水十条”针对我国水污染防治工作面临的严峻形势，充分吸收和借鉴了国内外成功经验，共计提出238项具体措施，直接将河流等水体的改善程度作为考核标准，倒逼综合治理，对江河湖海乃至整个水系统做出了总体部署和规划，是我国水污染防治的行动纲领。其中，“水十条”把狠抓工业污染防治放在了首要位置，采取了取缔“十小”企业、专项整治十大重点行业、集中治理工业集聚区水污染等行动，相比较过去的治水方案，执行效力明显更强。

《水污染防治行动计划》提出，到2020年，全国水环境质量得到阶段性改善，污染严重水体较大幅度减少，饮用水安全保障水平持续提升，地下水超采得到严格控制，地下水污染加剧趋势得到初步遏制，近岸海域环境质量稳中趋好，京津冀、长三角、珠三角等区域水生态环境状况有所好转。到2030年，力争全国水环境质量总体改善，水生态系统功能初步恢复。到21世纪中叶，生态环境质量全面改善，生态系统实现良性循环。

2.1.1.3 水环境保护标准

我国在水环境保护方面的系列标准主要分为两类：一是保证水体质量和水域使用目的所制定的环境质量标准；二是制定废水排放标准。

我国水环境质量标准包括《地表水环境质量标准》(GB 3838—2002)、《地下水质量标准》(GB/T 14848—2017)、《渔业水质标准》(GB 11607—1989)、《海水水质标准》(GB 3097—1997) 以及《地表水自动监测技术规范（试行）》(HJ 915—2017)、《污水监测技术规范》(HJ 9.1.1—2019)、《地下水环境监测技术规范》(HJ 164—2020) 等。

我国废水排放标准最早见于1973年发布的《工业“三废”排放试行标准》(GBJ 4—1973，“废水”部分)。1988年国家环保局发布了《污水综合排放标准》(GB 8978—88)，现行的《污水综合排放标准》(GB 8978—1996) 于1996年10月4日由国家环境保护局和国家技术监督局联合发布，自1998年1月1日起实施，代替GB 8978—88和原17个行业的行业水污染物排放标准，只保留了造纸工业、钢铁工业等12个排水量大、污染严重的行业排放标准。现行污水综合排放标准按照废水排放去向，分年限规定了69种水污染物最高允许排放浓度及部分行业最高允许排水量。其中，排放的污染物按其性质及控制方式分为两类。“第一类污染物”是指能在环境或动植物体内蓄积，会对人体健康产生长远不良影响的污染物，共计11种、13项，包括6种重金属（汞、镉、铬、铅、镍、银）、2种类金属（砷、铍）、1种有机化学物（苯并［*a*］芘）和2种放射性（总α放射性和总β放射性）。第一类污染物严格实施零排放政策，不分时间段一律在车间或车间处理设施排放口采样。“第二类污染物”是指其长远影响小于第一类污染物质，又称为常规污染物，如酸、碱、悬浮物、生化需氧量（BOD）、化学需氧量（COD）、石油类、动植物油、硫化物、氨氮、甲醛、单质磷、磷酸盐、有机磷、酚类化合物、阴离子表面活性剂（LAS）、单环芳香烃类化合物及3种重金属（总铜、总锌、总锰）等，共计56项。其他废水排放标准有《城镇污水处理厂污染物排放标准》(GB 18918—2002)、《电子工业水污染物排放标准》(GB 39731—2020) 等。此外，为了改善局部地区水体环境，许多省、市及地方环保部门制定了适应本辖区、严于国标的废水综合排放标准，提升了环境门槛，从而发挥了倒逼产业结构调整、企业转型升级、支撑节能减排的巨大作用。

2.1.2 土壤环境保护相关举措

土壤污染，指因人为因素导致某种物质进入陆地表层土壤，引起土壤化学、物理、生物等方面特性的改变，影响土壤功能和有效利用，危害公众健康或者破坏生态环境的现象。

2.1.2.1 土壤环境保护相关立法

长期以来，我国并没有土壤污染防治相关的专门法律法规，土壤污染防治的相关规定主要分散体现在环境污染防治、自然资源保护和农业类法律法规之中，如《中华人民共和国环境保护法》《中华人民共和国固体废物污染环境防治法》《中华人民共和国农业法》《中华人民共和国草原法》《中华人民共和国土地管理法》《中华人民共和国农产品质量安全法》等。由于这些法律法规缺乏系统性、针对性，难以满足土壤污染防治工作需要，我国于2018年8月31日第十三届全国人民代表大会常务委员会第五次会议审议通过了《中华人民共和国土壤污染防治法》，2019年1月1日正式实施，结束了我国长期以来针对性土壤污染防治法规缺位的现状。该法提出，土壤污染防治应当坚持预防为主、保护优先、分类管理、风险管控、污染担责、公众参与的原则。其中第十九条规定："生产、使用、贮存、运输、回收、处置、排放有毒有害物质的单位和个人，应当采取有效措施，防止有毒有害物质渗漏、流失、扬散，避免土壤受到污染。"第二十八条规定："禁止向农用地排放重金属或者其他有毒有害物质含量超标的污水、污泥，以及可能造成土壤污染的清淤底泥、尾矿、矿渣等。"上述规定严格禁止工业企业非法将含有重金属、毒性有机物、难降解有机物的工业废水未经处理直接排放到外环境中，以及固体废物的随意堆放或肆意倾倒。

2.1.2.2 土壤环境保护计划

继"大气十条""水十条"后，国务院于2016年5月28日发布被称作"土十条"的《土壤污染防治行动计划》。《土壤污染防治行动计划》以改善土壤环境质量为核心，以保障农产品质量和人居环境安全为出发点，坚持预防为主、保护优先、风险管控，突出重点区域、行业和污染物，实施分类别、分用途、分阶段治理，严控新增污染、逐步减少存量，形成政府主导、企业担责、公众参与、社会监督的土壤污染防治体系，促进土壤资源永续利用。另外，"土十条"提出了十大措施，涉及石油、石化行业的内容包括重点监管有色金属矿采选、有色金属冶炼、石油开采、石油加工、化工等行业，并特别明确了治理和修复主体，提出"谁污染，谁治理"原则，造成土壤污染的单位或个人要承担治理与修复的主体责任。

《土壤污染防治行动计划》制定的工作目标和指标为：到2020年，全国土壤污染加重趋势得到初步遏制，土壤环境质量总体保持稳定，农用地和建设用地土壤环境安全得到基本保障，土壤环境风险得到基本管控。受污染耕地安全利用率达到90%左右，污染地块安全利用率达到90%以上。到2030年，全国土壤环境质量稳中向好，农用地和建设用地土壤环境安全得到有效保障，土壤环境风险得到全面管控。受污染耕地安全利用率达到95%以上，污染地块安全利用率达到95%以上。到21世纪中叶，土壤环境质量全面改善，生态系统实现良性循环。

2.1.2.3 土壤环境保护标准

在土壤环境标准建设方面，我国已初步形成由《农田灌溉水质标准》(GB 5084—2021)、《食用农产品产地环境质量评价标准》(HJ/T 332—2006)、《温室蔬菜产地环境质量评价标准》(HJ/T 333—2006) 等组成的土壤污染防治技术标准框架。

2018年6月28日发布的两项最新土壤环境质量国标（试行）规定了土壤污染风险的管控项目和限值：

《土壤环境质量 农用地土壤污染风险管控标准（试行）》(GB 15618—2018) 规定了农业用地土壤污染风险筛选值和管制值。其中筛选值包括基本项目8项（镉、汞、砷、铅、铬、铜、镍、锌），有机污染物3项（六六六、滴滴涕、苯并 [a] 芘）；管制值包括5种重金属（镉、汞、砷、铅、铬）。

《土壤环境质量 建设用地土壤污染风险管控标准（试行）》(GB 36600—2018) 规定了建设用地土壤污染风险筛选值和管制值。包括基本管制项目45种，其中重金属和无机物7项（砷、镉、六价铬、铜、铅、汞、镍），挥发性有机物27项（四氯化碳、氯乙烯、芳香烃等），半挥发性有机物11项（硝基苯、苯胺、2-氯酚等）；其他项目40种，包括重金属和无机物6项（锑、铍、钴、甲基汞、钒、氰化物），挥发性有机物4项（一溴二氯甲烷、溴仿、二溴氯甲烷、1,2-二溴乙烷），半挥发性有机物10项（2,4-二硝基苯酚、2,4,6-三氯酚、五氯酚、邻苯二甲酸二正辛酯等），有机农药类14项（阿特拉津、敌敌畏、乐果、七氯、六六六等），多氯联苯（PCBs）、多溴联苯（PBBs）和二噁英类（dioxin）5项，石油烃类1项（石油烃 C_{10}～C_{40}）。

2.1.3 大气环境保护相关举措

大气污染，指由于人类活动或自然过程引起某些物质进入大气中，导致空气中某一种或几种污染物浓度急剧升高，超过了一定的限值，并因此对人类健康、动植物和社会福利造成损害的现象。

2.1.3.1 大气环境保护相关立法

大气环境保护相关的法律主要是《中华人民共和国大气污染防治法》。该法最早于1987年9月5日由第六届全国人民代表大会常务委员会第二十二次会议通过，其后根据社会经济发展和污染形势，分别于1995年、2000年、2015年、2018年进行了修正或修订。《中华人民共和国大气污染防治法》规定了能源、工业、机动车船、扬尘、农业等领域的大气污染防治措施，对大气环境有影响的项目应当依法进行环境影响评价，公开环境影响评价文件，对重点大气污染物排放实行总量控制，逐步推行重点大气污染物排污权交易，对严重污染大气环境的工艺、设备和产品实行淘汰制度。针对工业污染防治，第四十四条规定："生产、进口、销售和使用含挥发性有机物的原材料和产品的，其挥发性有机物含量应当符合质量标准或者要求。国家鼓励生产、进口、销售和使用低毒、低挥发性有机溶剂。"

2.1.3.2 大气环境保护计划

国务院于2013年9月发布《大气污染防治行动计划》（"气十条"），提出了"加大综合治理力度，减少多污染物排放；调整优化产业结构，推动经济转型升级；加快企业技术改造，提高科技创新能力"等十条政策措施，作为今后一个时期全国大气污染防治工作的行动指南。"气十条"提出的奋斗目标是：经过五年努力，全国空气质量总体改善，重污染天气较大幅度减少；京津冀、长三角、珠三角等区域空气质量明显好转。力争再用五年或更长时间，逐步消除重污染天气，全国空气质量明显改善。具体指标是：到2017年，全国地级及以上城市可吸入颗粒物浓度比2012年下降10%以上，优良天数逐年提高；京津冀、长三角、珠三角等区域细颗粒物浓度分别下降25%、20%、15%左右，其中北京市细颗粒物年均浓度控制在60$\mu g/m^3$左右。

经过多年治理，我国空气质量已有明显改善，但任务依然艰巨。"十四五"期间即将发布的《空气质量全面改善行动计划（2021—2025年）》，相当于大气污染防治第三阶段行动计划，有利于深入推进大气污染治理，推动大气污染物排放量大幅下降。

2.1.3.3 大气环境保护标准

我国于1973年颁布《工业"三废"排放试行标准》（GBJ 4—1973），已开始关注大气污染；1982年发布第一个大气环境质量标准《环境空气质量标准》（GB 3095—1982）；1998年，国务院批复了《酸雨控制区和二氧化硫污染控制区划分方案》。现行大气环境保护标准主要包括《环境空气质量标准》(GB 3095—2012)、大气固定污染源排放标准、大气移动源污染物排放标准等。其中，大气固定污染源排放标准分为《大气污染物综合排放标准》(GB 16297—1996)、《恶臭污染物排放标准》(GB 14554—1993)，以及工业领域相关污染物排放标准如《铸造工业大气污染物排放标准》(GB 39726—2020)、《轧钢工业大气污染物排放标准》(GB 28665—2012)、《石油炼制工业污染物排放标准》(GB 31570—2015)、《石油化学工业污染物排放标准》(GB 31571—2015)、《合成树脂工业污染物排放标准》(GB 31572—2015) 等。

在挥发性有机物 (VOCs) 管控方面，截至 2021 年底，我国涉及 VOCs 排放控制的已经发布的国家标准有 18 项 (其中正在修订 4 项)，正在制订的标准有 13 项。上述 31 项标准中涉及综合类 1 项、特定污染物类 1 项、特定污染设施和工艺类 3 项和行业类 26 项。北京、天津、河北、上海等地也先后出台了地方标准，对设备管线泄漏、有机液体储存和装载等 VOCs 无组织排放源提出了控制要求。除此之外，我国近年来发布了《清洗剂挥发性有机化合物含量限值》(GB 38508—2020)、《低挥发性有机化合物含量涂料产品技术要求》(GB/T 38597—2020) 与《胶粘剂挥发性有机化合物限量》(GB 33372—2020) 等一批国家强制标准和推荐标准，初步构建了我国 VOCs 源头防控体系。在 2019 年发布的《重点行业挥发性有机物综合治理方案》中，我国重点控制的 VOCs 物质见表 2-1。

表 2-1 我国重点控制的 VOCs 物质

类别	重点控制的 VOCs 物质
O_3 前体物	间/对二甲苯、乙烯、丙烯、甲醛、甲苯、乙醛、1,3-丁二烯、三甲苯、邻二甲苯、苯乙烯等
$PM_{2.5}$ 前体物	甲苯、正十二烷、间/对二甲苯、苯乙烯、正十一烷、正癸烷、乙苯、邻二甲苯、1,3-丁二烯、甲基环己烷、正壬烷等
恶臭物质	甲胺类、甲硫醇、甲硫醚、二甲二硫、二硫化碳、苯乙烯、异丙苯、苯酚、丙烯酸酯类等
高毒害物质	苯、甲醛、氯乙烯、三氯乙烯、丙烯腈、丙烯酰胺、环氧乙烷、1,2-二氯乙烷、异氰酸酯类等

2.1.4 有毒有害化学品风险管控政策和措施

2.1.4.1 优先控制化学品名录

根据《水污染防治行动计划》“2017 年底前公布优先控制化学品名录，

对高风险化学品生产、使用进行严格限制，并逐步淘汰替代”的要求，环境保护部会同工业和信息化部、国家卫生和计划生育委员会于2017年12月联合发布了《优先控制化学品名录（第一批）》，2020年10月由生态环境部、工业和信息化部和国家卫生健康委员会联合发布了《优先控制化学品名录（第二批）》。《优先控制化学品名录》以改善环境质量为核心，推进有毒有害化学品环境风险管理，对有毒有害大气污染物、有毒有害水污染物、有毒有害土壤污染物等相关名录的制定，以及落后产品产业结构调整提供了依据。

目前，两批次《优先控制化学品名录》共计包含了40种（类）化学品（编号PC001～PC040），分别为1,2,4-三氯苯、1,3-丁二烯、5-叔丁基-2,4,6-三硝基间二甲苯（二甲苯麝香）、*N*,*N*′-二甲苯基-对苯二胺、短链氯化石蜡（SCCP）、二氯甲烷、镉及镉化合物、汞及汞化合物、甲醛、六价铬化合物、六氯代-1,3-环戊二烯、六溴环十二烷、萘、铅化合物、全氟辛基磺酸及其盐类（PFOS）和全氟辛基磺酰氟（PFOSF）、壬基酚及壬基酚聚氧乙烯醚（NP）、三氯甲烷、三氯乙烯、砷及砷化合物、十溴二苯醚、四氯乙烯、乙醛、苯和邻甲苯胺等确定的人类致癌物、全氟辛酸（PFOA）和二噁英等持久性有机污染物、苯并［*a*］芘等多环芳烃类物质、氰化物、铊及铊化合物、异丙基苯酚磷酸酯等，涉及石化、塑料、橡胶、制药、纺织、染料、皮革、电镀、有色金属冶炼、采矿等多个行业。涉及列入名录内化学品的生产使用企业，将成为污染物排放与转移信息登记管理的重点关注对象。

2.1.4.2 有毒有害水污染物名录

为了实现改善水环境质量、防控水环境风险的目标，亟须重点识别对水环境或通过水环境对人体健康具有较高风险的污染物，特别是那些可在水环境中长期存在，具有较高生物蓄积能力的污染物。《优先控制化学品名录（第一批）》中包含的22种优先控制化学品中，除1,3-丁二烯外，其余21种物质均具有水环境赋存能力。

根据《中华人民共和国水污染防治法》有关规定，生态环境部会同国家卫生健康委员会制定并于2019年7月23日公布了《有毒有害水污染物名录（第一批）》(表2-2)。该《名录》结合我国现状，将共计10种（类）污染物纳入水污染物管理名录，其中包括了有机污染物5种、重金属类污染物5种（类）。对于这些污染物类别，必须通过对排污口和周边环境进行监测、评估环境风险与信息公开等措施，减少有毒有害物质向水环境的排放，实行风险管理。

表 2-2 有毒有害水污染物名录（第一批）及其危害性

序号	污染物名称	CAS 号	危害性		
			1类致癌物	具有其他1类慢性毒性	同时具有1类水环境急性和慢性毒性
1	二氯甲烷	75-09-2	是	是	
2	三氯甲烷	67-66-3		是	
3	三氯乙烯	79-01-6	是		
4	四氯乙烯	127-18-4	是		
5	甲醛	50-00-0	是		
6	镉及镉化合物	—	是		是
7	汞及汞化合物	—			是
8	六价铬化合物	—	是		是
9	铅及铅化合物	—	是(铅化合物)	是(铅化合物)	是(铅化合物)
10	砷及砷化合物	—	是		是

2.1.4.3 重点控制的土壤有毒有害物质

土壤中的污染物来源广、种类多，一般可分为无机污染物和有机污染物。无机污染物以重金属为主，如镉、汞、砷、铅、铬、铜、锌、镍，局部地区还有锰、钴、硒、钒、锑、铊、钼等。有机污染物种类繁多，包括苯、甲苯、二甲苯、乙苯、三氯乙烯等挥发性有机污染物，以及多环芳烃、多氯联苯、有机农药类等半挥发性有机污染物。2020 年 5 月 7 日，中国生态环境部公布了《2019 年全国生态环境质量简况》，显示影响农用地土壤环境质量的主要污染物是重金属，镉为首要污染物。

《中华人民共和国土壤污染防治法》第二十条规定：“国务院生态环境主管部门应当会同国务院卫生健康等主管部门，根据对公众健康、生态环境的危害和影响程度，对土壤中有毒有害物质进行筛查评估，公布重点控制的土壤有毒有害物质名录，并适时更新。”鉴于该名录尚未发布，目前控制的土壤有毒有害物质执行《优先控制化学品名录》、GB 15618（农用地土壤）和 GB 36600（建设用地土壤）等文件和标准。

2.1.4.4 有毒有害大气污染物名录

根据《中华人民共和国大气污染防治法》有关规定，生态环境部会同国家卫生健康委员会制定并于 2019 年 1 月 23 日公布了《有毒有害大气污染物名录（2018 年）》（表 2-3）。第一批名录在《优先控制化学品名录（第一批）》基础上，筛选出可以实施管控的排入大气环境中的化学物质共 11 种

（类），其中包含6种挥发性有机物和5种（类）重金属类物质。这11种（类）化学物质涉及的主要排放行业包括化学原料和化学制品制造业、有色金属冶炼和压延加工业、有色金属矿采选业等，相关企业事业单位，应当取得排污许可证。

表2-3　有毒有害大气污染物名录（2018年）

序号	污染物名称	CAS号	序号	污染物名称	CAS号
1	二氯甲烷	75-09-2	7	镉及其化合物	—
2	甲醛	50-00-0	8	铬及其化合物	—
3	三氯甲烷	67-66-3	9	汞及其化合物	—
4	三氯乙烯	79-01-6	10	铅及其化合物	—
5	四氯乙烯	127-18-4	11	砷及其化合物	—
6	乙醛	75-07-0	—	—	—

2.1.4.5　危险废物管控措施

危险废物是指列入国家危险废物名录或者根据国家规定的危险废物鉴别标准和鉴别方法认定的具有危险特性的固体废物。我国针对危险废物的严格管控始于1990年签署的《巴塞尔公约》，后来陆续出台了《中华人民共和国固体废物污染环境防治法》（1995年颁布，2020年第二次修订）、《危险废物转移联单管理办法》（1999年）、《危险废物污染防治技术政策》（2001年）、《危险废物经营许可证管理办法》（2004年）、《危险废物产生单位管理计划和管理台账制定技术规范（征求意见稿）》（2021年）等法规文件。

国家危险废物名录是危险废物管理的技术基础和关键依据，在危险废物的环境管理中发挥着重要作用。我国于1998年首次印发实施《国家危险废物名录》，其后根据污染发展形势分别于2008年、2016年、2020年进行了修订，最新名录已于2021年1月1日起施行。《国家危险废物名录（2021年版）》中与金属加工液相关的部分摘录见表2-4。以切削液和清洗剂为例，从第一版开始，“从机械加工、设备清洗等过程中产生的废乳化液、废油水混合物”即被列入HW09类危险废物。该名录（2021年版）中，“使用切削油或切削液进行机械加工过程中产生的油/水、烃/水混合物或乳化液”（废物代码900-006-09）仍被列入HW09类别，其危险特性为毒性（toxicity，T），该部分保持2016版名录内容不变。相关豁免清单为：金属制品机械加工行业珩磨、研磨、打磨过程，以及使用切削油或切削液进行机械加工过程中产生的属于危险废物的含油金属屑（废物代码900-200-08、900-006-09），经压榨、压滤、过滤除油达到静置无滴漏后打包压块用于金属冶炼，此利用过程不按危险废物管理。

表 2-4　金属加工领域的危险废物类别

加工领域	废物类别	加工领域	废物类别
切削与轧制加工	HW08 废矿物油与含矿物油废物	防锈	HW08 废矿物油与含矿物油废物
	HW09 油/水、烃/水混合物或乳化液	表面处理	HW17 表面处理废物
热处理	HW07 热处理含氰废物		HW21 含铬废物
	HW47 含钡废物		HW22 含铜废物
清洗	HW06 废有机溶剂与含有机溶剂废物		HW23 含锌废物
	HW08 废矿物油与含矿物油废物		HW31 含铅废物
	HW34 废酸		HW32 无机氟化物废物
	HW35 废碱		HW33 无机氰化物废物

近年来，我国生态环境部针对危险废物的鉴别程序和鉴别规则修订颁布了《固体废物鉴别标准　通则》(GB 34330)、《危险废物鉴别标准　通则》(GB 5085.7)、《危险废物鉴别技术规范》(HJ 298)，并修订或新发布了《一般工业固体废物贮存和填埋污染控制标准》(GB 18599)、《危险废物贮存污染控制标准》(GB 18597)、《危险废物填埋污染控制标准》(GB 18598)、《危险废物焚烧污染控制标准》(GB 18484)、《危险废物识别标志设置技术规范》(待发布）等国家污染物控制标准。目前，危险废物鉴别系列标准（GB 5085.1～6）也已启动相关修订工作。

此外，为进一步强化危险废物监管和利用处置能力，国务院办公厅于2021年5月印发了《强化危险废物监管和利用处置能力改革实施方案》，并于2021年12月发布了《危险废物排除管理清单（2021年版)》，其中将铝电解电容器用铝电极箔生产过程（主要涉及腐蚀工艺和化成工艺）产生的废水处理污泥等6项固体废物列入了排除管理清单，体现了与时俱进的精准管理理念。

2.1.4.6　其他有毒有害化学品监管政策

(1) 危险化学品管理措施

我国在危险化学品监管方面一直采取严厉措施。1987年国务院发布了《化学危险物品安全管理条例》，后于2002年更新为《危险化学品安全管理条例》，随后经2011年修订、2013年修改，为我国加强危险化学品的安全管理，预防和减少危险化学品事故，保障人民群众生命财产安全和保护环境做出了积极贡献。其他危化品相关管理规定或标准还有《道路危险货物运输管理规定》(2013年)、《港口危险货物安全管理规定》(2013年)、《危险货物道路运输安全管理办法》(2020 年)、《危险货物包装标志》(GB 190) 等。

根据 2012 年发布的《危险化学品环境管理登记办法（试行)》要求，环境保护部组织制定并于 2014 年 4 月 4 日印发了《重点环境管理危险化学品目录》，并据此全面启动危险化学品环境管理登记工作。该名录中收录了壬基酚、支链-4-壬基酚、环氧乙烷、全氟辛基磺酸及其盐、重铬酸盐、四乙基铅、硫丹等 84 种具有持久性、生物累积性和毒性的化学品，或生产使用量大或者用途广泛，且同时具有高的环境危害性和（或）健康危害性的化学品。同时，该《名录》也兼顾了《关于持久性有机污染物的斯德哥尔摩公约》《关于汞的水俣公约》(以下简称《汞公约》) 等国际公约中实施重点环境管理的其他危险化学品。

(2) 环境保护综合名录

2007 年 6 月，原国家环境保护总局发布了《“高污染、高环境风险”产品名录》，后将名称修改为《环境保护综合名录》，截至 2021 年，共发布《环境保护综合名录》12 版。该名录（2021 年版）包含“高污染、高环境风险”产品名录和环境保护重点设备名录，其中有 932 项“双高”产品，159 项产品除外工艺，79 项环境保护重点设备。在 932 项“双高”产品中，包含硼酸、硼砂、硅酸钠、烧碱、钼酸铵、四氯化碳、脂肪叔胺、石油磺酸盐、脂肪醇硫酸钠等 326 项具有“高污染”特性产品，短链氯化石蜡、二氯甲烷、三氯甲烷、苯酚、壬基酚、脱漆剂等 223 项具有“高环境风险”特性产品，以及重铬酸钾、全氟辛基磺酸及其盐类和全氟辛基磺酰氟、丁醇、1，4-丁二醇、苯甲酸、肥（香）皂、乌洛托品等 383 项具有“高污染”和“高环境风险”双重特性产品。该名录（2021 年版）明确了大部分“双高”产品的重污染工艺和除外工艺，推动企业技术工艺升级改造。此外，新增土壤污染防治设备，提出了适用范围、主要指标及技术要求，与大气、固体废物污染防治设备，环境监测设备等形成较为完善系统的环境保护重点设备名录。

(3) 进出口管控政策

我国生态环境保护主管部门还根据国际环保形势发展先后发布了一系列有毒有害化学品进出口管控政策，包括《化学品首次进口及有毒化学品进出口环境管理规定》(环管［1994］140 号)、《中国禁止或严格限制的有毒化学品名录（第一批）》(1999 年发布，2003 年修订)、2005 年起开始发布的《中国严格限制进出口的有毒化学品目录》、2017 年起开始发布的《中国严格限制的有毒化学品名录》等。

现行的《中国严格限制的有毒化学品名录》(2020 年) 对短链氯化石蜡

（链长 C_{10}～C_{13} 的直链氯化碳氢化合物，包括在混合物中的浓度按质量计大于或等于1%，且氯含量按质量计超过48%）、全氟辛基磺酸及其盐类和全氟辛基磺酰氟、六溴环十二烷、汞（包括汞含量按质量计至少占95%的汞与其他物质的混合物，其中包括汞的合金）、四乙基铅、多氯三联苯（PCT）、三丁基锡化合物等8大类物质的进口及其流向和使用情况、出口等环节做出了管控规定，响应了《斯德哥尔摩公约》《鹿特丹公约》《汞公约》等国际公约的要求。

2.2 国外主要经济体的环保立法与相关政策

2.2.1 欧盟

欧盟（EU）是一体化的区域政治、经济集团组织，其前身是欧洲共同体组织（EC）。欧洲地区曾爆发过数次严重污染事件，如比利时马斯河谷烟雾事件（1930年）、伦敦烟雾事件（1952年）、莱茵河污染事件（1986年）等，引起各国警觉进而提高了环境保护意识。目前欧盟环境政策主要包括：水污染、空气污染、噪声污染、化学品污染、废弃物管理、保护自然和生态环境、预防和治理环境灾害等。

水污染防治方面，欧盟有关立法可追溯到1980年的第一个指令《饮用水指令》[Drinking Water Directive（80/778/EEC），DWD]。2000年生效的《水框架指令》[Water Framework Directive（2000/60/EC），WFD]为评估、管理、保护和改善整个欧盟的水资源质量建立了一个新的框架，以期到2015年或最迟在2027年实现良好的水生态状况。2018年，欧盟委员会开始修订WFD，提案的主要内容包括更新水质标准、引入基于风险管理的方法来监测水质、统一接触饮用水物品的标准、保障公众知情权等，2020年12月23日发布的WFD指令，要求各成员国必须在2023年1月12日之前将其纳入国家立法。此外，欧盟还发布过一系列涉水指令，如《城市废水处理指令》[Urban Waste Water Treatment Directive（91/271/EEC），UWWTD]、《地下水指令》[Groundwater Directive（2006/118/EC），GWD]等。

土壤污染防治方面，欧洲理事会于1972年颁布了《欧洲土壤宪章》（European Soil Charter，ESC），第一次将土壤视为需要保护的有限稀缺资产。目前在欧盟层面上还未见针对土壤保护的专门立法文件，直接或间接与土壤污染或土壤修复相关的规定出现在水、废物、化学品、杀虫剂、工业污染防治以及自然保护等相关领域。此前欧盟委员会于2006年9月制定了一份关于土壤保护的专题战略草案，其中包含《土壤框架指令》（Soil Framework Directive，SFD）草案。SFD草案旨在建立统一的通用行动方案，指导各成员国开展土壤防治工作，各成员国根据本国实际情况建立国家土壤修复计划，以减轻土壤环境风险，但由于技术转让、各成员国的市场成熟度以及利益者冲突等因素，导致该指令未能最终通过。欧盟下属成员国中，德国、英国、法国等国家均制定有专门的土壤生态保护法规。

大气污染防治方面，欧盟现行法令主要是1999年4月22日通过的与环境空气中的二氧化硫、二氧化氮和氮氧化物、颗粒物和铅的限值有关的指令（Directive 1999/30/EC），2004年12月15日通过的关于环境空气中砷、镉、汞、镍和多环芳烃的指令（Directive 2004/107/EC），以及2008年5月21日通过的关于欧洲环境空气质量和更清洁空气的指令（Directive 2008/50/EC）。此外还先后颁布了数项限制燃料、涂料等行业VOCs的法令（Directive 94/63/EC、Directive 1999/13/EC、Directive 2004/42/EC、Directive 2016/2284/EU等）。

化学品污染管控方面，欧洲化学品管理局（ECHA）作为欧盟范围内所有化学品注册的中央管理机构，监管化学品相关法律法规的实施：①《关于化学品注册、评估、许可和限制的法规》（Registration，Evaluation，Authorisation and Restriction of Chemicals Regulation，REACH），于2007年6月1日生效，涉及生产商、进口商提交的化学品相关数据和信息、危险及风险评估方法，上下游产业的举证责任等。②《分类、标签和包装条例》[Classification，Labelling and Packaging（Regulation 1272/2008/EC），CLP]，自2015年6月1日起生效，是欧盟目前有效的物质和混合物分类和标签立法，采用了与《全球化学品统一分类和标签制度》（Globally Harmonized of Classification and Labeling of Chemicals，GHS）相一致的系统。③《事先知情同意条例》（Prior Informed Consent Regulation，PIC），于2014年3月1日开始实施，旨在促进危险化学品国际贸易中的共同责任和合作，并通过向发展中国家提供关于如何安全储存、运输、使用和处置危险化学品的信息，保护人类健康和环境。④《生物杀灭剂法规》[Biocidal Products Regulation（Regulation 528/2012/EU），BPR]，从2013年9月1日起正式实施，取代了自2000年开始实施的《生物杀灭剂指令》[Biocidal Product Directive（Directive 98/8/EC），BPD]。BPR法规旨在改善和规范欧盟区域内杀菌剂产品市场的运作，保护健康与环境安全，但其中某些条款有过渡期。⑤《化学试剂指令》[Chemical Agents Directive（Directive 98/

24/EC)，CAD］和《致癌物与致变物指令》［Carcinogens and Mutagens Directive（Directive 2004/37/EC)，CMD］，这两个法律是欧盟保护工人健康法治框架的一个组成部分，是制定职业接触限值（OEL）的基础。CAD 和 CMD 分别规定了工人接触化学制剂、致癌物和致变物对其安全和健康造成或具有潜在风险的最低标准。⑥《废物框架指令》［Waste Framework Directive（2008/98/EC)，WFD］，旨在解决废弃物环境负面影响和促进废弃物资源化。修订后的指令［Directive（EU）2018/851］于 2018 年 7 月生效，作为实施 2015 年通过的欧盟循环经济行动计划的一部分，要求 ECHA 开发一个高度关注物质（SVHCs）的数据库以加强监管。⑦《持久性有机污染物条例》［POPs Regulation（2019/1021/EU］，旨在规范持久性有机污染物的生产、储存、销售、使用和处理的控制措施。

电子产品废弃物管理政策方面，具有代表性的是《废弃电气和电子设备指令》［Waste Electrical and Electronic Equipment（Directive 2002/96/EC)，WEEE］和《有害物质限制指令》［Restriction of Hazardous Substances Directive（Directive 2002/95/EC)，RoHS］。WEEE 主要规定了电气和电子设备（EEE）制造商在产品生命周期（寿命周期）结束时对其产品进行收集和回收的责任，修订后的 WEEE 2（Directive 2012/19/EU）于 2014 年 2 月 14 日生效。RoHS 的主要内容是禁止在 EEE 中使用某些有害物质（铅、汞、镉、六价铬和多溴化阻燃剂等 6 种)，自 2006 年 7 月 1 日起生效；2011 年发布了 RoHS 2 指令（Directive 2011/65/EU)，不仅扩大了涵盖的产品范围，而且还对 EEE 制造商施加了新的义务，要求他们提供符合性声明，并在成品上标记 CE 标志；2015 年发布了 RoHS 3 指令（Directive 2015/863/EU)，RoHS 3 指令将限制物质名录增加到 10 种。金属加工液产品进入到 EEE 制造商的供应链中，如应客户要求亦当遵守 WEEE 和 RoHS 指令。

2.2.2 美国

美国环境保护法规的历史始于 19 世纪，起初是各州基于自身工业发展和环境污染情况自行制定相关政策。但在经济发展过程中，还是先后发生过多起严重污染事件，如砷酸铅杀虫剂滥用造成的污染（1940 年代前)、洛杉矶光化学烟雾事件（1943 年)、因 SO_2 污染大气导致的多诺拉事件（1948 年)、危险化学品废物所致的洛夫运河污染事件（1978 年）等，为此美国联邦政府颁布了一系列法令予以应对。

水污染防治方面，1948 年美国国会为解决水污染问题颁布了第一项重要法律《联邦水污染控制法案》（Federal Water Pollution Control Act,

FWPCA)，1972 年对该法案进行了全面修订并更名为《清洁水法案》(Clean Water Act，CWA)，旨在恢复和维护美国境内水域的化学、物理和生物完整性。CWA 法案在 1977 年、1981 年分别进行了修订，并在 1987 年和 2014 年颁布了进一步的修正案。此外，1974 年美国国会通过了《安全饮用水法案》(Safe Drinking Water Act，SDWA)，重点关注私人和公共供水中是否存在农业化学品，特别是农药。SDWA 于 1986 年和 1996 年进行了修订，要求采取有效行动保护饮用水及其来源——河流、湖泊、水库、泉水和地下水。

土壤污染防治方面，美国政府基于 1970 年 1 月 1 日生效的《国家环境政策法》(National Environmental Policy Act，NEPA) 制定了三个具有里程碑意义的法案，分别是 1976 年《资源保护与恢复法案》(Resource Conservation and Recovery Act，RCRA)、1980 年《综合环境污染响应、赔偿和责任认定法案》(Comprehensive Environmental Response，Compensation and Liability Act，CERCLA，也称“超级基金法”) 和 2002 年《小企业责任减免与“棕色地块”复兴法案》(Small Business Liability Relief and Brownfields Revitalization Act，SBLRBRA，也称“棕色地块法”)。其中，RCRA 旨在预防固体废物、工业废物和危险废物对地下水和土壤的潜在污染，并规范治理已产生的污染危害，是 1965 年《固体废物处置法案》(Solid Waste Disposal Act，SWDA) 的修正案，SWDA 则是美国第一部专门针对改进危险和非危险固体废物处置方法的法规。CERCLA 旨在清理被危险废物污染的场所，通过责任分配来防止场所未来再度受到污染，并要求污染责任方为清理工作支付损害赔偿金。SBLRBRA 旨在通过将污染责任和现开发商分离，以及采用折价、税收优惠等手段刺激社会资本介入，对受污染地块治理和振兴方面进行投资。

大气污染防治方面，1955 年的《空气污染控制法案》(Air Pollution Control Act，APCA) 是第一部涉及空气污染的联邦立法，该法案为联邦政府研究空气污染提供了资金。1963 年的《清洁空气法案》(Clean Air Act，CAA) 是第一部关于空气污染控制的联邦立法，授权研究减少空气污染的技术。1967 年颁布了《空气质量法案》(Air Quality Act，AQA)，涉及州际污染物运输的空气污染问题的授权执行程序，以及授权扩大对空气污染的研究活动。CAA 在 1970 年、1977 年和 1990 年进行了重大修订，主要成果有建立国家环境空气质量标准（包括 CO、Pb、NO_2、臭氧、颗粒物和 SO_2 等六种污染物）和一项针对 189 种有毒污染物的控制计划等。

在有毒有害物质管控方面，1976 年美国国会通过了《有毒物质控制法案》（Toxic Substances Control Act，TSCA），这是一部管控有毒物质对人体健康和环境过度危害的专门立法，此法在施行 40 多年来未做大的修订，直至 2016 年才进行了修改，充分说明该法具有的重要地位。美国联邦政府对杀虫剂（农药）的监管始于 1910 年通过的《联邦杀虫剂法案》（Federal Insecticide Act，FIA），该法案旨在维护农民利益，保护农民免受假冒伪劣农药的欺诈，该法案运行至 1947 年被《联邦杀虫剂、杀菌剂和杀鼠剂法案》（Federal Insecticide，Fungicide and Rodenticide Act，FIFRA）所取代。FIFRA 要求相关方向美国农业部（USDA）登记在州际贸易中销售的杀虫剂，并建立了一套基本的注册规定，该法律文件在之后的几十年历经数次修订，并将该法的关注重点从农药在农业生产中的安全性和有效性转向降低对人类和环境的风险。1970 年，美国环保署（US EPA）成立，1972 年通过的《联邦环境杀虫剂控制法案》（Federal Environmental Pesticide Control Act，FEPCA）将维护 FIFRA 条款的权力从农业部转移到环保署。其他涉及农药监管的法律有 1972 年《联邦环境农药监管法案》（Federal Environmental Pesticide Control Act，FEPCA）、1996 年《食品质量保护法案》（Food Quality Protection Act，FQPA）、2007 年《农药注册改进法案》（Pesticide Registration Improvement Act，PRIA）、2014 年《联邦食品、药品和化妆品法案》（The Federal Food，Drug，and Cosmetic Act，FD&C Act）、2018 年《农药注册改进延期法案》（Pesticide Registration Improvement Extension Act，PRIA4）等。

2.2.3 日本

日本自 1955 年开始进入高速经济增长期，伴随着经济的发展爆发了大量震惊世界的环境污染事件，如因甲基汞污染导致的水俣病事件（1956 年）、因镉污染导致的神东川骨痛病事件（1955 年）、因大气污染导致严重哮喘的四日市事件（1961 年）、因多氯联苯污染导致的米糠油事件（1968 年）、福岛核泄漏事故（2011 年）等。

1960 年代以来，日本政府为应对环境污染和生态破坏问题，先后施行了两部重要法律，分别是 1967 年的《公害对策基本法》（公害対策基本法）和 1972 年的《自然环境保护法》（自然環境保全法），并数次修订，旨在应对突出的环境公害问题。进入 80 年代，因环境问题的全球化、城市化、生活化等原因，日本政府决心将环境保护法律从单纯的公害污染防治逐步转向解决整体性环境保护及全球环境问题上，并将法律监管对象从以企业为主逐步扩大为针对一般公民。在这样的背景和条件下，日本国会于 1993 年颁布了该国的

《环境基本法》(環境基本法)，此后针对各类环境保护法律的制定和修订均以该法为基础。《环境基本法》最新版为令和三年（2021年）版本。

水污染防治方面，日本政府于1970年颁布了《水污染防治法》(水質汚濁防止法)，开始实施全国统一的水环境质量标准和排放标准（包括工厂排放到地面水体和渗透至地下水系的水），并规定了经营者的损害赔偿责任。该法于2017年进行了最新修订。

土壤污染防治方面，日本政府于1970年出台了《农业用地土壤污染防治法》(農用地の土壌の汚染防止等に関する法律)，该法主旨是防止和消除耕地土壤因特定有害物质造成的污染，以及合理利用受污染耕地。该法于2015年做了最新修订。此外，日本政府于2003年开始施行《土壤污染对策法》(土壌汚染対策法)，强调土壤污染的治理、预防和保护并重，对土壤环境保护起到了积极作用。

大气污染防治方面，日本政府于1962年通过的《煤烟排放控制法》(ばい煙の排出の規制等に関する法律）是日本第一部全国性大气污染防治法规，实施后有效控制了全国范围内的烟尘排放。1968颁布了《大气污染防治法》(大気汚染防止法）并于1970年、1974年两次修订，正式导入总量控制策略；2000年修订的《大气污染防治法》以法律形式规定了大气污染总量控制制度，此后又进行了数次修订，最新版本为2020年版。

有害物质管控方面，《废弃物处理和清扫法》(廃棄物の処理及び清掃に関する法律）于1970年颁布，规定了包含工业固废在内的全部固废的处理责任和处理标准，建立了固废处置的基本制度；该法案全面取代了自1954年开始施行的《清扫法》(清掃法)，并在以后进行了多次修订，最新版本为2020年版。此外，1999年出台了《二噁英类治理特别措施法》(ダイオキシン類対策特別措置法)，旨在规定二噁英类物质的环境政策、受污染土壤的治理措施等。

为了加强对存在环境风险的工业化学物质的排放和转移管理，日本经济产业省（METI）于1999年颁布了《特定化学物质环境排放管理法》(化学物質排出把握管理促進法)，其全称是“特定化学物質の環境への排出量の把握等及び管理の改善の促進に関する法律”，简称为《化管法》。《化管法》一般也被称为“PRTR法”，但实际上分为两个部分，分别是以化学物质排放量、迁移量管理为主的“有害物质排放转移登记（Pollutant Release and Transfer Register，PRTR）制度”和以提供化学物质信息为主的“化学品安全数据表（Safety Data Sheet，SDS）制度”。《化管法》将监管对象分为三类，分别是第1类化学物质（具有人体和生态危害性，在环境中广泛存在）、特定第 1 类化学物质（第 1 类化学物质中具有致癌性的物质）和第 2 类化学物质（具有人体和生态危害性，有可能在将来广泛存在）；在 2021 年《化管法》修正案中，将原本的 562 种监管对象扩充至 649 种，其中包括 515 种第 1 类化学物质、23 种特定第 1 类化学物质和 134 种第 2 类化学物质，此外该法案还列出了 164 种除外物质。由于《化管法》涉及卤代烃、硼化合物、氯化石蜡（链长 C_{10}～C_{13}）、2-氨基乙醇、二环己胺、*N*,*N*-二乙基乙醇胺、乙二醇单乙醚、乙二胺四乙酸、月桂醇、邻苯二甲酸酯、磷酸三苯酯、烷基硫酸钠、正烷基苯磺酸及其盐（烷基链长 C_{10}～C_{14}）、聚氧乙烯烷基醚（烷基链长 C_{12}～C_{15}）、苯酚、2,6-二叔丁基对甲基苯酚（BHT）、戊唑醇、吗啉、戊二醛等化学物质的监管，因而在日本金属加工液行业具有较大影响力，对我国金属加工液行业也有借鉴意义。

2.3 与金属加工液行业有关的国际公约

1972 年，联合国在瑞典斯德哥尔摩召开了第一次人类环境大会，环境问题首次上升到全球合作层面。目前我国已经签订、参加了 60 多个与环境资源保护有关的国际公约，与 20 多个国家签订了双边环境协定或谅解备忘录，其中部分公约涉及金属加工液行业化学品的管控，在此做简要介绍。

《巴塞尔公约》：全称是《控制危险废物越境转移及其处置巴塞尔公约》(Basel Convention on the Control of Transboundary Movements of Hazardous Wastes and their Disposal)。该公约于 1989 年 3 月 22 日在联合国环境署（UNEP）于瑞士巴塞尔召开的世界环境保护会议上通过，1992 年 5 月 5 日正式生效，是危险废物及其他废物管控方面最全面的全球性环境协定，目前共有 189 个缔约方（截至 2022 年 1 月 13 日）。该《公约》的目标是保护人类健康和环境免遭危险废物和其他废物的生成、越境转移和管理所带来的不利影响。其中，涉及金属加工液行业的受控废物类别主要有：从有机溶剂的生产、配制和使用中产生的废物（Y6），从含有氰化物的热处理和退火作业中产生的废物（Y7），不适合原来用途的废矿物油（Y8），废油/水、烃/水混合物乳化液（Y9），从金属和塑料表面处理产生的废物（Y17）。

《鹿特丹公约》：全称是《关于在国际贸易中对某些危险化学品和农药采用事先知情同意程序的鹿特丹公约》(Rotterdam Convention on the Prior Informed Consent Procedure for Certain Hazardous Chemicals and Pesticides in International Trade)。该公约由联合国环境署和联合国粮农组织（FAO）

共同订立，于 1998 年 9 月 10 日在荷兰鹿特丹获得通过，2004 年 2 月 24 日正式生效，目前共有 165 个缔约方（截至 2022 年 1 月 13 日）。该公约旨在推动各国在国际贸易中就某些有毒化学品和农药分担责任和通力合作，以更好地保障人体健康和保护环境，同时实施强制性的事先知情同意程序以监察和控制危险化学品的进出口，并将相关信息、决定知会该《公约》的所有缔约方。公约附件三共列出了 52 种化学品，包括滴滴涕（DDT）等 35 种农药（包括 3 种极为危险的农药制剂）和短链氯化石蜡等 16 种工业化学品，以及 1 种同时属于农药及工业用类别的化学品。

《斯德哥尔摩公约》：全称是《关于持久性有机污染物的斯德哥尔摩公约》(Stockholm Convention on Persistent Organic Pollutants)。该公约于 2001 年 5 月 22 日在瑞典斯德哥尔摩由联合国环境署召开的一次全权代表会议上通过，2004 年 5 月 17 日正式生效，旨在减少、消除和预防持久性有机污染物（POPs）污染，保护人类健康和环境，目前共有 185 个缔约方（截至 2022 年 1 月 13 日），我国是该公约的首批签署国之一。《斯德哥尔摩公约》含 30 条正文和 6 个附件，目前公约附件中规定受控的 17 种 POPs 包括短链氯化石蜡、全氟辛基磺酸及其盐类和全氟辛基磺酰氟、滴滴涕、艾氏剂(aldrin)、氯丹（chlordane）、狄氏剂（dieldrin）、异狄氏剂（endrin）、七氯（heptachlor）、六氯苯（HCB）、灭蚁灵（mirex）、毒杀芬（toxaphene）、多氯联苯、多氯二苯并对二噁英和多氯二苯并呋喃（两者合称二噁英）等。该公约对持久性有机污染物的生产、使用和进出口进行了严格限制，其中，用于金属加工行业的全氟辛基磺酸及其盐类和全氟辛基磺酰氟，在我国境内 2019 年以后仅限定用于闭环系统的金属电镀（硬金属电镀），禁止用于其他金属加工作业；作为极压润滑剂使用的短链氯化石蜡也被限定在部分用途。

2.4 环保政策对金属加工液行业的影响

近几十年来，金属加工液行业发展迅速，产品种类越来越丰富，涉及的化学品也不断增多，其中不乏有强碱性、强酸性、高挥发性、强腐蚀性、强氧化性等极端特性的化学物质，以及具有重金属危害、“三致”效应、易致毒性、持久性污染等特征的化工原料。即便不具有上述类型的成分，金属加工液产品中所含有的化学物质大量进入环境，也极易超出自然环境的自我净化能力，引起严重生态后果。因此，必须要充分考虑金属加工液在原料供应、生产制造、销售应用、仓储运输等各环节对生态环境的影响，使其符合所在国家或地区的环保政策要求。与之相应地，金属加工液行业也深刻地受到环保政策的影响。

（1）金属加工液产品的环保属性更加重要

尽管大多数国家和地区组织均制定了适合自己所在区域的环保法律法规，以及相关标准等，但在经济全球化的今天，与外部市场联系密切的企业已不能在满足本地区环保要求的努力中置其他主要经济体于不顾。我国出于自身的环保战略和国际贸易所需，一直在强化化学品贸易和使用方面的监管。例如，欧盟在2003年出台了RoHS指令，我国随即于2004年出台了《电子信息产品污染防治管理办法》，业内人士称之为“中国版RoHS”，“中国版RoHS”随欧盟RoHS指令的修订保持着更新状态。目前在3C等行业的金属加工液用户通常会要求供应商提供产品最新的RoHS 3检测报告。此外，我国还出台了一系列涉及金属加工液的国家标准，如《清洗剂挥发性有机化合物含量限值》（GB 38508—2020）、《金属加工液 有害物质的限量要求和测定方法》（GB/T 32812—2016）等。

（2）金属加工液制造商更有意愿提高技术研发投入

我国金属加工液年消耗量在2012年达到峰值，此后逐年下降并趋于稳定，这得益于制造业的高速发展和高品质介质需求的提升，以及精细化管理的普及。今后一段时期金属加工液的市场容量将不再快速增长，市场竞争会日趋激烈。产品品质作为企业的核心竞争力，高性能、使用寿命长、易于管理的生物稳定型产品成为金属加工液制造企业的技术优势和营销卖点，越来越多的企业也更加愿意在产品研发上投入资源，持续推动产品的迭代升级。据统计，2019年金属切削、成型、热处理等领域中高端介质产品市场占有率达到39%，销售额则达到了66%。此外，不少金属加工液供应商也在积极拓展产品线，开发在线监测仪器、智能调控设备、在线净化设备、废水处理工艺和设备等，或开展化学品管理承包服务，显著提高了企业的市场竞争力和客户满意度，也体现了企业的社会责任。目前，能回收和处理废水已经成为企业的重要商业优势。

（3）金属加工液用户更加注重减排降耗

长期以来，环境污染随着经济增长而趋于严重化，其原因就在于大量的废弃物未经处理便排入环境中，特别是以金属切削、冲压、切割、焊接、表面涂覆、铸造、锻造、热处理工艺为主的机械制造行业，长期以来缺乏有效监管。随着环保法规日趋严格，高昂的处理费用、违法排放的风险使得企业必须注重减排和降耗。金属加工液用户产生废弃物越多，环境风险越大，企业运营成本越高，因而对延长工艺介质使用寿命和提高性能的积极性日渐高涨，高质量发展成为了业内共识，在产品选型、维护管理、循环利用、劳动保护等方面更加愿意投入资金和人力，有条件的企业也积极引入化学品管理承包等先进模式。这些进步也为金属加工液供应商提高产品品质带来了积极影响，有利于金属加工液行业的良性发展。

(4) 金属加工液行业相关企业受惠于环保产业的发展

随着近年来一系列环保政策文件的颁布和实施，我国环保产业的需求得到有效释放，环保产业质量进一步提高，业已成为我国的战略新兴产业，在环境保护产品（如相关设备、配套材料和药剂等）和环境服务（如污染防治、废物处置与资源化、环境检测等）两大领域稳步发展，高素质人才和小微企业占比逐年提升。政府鼓励社会资本积极参与“按效付费、第三方治理、政府监管、社会监督”新机制，施行“谁污染，谁付费”模式，推动了污染防治技术的市场化、专业化、产业化，为金属加工液行业及上下游企业提供了污染监测和治理的软硬件基础。排污企业在废水的预处理和集中处理阶段可引入第三方单位按照相关标准要求对其排放的工业废水进行治理服务，并依据双方签订的环境服务合同履行相应责任和义务，使废水达标排放，排污企业也更有意愿在环境保护上进行投资。

第3章

金属加工液

3.1 金属加工液发展简史

在远古时代，我们的先祖就已经知道在磨制石器、铜器或铁器时，浇上一些水可以磨得更快，表面质量更好。考古证实，距今5300年至4300年前，主要分布在我国长江三角洲、太湖流域的良渚文化已经形成了同时代领先的人类城市文明，在良渚古城中发掘出的玉琮等物品显示出精良的玉器制作水平；同时期位于西亚底格里斯河和幼发拉底河之间的苏美尔地区的美索不达米亚文明中已经出现了金属锻造和拉丝产品。近年来我国四川省广汉市三星堆文明遗址的考古发掘显示，3000多年前的古蜀王国在石器、青铜器、黄金面具等器物制造工艺方面已具有极高的水平，其中用到了打磨、铸造、锻造等加工技术。不难想象，如果古人没有使用水、动植物油脂等工艺介质，将难以顺利制造出这些精良器物。

此后随着制造技术进步，由于工艺的需要，加工介质逐渐变得丰富起来。我国在春秋战国时期，出现了成熟的鎏金工艺（以Au∶Hg=3∶7或2∶8制成的金泥为处理介质）、铬钝化技术（含铬化合物为处理剂），制品历经2000余年不腐；范铸法、失蜡铸造、叠铸等先进铸造技术已经得到应用，并掌握了使用固体渗碳技术提高刀剑耐用性的技术。在魏晋和南北朝时期，工匠们将河水、牲畜尿液、动物油脂用于钢铁兵器的淬火处理，它们具有不同的冷却淬硬能力，现代热处理技术也遵循相同的原理。此外，局部淬火处理、双液淬火技术可能也已得到应用。明代宋应星所著《天工开物》中记载，当时的工匠使用琢玉机（砣机）加工玉器，在加工过程中使用了解玉砂（据考证为石榴石或刚玉粉末）作为磨料，水作为载体和起到冷却、清洗的作用，其工艺原理与现今的磨床/锯床并无二致，有观点认为其类似装置可能在史前时期就已经出现。《天工开物》中还有在母钱翻铸法铸币过程中使用木炭灰和黑烟灰作为脱模剂的记载。欧洲在17 世纪有应用油脂或油进行软质铁拉丝加工的记载，1650 年约翰·格德斯（Johann Gerdes）发明了拉制钢丝的“黄化处理”技术，即将钢材浸泡在尿液中生成软的表面涂层以利于拉制，此后的 200 余年中人们先后用冲淡的酸啤酒、水取代了尿液。

尽管几千年以来中西方在加工介质的应用水平上均处于较为原始的水平，但随着工业革命的兴起，西方发达国家率先开始了近现代化加工设备的研发和推广，促进了金属加工液技术的进步。第一次工业革命期间，欧洲在拉制钢丝、金属磨削等加工过程中，使用了肥皂水、油脂、水等几种液体作为润滑和冷却介质。第二次工业革命时期，石油化工、金属材料、化学工业、机械工业等行业得到很大进步，工艺学、摩擦学、润滑理论、表面活性剂理论等学科不断完善，大量新的化工原材料被开发出来，金属加工液开始快速发展。1868 年，英国的诺斯科特确认了在车床上使用切削油的效果，此后鲸鱼油、含氧化铅的油脂、矿物油开始得到应用。1869 年，英国人申请了磷化处理的专利。1882 年含硫切削油（单质硫和油的简单混合物）开始用于切削作业。1883 年，美国的泰勒用试验证明使用碳酸钠水溶液可以大大提高切削速度，从此，水基切削液在切削加工中推广开来。专业的硫氯化油、乳化油（可能由磺酸盐、碳酸钠、脂肪酸、油脂等构成）、磷化处理工艺在 20 世纪初得到广泛应用。1915 年一家美国公司发明了以环烷基矿物油为基础油的乳化油，1924 年一款专用的硫氯化油在美国取得专利并上市，1947 年美国 Milacron 公司开发了第一款微乳化切削液，至此，现代金属加工液的雏形出现了。第三次工业革命以来，工业进入自动化时代，数控机床（NC）、超高硬度工模具得到普及，加工的零部件越来越精密、材料越来越复杂，这使得金属加工液在提升制造品质和效率方面的重要性得到公认，从事金属加工液制造的企业投入了更多资源进行基础研究和产品开发工作。在 20 世纪 60 年代后期有大量相关研究成果被发表出来，同时产生了众多成功的商业化产品，使欧洲、北美、日本等国家和地区的一众企业依托其强大的工业基础形成了技术上和商业上的双重优势地位。

我国自改革开放以来，制造业发展迅速，至 2019 年我国制造业占全球比重已达 28.1%，对高品质金属加工液的需求与日俱增。Houghton（现属于奎克好富顿)、ユシロ化学(尤希路化学)等国际知名的金属加工液研发和制造企业较早进驻我国开展业务，改变了国内冷加工和热加工领域长期使用矿物油、机械油、磺化油乳液、苏打水、亚硝酸钠水溶液等作为工艺介质的落后局面，促进了国内制造业和金属加工液的发展。时至今日，已有20余家规模较大的跨国公司在我国开展金属加工液相关业务，其中不乏有上百年历史的知名品牌。国内亦有一大批本土金属加工液制造和营销服务企业进入市场，经过20多年的积淀与发展，总数已逾七千家，其中诞生了众多知名品牌，尤其是部分国有企业和私营企业具有较强的技术研发实力与营销业绩，发展前景不可小觑。

3.2 金属加工液的分类

广义的金属加工液是一个非常宽泛的概念，材料种类、加工目的、加工工艺的多样性决定了其产品数量庞大，分类亦较复杂。本书根据工业实践经验，从产品用途与技术原理等角度对其进行分类，供读者参考。

3.2.1 按产品用途分类

将金属加工液按照产品用途分类是比较传统的做法。这种分类方法考虑了介质特性、工艺特征和加工对象，命名方式简单、直观，便于信息传递，有利于提高商业效率。在此举例说明。

(1) 去除加工领域

常见金属加工液类别有切削加工液(含磨削加工液)、电火花切割液、电解液、抛光液等。其中，切削加工液按照工艺特征可细分为磨削加工液、珩磨加工液、车铣加工切削液、齿轮切削加工液、深孔钻切削液、螺纹加工液、拉削加工液等，按照加工材质可细分为黑色金属切削液、铝镁合金切削液、铜合金切削液、钴合金切削液等。

(2) 结合加工领域

常见金属加工液类别有电镀液、磷化液、硅烷处理剂、陶化膜处理剂、化学渗剂等。其中，电镀液根据镀种不同分为镀镍、镀铜、镀铬、镀锌等品种，按照镀液成分还可分为氰化物镀液、锌酸盐镀液、硫酸盐镀液等。

(3) 变形加工领域

常见金属加工液类别有轧制加工液、锻造加工液、冲压加工液、拉伸加工液、旋压加工液、脱模剂等。其中，轧制加工液按工艺特征可分为热轧加工液、冷轧加工液，按加工对象可分为钢轧制加工液、铝轧制加工液、铜轧制加工液等。锻造加工液可分为热锻加工液、温锻加工液等。冲压加工液按工艺特征可分为挥发性冲压加工液、拉深加工液等。拉伸加工液按工艺特征可分为线材拉伸加工液、管材拉伸加工液、型材拉伸加工液，按加工对象（钢、铜、铝）及其规格还可进一步细分。

（4）相变加工领域

常见金属加工液类别有淬火液、正火液等。其中，淬火液根据加工材质和工艺要求（淬火硬度、光亮性、冷却速度、特征温度等）细分为一系列的产品，如快速淬火液、快速光亮淬火液、等温分级淬火液、紧固件淬火液、齿轮淬火液、薄壁件淬火液、真空淬火液等。淬火液根据其成分特点还可分为水基淬火液、油基淬火液（淬火油）、盐浴淬火剂等。

（5）其他加工领域

其他加工领域的工艺介质主要有防锈油剂和清洗油剂等。其中，防锈油往往根据防锈期长短予以分类，或根据成膜状态和闪点指标分为快干型、溶剂型、矿物油型等；兑水稀释后使用的防锈剂称为水性防锈剂。清洗剂通常可按工艺特点分为手工擦洗清洗剂、浸泡清洗剂、喷淋清洗剂、超声波清洗剂、真空清洗剂等，或按照加工对象分为黑色金属清洗剂、铝合金清洗剂、铜合金清洗剂等，也可按其成分特点分为水基清洗剂、有机溶剂清洗剂、合成烃清洗剂等。

3.2.2 按技术原理分类

从产品配方技术的原理予以归类，较易把握产品的技术内涵，体现事物本质，便于产品开发人员使用。由于金属加工对象和工艺的多样化，相应的金属加工液技术内涵差异显著。

（1）油基金属加工液

油基金属加工液的主要特征是：①以溶剂油、矿物油、合成烃、合成酯等作为基础成分；②可含有油溶性功能添加剂；③一般不能乳化，不溶于水；④通常不用介质稀释而直接使用。代表性产品是切削油、成型油、轧制油、热处理油、防锈油、溶剂清洗剂等。

（2）乳化型金属加工液

乳化型金属加工液又称为水分散型产品，其配方可以看作是赋予乳化功能的油基型产品，也是成分最为复杂、应用最为广泛的一类产品。乳化型产品一般均为水稀释后使用，油相以液珠的形态均匀分散于水相中，其粒径越细则乳化状态越稳定。其细分类别和典型特征见表 3-1。代表性产品是微乳化切削液、轧制乳化液、乳化硅油脱模剂、乳化型防锈油等。

表 3-1 乳化型金属加工液的分类及特征

名称	主要成分特征	工作液特征		折光系数（典型值）
		外观	分散相平均粒径/μm	
乳化油（可溶性油）	油相含量 30%～85%，水含量 0%～10%；含有乳化剂和其他功能添加剂	乳白色液体	>0.4	1.0
细小乳化油	油相含量 30%～60%，水含量 0%～30%；含有乳化剂和其他功能添加剂	半透明状或青色乳液	0.1～0.4	1.2
微乳化油	油相含量 5%～30%，水含量 30%～50%；含有乳化剂和其他功能添加剂	透明或半透明状液体	0.05～0.1	1.5
半合成微乳化油	含有 30%以上的水，不含基础油；含有乳化剂和其他功能添加剂	透明或半透明状液体	<0.1	2.0

(3) 水溶液型金属加工液

水溶液型产品的主要特征是：①以水或水溶性原料为载体，不含基础油和油溶性添加剂；②可含有表面活性剂或其他功能添加剂；③与水混合后形成真溶液和（或）胶束，抑或是存在少量的非主体成分的乳化现象；④水稀释后使用，工作液外观一般为透明状。代表性产品是全合成切磨削液、水性防锈剂、水性淬火剂、水性清洗剂、磷化液、硅烷表面处理剂、电解液、除锈剂等。

(4) 复合型金属加工液

复合型产品是一类成品或工作液为混合物态的产品，在材料加工中有其独特性能。

① 气液复合型金属加工液　液体（例如植物油、合成酯、水基切削液的浓缩液或稀释液等）以液滴状态分散在气体介质中，形成雾状，气体可以是空气、氮气、二氧化碳或其他惰性气体。典型的用途是微量润滑（minimum quantity lubrication，MQL）。MQL 是一种半干式加工，该技术将微米级的润滑介质气雾供给切削或成型部位，介质消耗量一般在 4～100mL/h 范围内，铝合金高速加工为 100～200mL/h，显著低于传统湿式加工。MQL 技术的应用可节约工艺介质采购和管理成本，降低环境风险和废弃物处理成本，目前已有多种配套设备面世，用户亦可对传统机床进行改造升级。具有代表性的微量润滑油有森克（SYN-CUT）EA 系列和 VL 系列等产品，在金属型材和铸锭锯切加工、汽车零部件加工、齿轮加工等领域应用广泛，用户综合收益可观。

② 固液复合型金属加工液　粉状固体分散在水或非水载体中形成的悬

浊液或浆状物。典型的用途是将固体物质作为润滑剂或隔离剂等，结合了液体润滑剂易流动、易黏附、导热好，固体润滑剂承受载荷能力强的优点，在制造业中较为常见。例如，在零部件的研磨加工液中加入碳化硅微粉等无机粉末；在冷墩、拉深等极高负荷的零部件成形加工用油中加入二硫化钼粉体；在温锻、挤压成形加工中使用含石墨、氮化硼、硬脂酸锌等成分的介质；在不锈钢热锻润滑剂中加入玻璃粉和石墨粉；在钢管轧制润滑剂中加入碳化硅、氧化硅、高分子聚合物等物质（在此工艺中起到增大摩擦系数的作用）。此外，石墨烯、炭黑、黏土、二氧化硅、碳酸钙、金属氧化物、金属的碱式硫酸盐等粉体材料，以及它们经过表面改性后的产物亦可作为乳化剂用于制备乳液。

上述四大类产品是最典型的金属加工液形态。由于材料种类、加工设备、加工工艺技术和配方技术的多样化，使金属加工液技术具有多样性、复杂性、严谨性的特点，用百花齐放来形容金属加工液技术恰如其分，这正是金属加工液技术的魅力所在。

除了按照产品用途或技术原理进行分类，金属加工液产品还可按其特征成分、特殊用途、特性参数等进行分类，多是从属于前两种分类方法，在此不再赘述。

3.3 常见金属加工液的典型配方结构

金属加工液应用领域众多、配方体系多样，因此难以从成分上做出统一归纳，但产能最为分散、用户群体最大、消耗数量最多的切削（磨削）加工液无疑是最具代表性的金属加工液产品，故以它们为例对其配方结构做简要介绍。

3.3.1 切削油

切削油是在基础油中加入具有润滑、防锈、抗氧、抑泡等功能的添加剂混合而成的油基液体，其配方组成见表 3-2。

表 3-2 切削油配方组成

组成	主要功能	典型物质	典型含量范围/%
基础油	添加剂载体	矿物油，合成油	50～100
润滑剂	提供减摩、极压等润滑性能	合成酯，动植物油脂，氯化石蜡，磷酸酯，硫化脂肪酸酯，硫化烯烃，磺酸钙，硫磷化合物	0～45

续表

组成	主要功能	典型物质	典型含量范围/%
防锈剂	防止黑色金属腐蚀	T701,T702,T705	0～5
缓蚀剂	防止有色金属腐蚀	BTA,TTA,噻二唑衍生物	0～0.1
抗氧剂	减缓油品老化	BHT,*N*-苯基-*α*-萘胺	0～2
消泡剂	消除和抑制泡沫	硅油	0～0.1
其他添加剂	提供除臭、染色等功能	香精,颜料	0～0.1

注：T701—石油磺酸钡；T702—石油磺酸钠；T705—二壬基萘磺酸钡；BTA—苯并三氮唑；TTA—甲基苯并三氮唑；BHT—2,6-二叔丁基-4-甲基苯酚。

3.3.2 乳化型切削液

乳化型切削液是一类成分复杂的产品，成品和稀释的工作液均为油相和水相两部分组成。对于乳化油而言，基础油为连续相、水为分散相（W/O型），其两相界面分布着表面活性剂及其他具有表面活性的分子，以保持油水界面膜的稳定。微乳化油根据配方结构的不同，可以是O/W型，也可以是W/O型。乳化油和微乳化油的水稀释液则都是O/W型，包含有油溶性添加剂的油滴为分散相，水为连续相，水溶性组分则溶解在连续相中，表面活性剂和具有表面活性的分子仍然主要在相界面分布。乳化型切削液的配方组成见表3-3。

表3-3 乳化型切削液配方组成

组成	主要功能	典型物质	典型含量范围/%
基础油	添加剂载体	矿物油,合成油	0～85
水	添加剂载体	水	0～50
润滑剂	提供减摩、极压等润滑性能	合成酯,动植物油脂,氯化石蜡,磷酸酯,硫化脂肪酸酯,硫化烯烃	0～20
防锈剂	防止黑色金属腐蚀	T701,T702,T705,亚硝酸钠,脂肪酸酰胺,羧酸胺,硼酸酯	5～15
缓蚀剂	防止有色金属腐蚀	BTA,TTA,磷酸酯,偏硅酸盐	0～2
表面活性剂	乳化、分散、沉降、润湿、渗透等	AEO,OP,Span,Tween,T702,油醇聚氧乙烯醚,季铵盐化合物	10～30
碱	中和酸性添加剂,提供碱储备	MEA,DEA,TEA,KOH	5～15
耦合剂	提高两相界面稳定性	乙二醇丁醚,月桂醇	0～10
稳定剂	消除或减弱硬水的影响	EDTA及其钠盐,醇醚羧酸	0～5
杀菌剂	杀灭和抑制微生物	BK,MBM,BIT,IPBC,BBIT	0～5

续表

组成	主要功能	典型物质	典型含量范围/%
消泡剂	消除和抑制泡沫	硅油,乳化硅油,乳化硅氧烷	0～0.5
其他添加剂	提供除臭、染色等功能	香精,颜料	0～0.1

注：AEO—月桂醇聚氧乙烯醚；OP—烷基酚聚氧乙烯醚；Span—失水山梨醇脂肪酸酯；Tween—聚氧乙烯失水山梨醇脂肪酸酯；MEA——乙醇胺；DEA—二乙醇胺；TEA—三乙醇胺；KOH—氢氧化钾；EDTA—乙二胺四乙酸；BK—六氢-1,3,5-三（羟乙基）均三嗪；MBM—*N*,*N*′-亚甲基双吗啉；BIT—1,2-苯并异噻唑-3-酮；IPBC—3-碘代-2-丙炔醇-丁基甲氨酸酯；BBIT—2-丁基-1,2-苯并异噻唑啉-3-酮。

3.3.3 全合成切削液

全合成切削液是一类不含基础油及油溶性添加剂的产品，几乎所有的添加剂均以溶质状态存在（表面活性剂和消泡剂例外）。业内有一些观点将不含矿物油的切削液统称为“全合成”，这样就使全合成的概念延伸到所有类型的切削液产品，为避免混淆，本书中所描述的全合成切削液均指水溶液型的产品。全合成切削液的配方组成见表 3-4，其配方结构与乳化型产品中的水相有相似之处。

表 3-4　全合成切削液配方组成

组成	主要功能	典型物质	典型含量范围/%
水	添加剂载体	水	50～100
润滑剂	提供减摩、极压等润滑性能	聚乙二醇,丙三醇,聚醚,脂肪酸胺,磷酸铵盐	0～25
防锈剂	防止黑色金属腐蚀	亚硝酸钠,碳酸钠,脂肪酸酰胺,羧酸胺,硼酸酯	5～20
缓蚀剂	防止有色金属腐蚀	BTA,TTA,磷酸酯,偏硅酸盐	0～2
表面活性剂	分散、沉降、润湿、渗透等	聚二氯乙基醚四甲基乙二胺,季铵盐化合物,聚胺系阳离子树脂,咪唑啉	0～1
碱	中和酸性添加剂,提供碱储备	MEA,DEA,TEA,KOH	10～30
稳定剂	消除或减弱硬水的影响	EDTA 及其钠盐	0～5
杀菌剂	杀灭和抑制微生物	BK,MBM,BIT,IPBC,BBIT	0～5
消泡剂	消除和抑制泡沫	硅油,乳化硅油,乳化硅氧烷	0～0.5
其他添加剂	提供除臭、染色等功能	香精,颜料	0～0.1

3.3.4 复合型金属加工液

复合型金属加工液通过将不同物态的功能组分进行混合，以满足有特殊需求的加工领域。以水性锻造润滑剂为例，其配方结构见表 3-5。

表 3-5　水性锻造润滑剂配方组成

组成	主要功能	典型物质	典型含量范围/%
水	添加剂载体	水	50～90
抗烧结剂	防止工件粘模	石墨粉，氮化硼粉，聚四氟乙烯粉	10～40
防锈剂	防止黑色金属腐蚀	有机胺，亚硝酸钠，碳酸钠，羧酸胺，硼酸酯	0～20
稳定剂	提高储存稳定性	羟乙基纤维素，羧甲基纤维素，聚丙烯酸钠	0.2～2
表面活性剂	分散、润湿、渗透等	异构醇聚氧乙烯醚，尼纳尔	0～1
杀菌剂	提供产品储存期间的防腐性能	BK，MBM，BIT	0～0.5

3.4　金属加工液的技术发展趋势

金属加工液的技术总是伴随着加工工艺和装备技术的进步而发展的，同时受到科技水平和社会环境的限制。评价金属加工液产品是否符合当下的发展趋势，有五个判据：资源、能源、环保、经济、性能。其中，满足资源、能源、环保三个判据主要是为了可持续发展和伦理道德的需要，性能是最基本的要求，性能与经济判据合并则要求产品性价比。总之，是在资源、能源、环保、质量以及社会环境的限制条件下，寻求经济效益最大化。

随着社会经济的快速发展，保护生态环境和可持续发展的理念已深入人心，安全环保已经成为用户选择金属加工液产品的首要考虑因素。生物稳定型水基金属加工液（尤其是在切削和成型加工领域）在近 20 年来取得了很大进步，生物稳定性优异，技术较为成熟，防腐效果良好，市场接受度高，在减少水基金属加工液的环境风险方面显示出越来越高的效益。

第4章

水基金属加工液的微生物污染

4.1 霉腐微生物的形态构造和特点

4.1.1 细菌

细菌是自然界中分布最广、数量最多、与人类关系最密切的一类微生物。日常生活中出现的低度酒类、果汁、乳品、蛋品、肉类等食品的变质，食物中毒，墨汁发臭，抹布发黏，化妆品产气发胀，某些传染病的发生，铁、铜、铝等金属制品的腐蚀等，主要是细菌活动的结果。

4.1.1.1 细胞的形态和构造

(1) 细菌的大小与形态

细菌的个体很小，它的大小通常以微米（μm）表示。细菌的形态多种多样，常随着菌龄和环境条件的不同而有所改变。各种细菌在幼龄和生长条件适宜时，表现为正常的形态。根据细菌的外形不同，可将细菌分为球形、杆形和螺旋形三种基本形态，分别被称为球菌、杆菌和螺旋菌。

① 球菌。球菌的直径约为0.5～2μm，这类细菌单个存在时，呈圆球形或扁圆形。几个球菌联合在一起，其接触面常呈扁平状态。典型的球菌如尿素小球菌（*Micrococcus ureae*）、绿色气球菌（*Aerococcus viridans*）等。

② 杆菌。杆状的细菌，多数细菌为杆菌。杆菌尺寸约为（0.5～1）μm×(1～5)μm，长短、形态差别很大。杆菌按其形态有短杆菌、链杆菌、分枝杆菌、棒状杆菌和芽孢杆菌等。典型的杆菌如伤寒沙门菌（*Salmonella typhi*）、普通变形杆菌（*Proteus vulgaris*）等。

③ 螺旋菌。细胞呈弯曲、螺旋状的细菌，弯曲不足一圈的称为弧菌。螺

旋菌尺寸约为（0.3～1）μm×（1～50）μm，弧菌尺寸约为（0.3～0.5）μm×（1～5）μm。典型的螺旋菌如霍乱弧菌（*Vibrio cholerae*）、玫瑰色螺菌（*Spirillum roseum*）等。

（2）细菌的细胞结构

细菌的细胞结构可分为一般结构和特殊结构两类。一般结构，这是任何细菌都具有的共同构造，主要由细胞壁、细胞膜、细胞质和核质体组成。鞭毛、荚膜和芽孢等，是某些细菌所特有的结构。

① 细胞壁。包在细胞表面的一层坚韧而具有弹性的结构，厚度一般在10～80nm，细菌的细胞壁约占菌体干重的10％～25％。细胞壁上有许多微细的小孔，可容许直径1nm的可溶性物质通过，对大分子物质有阻拦作用。细菌细胞壁的主要成分是肽聚糖（又称黏质复合物）。肽聚糖是由*N*-乙酰葡萄糖胺、*N*-乙酰胞壁酸（*N*-乙酰羧乙基氨基葡萄糖）以及短肽聚合而成的多层网状结构大分子化合物。其中的短肽一般由4～5个氨基酸组成，如L-丙氨酸-D-谷氨酸-L-赖氨酸-D-丙氨酸等，而且短肽中常有D-氨基酸与二氨基庚二酸存在。不同种类细菌的细胞壁中肽聚糖的结构与组成不完全相同。肽聚糖是细菌、放线菌所特有的成分，它使细胞壁具有坚韧的特性。

② 细胞膜。细胞膜也称细胞质膜或原生质膜，或简称为质膜，是紧靠在细胞壁内侧，在细胞壁与细胞质之间的一层柔软而富有弹性的半渗透性薄膜。细胞膜厚度一般为5～8nm，细菌细胞膜约占细胞干重的10％。细胞膜主要由蛋白质（60％～70％）和脂质（主要是磷脂，含20％～30％）组成，此外还有少量的糖类物质、固醇类物质以及核酸等，构成精细的膜结构。细胞膜的基本结构是在液体的脂质双层中，镶嵌着可移动的球形蛋白质。脂质双层由两排脂质分子排列构成膜的基本骨架，每个脂质分子是由一个可溶于水的“头部”（亲水部分）和两条脂肪酸链（疏水部分）组成。在脂质双层中，所有脂质分子的亲水端都朝向膜内外两表面，疏水端则朝向膜中央。镶嵌在脂质双层内的膜蛋白，称嵌入蛋白质，对膜的通透性起着重要作用。附着在脂质双层内表面的膜蛋白，称外在蛋白质，含有许多呼吸酶系、三羧酸循环酶系和脱氢酶系。

③ 细胞质及其内含物。细胞质是包于细胞膜内、除核质体之外的一种无色透明的胶状物。细胞质的主要成分是水、蛋白质、核酸、脂类及少量的糖类和无机盐类。细菌细胞质中核糖核酸的含量较高，可达固形物的15％～20％。细胞质是细菌的内在环境，具有生命活动的所有特性，含有各种酶系统，是细菌进行新陈代谢的主要场所，通过细胞质使细菌细胞与周围

环境不断进行物质交换。

④ 核质体。细菌属于原核生物，细胞内没有一个结构完整的核，不具有核膜和核仁，因此没有固定的形状，只有一个核质体。细菌核质体的主要成分是脱氧核糖核酸（DNA），细菌的核实际上是一个巨大的、连续的、环状双链 DNA 分子，长达 1mm，比细菌本身长 1000 倍。

⑤ 鞭毛。某些细菌的表面，长着一种从细胞内伸出的纤细而呈波状的丝状物称为鞭毛。鞭毛着生在接近细胞膜的细胞质中的基粒上，通过细胞膜和细胞壁而伸出体外。鞭毛的长度常可超过菌体的若干倍，但直径很细，一般为 10～20nm。鞭毛的主要成分是蛋白质，只含有少量的多糖，或可能有脂类。鞭毛蛋白类似于动物肌肉中的肌球蛋白，能收缩。鞭毛是细菌的运动“器官”。鞭毛极其纤细易于脱落，细菌在幼龄时期运动活泼，衰老的细胞鞭毛脱落而不运动。大多数球菌不生鞭毛。杆菌中有的生鞭毛，有的不生鞭毛。螺旋菌都生有鞭毛。鞭毛着生的位置、数目与排列是细菌种的特征，有鉴定意义。

⑥ 荚膜。有些细菌在其细胞壁表面覆盖一层疏松、透明的黏液性物质，称为荚膜。荚膜的厚度一般可达 200nm。荚膜含有大量的水分，约占 90%以上。其化学成分随菌种的不同而不同，通常是多糖，少数革兰氏阳性菌的荚膜是单一的多肽。荚膜的形成与环境条件密切相关。如炭疽杆菌只是在被它所感染的动物体内才形成荚膜；而肠膜状明串珠菌（*Leuconostoc mesenteroides*）只有在含糖量高、含氮量低的培养基中，才会产生大量的荚膜物质。

⑦ 芽孢。某些细菌生长到一定阶段，细胞内会形成一个圆形、椭圆形或圆柱形的对不良环境条件具有较强抗性的休眠体，称为芽孢。由于细菌芽孢的形成都在细胞内，故又称内生孢子。由于每一个细菌只产生一个芽孢，所以芽孢不是细菌的繁殖方式。

4.1.1.2 细菌的繁殖方式

细菌一般进行无性繁殖，主要以裂殖的方式，由 1 个细胞分裂为 2 个大小基本相等的子细胞。

细菌细胞分裂可分为核与细胞质分裂、横隔壁形成和子细胞分离等过程。首先核分裂，同时在细胞赤道附近的细胞质膜从外向中心作环状推进，然后闭合而形成一个垂直于细胞长轴的细胞质隔膜，使细胞质分开。其次形成横隔壁。细胞壁向内生长，把细胞质隔膜分成两层，每一层分别形成子细胞的细胞质膜。随后，横隔壁也分成两层，这样，每一个子细胞就各具一完整的细胞壁。最后是子细胞的分离。

除无性繁殖外，细菌亦存在着有性结合。但细菌有性结合频率较低。

4.1.1.3 细菌的菌落形态

细菌的形态很小，肉眼看不见单个细菌细胞。但是，当单个或少数细菌（或其他微生物的细胞、孢子）接种到固体培养基后，如果条件适宜，它们就会迅速生长繁殖。由于大量子细胞不能像在液体培养基中那样自由弥散，势必会以母细胞为中心形成一个较大的子细胞群体。这种由单个细菌细胞（或少数细菌细胞），在固体培养基的表面（有时在内部）繁殖出来的、肉眼可见的子细胞群体，称为菌落。

不同种的细菌所形成的菌落形态不同。同一种细菌常因培养基成分、培养时间等不同，菌落形态也有变化。但是，各种细菌在一定的培养条件下形成的菌落具有一定的特征。菌落的特征，对菌种的识别和鉴定有一定意义。

菌落形态包括菌落的大小、形状（如圆形、假根状、不规则状等）、隆起形态（如扩散、台状、低凸、凸面、乳头状等）、边缘（如边缘整齐、波状、裂叶状、圆锯齿状等）、表面状态（如光滑、皱褶、颗粒状、龟裂状、同心环状等）、表面光泽（如闪光、不闪光、金属色泽等）、质地（如油脂状、膜状、黏、脆等）、颜色以及透明程度（如不透明、半透明等）等。

在观察细菌菌落时，一般要求分散度合适，并培养一定的时间，在这种情况下生长的菌落，就可以比较充分地反映此细菌在这种培养条件下的典型菌落特征。

4.1.2 放线菌

放线菌由于菌落呈放射状而得名。它具有生长发育良好的菌丝体。放线菌在自然界分布很广，土壤是它们的大本营，一般在中性或偏碱性的土壤和有机质丰富的土壤中较多。

放线菌大部分是腐生菌，少数是寄生菌。寄生性放线菌可引起动物、植物病害，如一些放线菌（*Actinomyces*）和诺卡菌（*Nocardia*）会引起动物的皮肤、脚、肺或脑膜感染。放线菌引起的植物病害有马铃薯疮痂病与甜菜疮痂病等。放线菌具有特殊的土霉味，使食品变味。有些放线菌能使棉、毛、纸张等霉坏。

4.1.2.1 放线菌的形态和构造

放线菌是一类介于真菌和细菌之间，但又接近于细菌的原核微生物。放线菌与细菌一样，细胞可被溶菌酶溶解，也可被特异性噬菌体所感染，凡能抑制细菌的抗生素也多能抑制放线菌，而抑制真菌的抗生素（如多烯类抗生素）对放线菌无抑制作用。

放线菌的菌丝体无横隔膜，是多核的单细胞微生物，而丝状真菌一般是多细胞微生物，细菌也是单细胞微生物。

放线菌与细菌的区别在于：放线菌有真正分枝的菌丝体，而细菌没有菌丝体。

另一方面，放线菌会形成纤细的、没有横隔膜的、多核的分枝菌丝体，在固体培养基上有基质菌丝和气生菌丝的分化，在气生菌丝的顶端会形成分生孢子等，这些特点与丝状真菌相似。放线菌虽然是介于细菌和丝状真菌之间的一类微生物，但它在微生物中的分类位置应在细菌之中，而不属于真菌。

4.1.2.2 放线菌的繁殖方式

放线菌主要是通过形成无性孢子的方式进行繁殖。在液体培养基中，菌丝断裂的片段即可繁殖成新的菌丝体。在固体培养基上生长时，气生菌丝分化为孢子丝，它通过分裂可形成一长串分生孢子，或气生菌丝上形成孢子囊，产生孢子囊孢子。

4.1.2.3 放线菌的菌落形态

放线菌由于产生大量基内菌丝而伸入培养基内，而气生菌丝又紧贴培养基表面互相交错缠绕，气生菌丝纤细、致密、生长缓慢，所以形成的菌落质地致密，表面呈较紧密的绒状或坚实、干燥、多皱，菌落较小而不致广泛延伸。

放线菌的基内菌丝和孢子常有不同的颜色，故菌落的背面、正面常呈相应的不同颜色。基内菌丝大部分呈黄、橙、红、紫、蓝、绿、灰褐，甚至黑色，也有无色的，这些色素有水溶性的，可扩散至培养基中，脂溶性色素则不能扩散。放线菌孢子一般呈白、灰、黄、橙黄、红、蓝、绿等颜色。用放大镜仔细观察，可以看到菌落周围有放射状菌丝。

4.1.3 酵母菌

酵母菌通常是指一群以单细胞为主，以出芽方式进行营养繁殖，既能好氧又能厌氧生长的真菌。

在自然界，酵母菌主要分布在含糖量较高的偏酸性环境中，如浆果、蔬菜、花蜜及蜜饯上，特别是果园、葡萄园的土壤中较多。在油田和炼油厂周围的土壤中，则易找到石油酵母。

4.1.3.1 酵母菌细胞的形态和构造

(1) 酵母菌的形态大小

大多数酵母菌为单细胞，其细胞形态多样，如卵圆形、圆形、椭圆形、柠檬形或香肠形等，有的种类还可产生藕节状假菌丝，少数种类也可产生竹节状的真菌丝。这些形态因培养时间、营养状况以及其他条件的差异而有所变化。

酵母细胞的大小，根据不同的种类差别很大，一般在（1～5)μm×(5～30)μm。通常见到的椭圆形酵母，大小约为（3～5)μm×(8～15)μm。

（2）酵母菌的细胞结构

酵母菌具有典型的细胞结构，有细胞壁、细胞膜、细胞质及细胞核。细胞质中有液泡、线粒体及各种贮藏物等。

酵母菌细胞壁是由特殊的酵母纤维素构成，它的主要成分是甘露聚糖（31%)、葡聚糖（29%)、蛋白质（6%～8%)、脂类（8.5%～13.5%）等，一般不含有真菌所具有的几丁质或纤维素。酵母菌细胞壁不及细菌细胞壁坚韧。

酵母菌幼细胞的细胞质较稠密而均匀，老细胞的细胞质则出现较大的液泡。多数酵母菌，尤其是圆形与椭圆形的酵母菌只有一个液泡，长形酵母菌有的在细胞两端各有一个液泡。液泡的成分为有机酸及其盐类水溶液，液泡的颜色比周围细胞质淡。

酵母菌为真核微生物，酵母菌体中存在明显的定形的核，每个细胞只有一个细胞核，呈圆形或卵圆形，多在细胞的中央与液泡相邻。细胞核有核膜、核仁和染色体。细胞核的主要成分是DNA。

4.1.3.2 酵母菌的繁殖方式

（1）无性繁殖

无性繁殖有芽殖和裂殖两种形式。出芽繁殖是酵母菌中最普遍的繁殖方式，如啤酒酵母（*Beer yeast*)、热带假丝酵母（*Candida tropicalis*)、解脂假丝酵母（*Candida lipolytica*）等均进行出芽繁殖；少数酵母菌，如八孢裂殖酵母（*Schizosaccharomyces octosporus*）进行分裂繁殖的过程是细胞伸长，核分裂为二，细胞中央出现隔膜，将细胞膜分为两个具有单核的子细胞。

（2）有性繁殖

酵母菌以形成子囊孢子的方式进行有性繁殖。凡具有有性繁殖产生子囊孢子的酵母称为真酵母，尚未发现有性繁殖的酵母称为假酵母。

4.1.3.3 酵母菌的菌落形态

由于酵母菌与细菌一样，大多数呈单细胞状态，没有营养菌丝与气生菌丝的分化，细胞间隙充满着水分，所以在固体培养基上形成与细菌相似的菌落。菌落湿润、黏稠、表面光滑，易被接种环挑起。但酵母细胞比细菌大，故形成的菌落也比细菌大，具有较厚和隆起的特征。酵母菌落的颜色十分单调，多数呈乳白色，仅少数呈红色，如红酵母（*Rhodotorula*）与掷孢酵母（*Sporobolomyces*）等。

4.1.4 霉菌

霉菌在自然界分布很广，大量存在于土壤中，比其他微生物更能耐受较酸的环境，空气中也含有大量霉菌孢子。人们可以轻易地用肉眼看到这些生长在阴暗潮湿处，呈绒毛状、絮状或丝状的“霉”。霉菌是引起各种工业原料、农副产品、仪器设备、衣物、器材、工具和食品等发霉变质的主要微生物。

4.1.4.1 霉菌的形态和构造

霉菌的菌体由菌丝构成，菌丝可无限伸长和产生分枝，分枝的菌丝相互交织在一起形成菌丝体。

霉菌的菌丝有两类：一类菌丝中无隔膜，整个菌丝体可看作是一个多核的单细胞，如低等种类的根霉、毛霉、犁头霉等霉菌的菌丝均无隔膜；另一类菌丝体有横隔膜，每一段就是一个细胞，整个菌丝体是由多细胞构成，多数霉菌都属这一类。

霉菌的菌丝细胞都由细胞壁、细胞膜、细胞质、细胞核和其他内含物组成。菌丝的宽度一般为 2～10μm，比细菌或放线菌宽几倍至几十倍。细胞壁的厚度为 100～250nm，成分各有差异，大部分霉菌的细胞壁由几丁质组成（占干重的 2%～26%）。

4.1.4.2 霉菌的繁殖方式

（1）无性孢子繁殖

无性孢子主要有孢子囊孢子、分生孢子、节孢子、厚垣孢子、芽孢子等。

① 孢子囊孢子。是一种内生孢子，为毛霉、根霉、犁头霉等一些低等霉菌无性繁殖产生。

② 分生孢子。在菌丝顶端或分生孢子梗上，以类似于出芽的方式形成单个或成簇的孢子，称为分生孢子。分生孢子是青霉、曲霉、木霉等大多数霉菌所具有的一种外生孢子，其形状、大小、结构以及着生的情况多种多样。

③ 节孢子。亦称粉孢子，为白地霉等少数种类所产生的一种外生孢子。

由菌丝中间形成许多隔膜，顺次断裂成许多竹节状的短圆柱形的无性孢子。

④ 厚垣孢子。又称厚壁孢子，很多霉菌可形成这类孢子。它们形成的方式类似于细菌的芽孢。这种厚垣孢子对外界环境有较强的抵抗力。

⑤ 芽孢子。由菌丝细胞如同发芽一般产生的小突起，经过细胞壁紧缩形成的一种耐受体，形似球状，如某些毛霉或根霉在液体培养基中形成，被称为酵母型细胞的，亦属芽孢子。

(2) 有性孢子繁殖

有性孢子主要有卵孢子、接合孢子、子囊孢子、担孢子等。霉菌的有性孢子是经过不同性别的细胞配合而产生的。

① 卵孢子。菌丝分化成雄器和藏卵器。藏卵器内有一个或数个卵球。当雄器与藏卵器相配时，雄器中的细胞质和细胞核通过受精管而进入藏卵器，与卵球配合，配合后的卵球生出外壁，即成为卵孢子。

② 接合孢子。接合孢子是由菌丝生出形态相同或略有不同的配子囊接合而成。其形成过程为两个相邻近的菌丝相遇，各自向对方伸出极短的侧枝，称原配子囊，原配子囊接触后，顶端各自膨大并形成配子囊，然后两者接触处溶解，隔膜消失，细胞质与细胞核相互结合，形成一个深色、厚壁和较大的接合孢子。

③ 子囊孢子。子囊孢子是一种内生的有性孢子，各种子囊菌都能产生。子囊孢子产生于子囊中，子囊是一种囊形结构，呈圆球状、棒状或圆筒状。同一或相邻的两个菌丝细胞形成两个异形配子囊，即产囊器和雄器，两者进行配合，经过一系列复杂的质配和核配后，形成子囊。子囊中子囊孢子数目通常是 2 的倍数，一般为 8 个。大多数真菌子囊包在特殊的子囊果中。子囊的形状、大小、颜色、形成方式等，均为子囊菌的菌种特征，常作为分类的依据。

④ 担孢子。为各种担子菌所特有的外生有性孢子，经过两性细胞核配合后产生，着生在担子上，典型担子菌的担子都有 4 个担孢子。

此外，在液体培养基中，霉菌菌丝断裂的片段也可以生长成新的菌丝体而进行繁殖。

4.1.4.3 霉菌的菌落形态

霉菌和放线菌一样，在固体培养基上有营养菌丝和气生菌丝的分化。气生菌丝较松散地暴露在空气中，因而形成干燥、疏松和不易从培养基中挑出菌丝的菌落。由于霉菌的菌丝细胞较粗长，生长速度较快，所以形成的菌落比放线菌的更大而疏松。也由于霉菌形成的孢子有不同的形状、构造与颜色，所以菌落表面往往呈现出肉眼可见的不同结构与色泽特征。不仅营养菌丝和气生菌丝的颜色不同，而且前者还会分泌不同的水溶性色素扩散到培养基中，因此菌落的正反面呈现不同的色泽。

同一种霉菌在不同成分培养基上形成的菌落特征可能有变化，但各种霉菌在一定培养基上形成的菌落形状、大小、颜色等相对稳定。菌落特征是鉴定霉菌的重要依据之一。

4.2 微生物生长条件

影响微生物生长繁殖的环境因素是复杂的、多方面的，它们相互之间又密切联系。本节主要介绍营养物质、空气、水分、温度、pH 值和渗透压等对微生物生长繁殖的影响。

(1) 营养物质

微生物具有一般生物所具有的生命活动规律，其需要从外界环境不断吸收营养物质并加以利用，从中获得进行生命活动所需要的能量，并合成新的细胞物质，同时排出废物。

从各类微生物细胞物质成分的分析中得知：微生物细胞的化学组成和其他生物的化学组成并没有本质的区别，主要组成元素是碳、氢、氧、氮（占全部干重的 90%～97%）和矿质元素（占全部干重的 3%～10%）。由这些元素组成细胞中的蛋白质、核酸、糖类、脂类等各种有机物，以及无机成分。

① 碳源。凡可构成微生物细胞和代谢产物中碳架来源的营养物质称为碳源。碳源（碳素化合物）是构成菌体成分的重要物质，又是产生各种代谢产物和细胞内贮藏物质的主要来源。微生物对碳素化合物的需要极其广泛，从简单的无机碳化物到复杂的天然有机碳化物都能被不同的微生物所利用。

② 氮源。凡构成微生物细胞物质或代谢产物中氮素来源的营养物质称为氮源。氮源是构成微生物细胞蛋白质、核酸等重要物质的主要营养物质。氮源一般不提供能量，但硝化细菌能利用铵盐和亚硝酸盐作为氮源和能源。

氮源可分为无机氮和有机氮。就微生物的总体来说，从分子态氮到复杂的有机含氮化合物，包括硝酸盐、铵盐、尿素、酰胺、嘌呤碱、嘧啶碱、氨基酸、蛋白质等都能被微生物利用。

③ 无机盐类。无机盐类也是微生物生命活动所不可缺少的营养物质，其主要功能是：构成菌体的成分；作为辅酶或酶的组成部分或维持酶的活

性；调节细胞渗透压、氢离子浓度以及氧化还原电位等。某些自养微生物可以利用无机盐作为能源。

无机元素包括主要元素和微量元素两类。主要元素有磷、硫、镁、钾、钙等；微量元素如铁、铜、锌、锰、钼、钴、硼等。

④ 生长素。凡能调节微生物代谢活动的微量有机物，称生长素。广义的生长素包括氨基酸、嘌呤、嘧啶、维生素等；狭义来说生长素主要指B族维生素，B族维生素是辅酶的重要组成成分，或者本身就是辅酶。

生长素与碳源、氮源不同，它不是一切微生物所需要的营养要素，而仅为某些不能自己合成一种或几种生长素的微生物所必需的营养物质。

(2) 空气

空气对微生物的生长繁殖有极大的影响。根据微生物对氧的需求，可将微生物分为以下三类。

① 专性好气菌。又称专性好氧菌。仅在空气或有氧的条件下才能生长，它们要求空气中的分子态氧作为呼吸过程中最终的电子（氢）受体。这类微生物包括全部霉菌、大部分放线菌及部分细菌。

② 专性厌气菌。又称专性厌氧菌。仅在没有空气或无氧条件下生长，它们不需要分子态氧，而需要其他物质作为生物氧化过程中的最终电子（氢）受体，分子态氧对它们往往有毒害作用。专性厌气菌包括部分细菌、放线菌。例如硫酸盐还原菌，生活在含有有机质及硫酸盐的厌氧环境中，产生大量 H_2S，引起土壤中、水中金属构件腐蚀，造成危害。

③ 兼性好气菌或兼性厌气菌。又称兼性好氧菌或兼性厌氧菌，它们既能在有空气或氧气的条件下生长，又能在没有空气或氧气的条件下生长。在有分子态氧的条件下，它们进行正常的有氧呼吸；在缺乏分子态氧的条件下，则进行无氧呼吸或发酵，以获得新陈代谢所必需的能量。这类微生物包括酵母菌、一些肠道菌和硝酸盐还原菌等。

(3) 水分

水分是微生物最基本的营养要素。微生物细胞中含有大量的水分，例如细菌含水量平均为80%（73.35%～87.7%），酵母含水量为75%（54%～83%），霉菌含水量为85.79%～88.32%，霉菌的孢子含水量为38.87%。微生物的生长繁殖和一切生命活动都离不开水。需水量的多少随微生物的种类而不同，一般来说水分的需要量是：细菌＞酵母＞霉菌。

与微生物的发育有密切关系的不是水分含量，而是水分活度（water activity，a_W）。微生物的繁殖与培养基或基质中的水分活度有关，水分活度低，繁殖就差，一旦水分活度低于某种水平时，整个繁殖就停止。当水分活度在0.995附近，普通菌的发育最旺盛。表4-1列出了微生物的发育与水分活度的关系。

表4-1 微生物的发育与水分活度的关系

微生物	发育的最低 a_w	微生物	发育的最低 a_w
普通细菌	0.90	好盐细菌	≤0.75
普通酵母	0.88	耐干性霉菌	0.65
普通霉菌	0.80	耐渗透压酵母	0.61

(4) 温度

在影响微生物生长繁殖的外界因素中，温度的影响最为密切。温度的影响表现在两方面：一方面，随着温度的上升，细胞中的生物化学反应速率加快；另一方面，组成细胞的物质如蛋白质、核酸等都对温度较敏感，随着温度的升高，这些物质的立体结构受到破坏，从而引起微生物生长的抑制，甚至死亡。因此只在一定的温度范围内，微生物的代谢活动和生长繁殖才随着温度的上升而加快。温度上升到一定程度，开始对微生物产生不良影响，如果温度继续升高，则微生物细胞功能急剧下降以致死亡。

温度对微生物的生长繁殖影响很大。一般来讲，微生物对低温的抵抗能力较之对高温的抵抗能力强。当环境温度超过微生物的最高生长温度时，引起细菌内核酸、蛋白质等物质的变性，以及酶的失活，最终引起微生物的死亡。温度越高，微生物死亡越快。不同的微生物对高温的抵抗力不同。大多数细菌、酵母菌、真菌的营养细胞在50～65℃加热10min就可致死。放线菌和霉菌的孢子比营养细胞抗热性强，在76～80℃加热10min才致死。细菌的芽孢抗热性最强，要在100℃高温下处理相当长时间才致死。

微生物的抗热性还取决于菌龄、基质成分及微生物的数量。一般老龄菌比幼龄菌抗热性强。基质成分对微生物的抗热性也有影响，基质中的脂肪、糖、蛋白质对微生物有保护作用，从而增强了微生物的抗热性。基质pH值偏离7时，特别是偏向酸性时，微生物的抗热性明显降低。微生物的数量越多，抗热性越强，这是因为菌体细胞能分泌对菌体有保护作用的蛋白质等。

(5) pH值

环境中的pH（氢离子浓度）值对微生物的生长繁殖有很大的影响。pH值对微生物生长繁殖的影响是多方面的，但不外乎是影响微生物细胞的外环境和内环境。前者如影响氧的溶解度、营养物质的物理化学状态以及氧化还原电位等。

各类微生物有不同的最适 pH 值及可以生长的 pH 值范围。大多数细菌生长的 pH 值范围是 4～9，最适 pH 值接近 7。霉菌和酵母菌的最适 pH 值趋向酸性，霉菌为 1.5～11（6 左右最佳），酵母菌为 1.5～8.5（4～5 最佳）。放线菌的最适 pH 值一般在微碱性范围。人们可利用酸类或碱类物质，通过改变环境的 pH 值，来达到抑制或杀死霉腐微生物的目的。酸、碱的浓度越高，则杀菌力越强。此外还与酸、碱的电离度有关，电离度越大，则灭菌效果越好。无机酸如硫酸、盐酸等杀菌力强，但由于腐蚀性大，实际上不宜用作消毒剂。食品工业中常应用苯甲酸、丙酸、脱氢醋酸等作为防腐剂，来抑制酵母菌、霉菌、细菌的生长。碱类物质由于毒性大，一般只用于仓库及棚舍等环境的消毒。

（6）渗透压

渗透压对微生物的生命活动有很大的影响。微生物的生活环境必须具有与其细胞大致相等的渗透压，超过一定限度或突然改变渗透压，会抑制微生物的生命活动，甚至会引起微生物的死亡。在高渗透压溶液中微生物细胞脱水，原生质收缩，细胞质变稠，引起质壁分离。在低渗透压溶液中，水分向细胞内渗透，细胞吸水膨胀，甚至破坏。在等渗溶液中，微生物的代谢活动最好，细胞既不收缩，也不膨胀，保持原形不变。常用的生理盐水（0.85% NaCl 溶液）就是一种等渗溶液。

适宜于微生物生长的渗透压范围比较广，微生物对渗透压有一定的适应能力，逐渐改变环境的渗透压，微生物能适应这种变化。在海水、盐湖、水果汁中生长的微生物，大部分可以逐渐适应在低渗透压的培养基中生长。有些微生物专性嗜高渗透压，必须在高渗环境中才能生长。中等嗜盐微生物可在 2%盐溶液中生长，极端嗜盐微生物可在 15%～30%盐溶液中生长。

综上所述，微生物的繁殖和生命活动需要一定的营养条件和生理条件，而且各种微生物都有自己最适合的生长条件。防霉防腐就是有目的地控制这些条件，人为地破坏霉腐微生物的最适生长条件，抑制甚至杀死霉腐微生物，从而防止制品和物品被微生物污染。

4.3 水基金属加工液中的微生物

水基金属加工液中的微生物主要是细菌和真菌，种类多达一百多种，腐败的工作液中通常能检查出 10^7～10^8CFU/mL 的微生物。许多细菌和真菌在不断变化的环境中适应其营养需求有很大的灵活性，在特定条件下的选择性导致水基金属加工液被特定的菌群所占领。

4.3.1 细菌

水基金属加工液中的细菌有假单胞菌属（*Pseudomonas*）、气球菌属（*Aerococcus*）、葡萄球菌属（*Staphylococcus*）、链球菌属（*Streptococcus*）、产碱杆菌属（*Alcaligenes*）、棒杆菌属（*Corynebacterium*）、变形菌属（*Proteus*）、脱硫弧菌属（*Desulfovibrio*）、沙门氏菌属（*Salmonella*）、志贺氏菌属（*Shigella*）等类别，其中以假单胞菌属为主。铜绿假单胞菌（*Pseudomonas aeruginosa*）、阴沟肠杆菌（*Enterobacter cloacae*）、大肠埃希菌（*Escherichia coli*）、肺炎克雷伯菌（*Klebsiella pneumoniae*）等在水源中广泛存在的细菌通常也在水基金属加工液系统中被发现。

细菌在适宜的环境条件下，其数量会呈几何级数增长，一天之内即可新增数千万个个体。好氧菌在有氧条件下，数量倍增时间（增代时间）最短仅为 20～30min；而厌氧菌生存在无氧环境中，增代时间可长达 1h。好氧菌的繁殖会消耗工作液中的氧，为厌氧菌的活跃创造有利条件。产生“腐败的臭鸡蛋气味”的便是硫酸盐还原菌（sulfate reducing bacteria，SRB），这是一类形态和营养多样化的，利用硫酸盐或其他氧化态的硫化合物、硫等物质作为电子受体，并将其还原成 H_2S 的严格厌氧菌。硫酸盐还原菌包括脱硫弧菌属、脱硫肠状菌属（*Desulfotomaculum*）、脱硫单胞菌属（*Desulfomonas*）、脱硫球茎菌属（*Desulfococcus*）、脱硫杆菌属（*Desulfobacter*）、脱硫球茎菌属（*Desulfobulbus*）、脱硫八叠球菌属（*Desulfosarcina*）、脱硫丝菌属（*Desulfonema*）等在内的 12 个属近 40 多个种，这类细菌最适宜生长温度范围是 25～35℃，而且有的还可在高达 55～70℃的温度下存活，生存的 pH 值范围是 5.5～9.0，最适 pH 值范围为 7.0～7.5。它们在沼气生产中具有重要价值，对金属加工液而言则是有害的。

在大多数情况下，水基金属加工液中的细菌在数量上比真菌更占优势，是引发微生物污染和产生臭气的主要原因，故常通过细菌数量来评价工作液的微生物污染程度。

4.3.2 真菌

在水基金属加工液循环系统中，通常能够在设备内壁表面、工作液的出液口、储水槽、滤网和管道中发现真菌及其聚结体，或漂浮在液面上形成被膜。虽然通常其浓度和分布比细菌少，但控制难度比细菌更大，后果往往也更为糟糕。这是因为霉菌是孢子生殖，用杀菌剂去杀灭它们比杀灭细菌更为困难，很难根绝，在发生霉菌失控后，必须把其聚结体、渣滓完全清除，同时反复用防霉剂的水溶液冲洗储液箱和循环系统，完全除掉孢子，否则仍会污染新的工作液。表 4-2 是曾在腐败的金属加工液中发现的部分真菌。

表 4-2　腐败的金属加工液中发现的部分真菌

拉丁文名称	中文名称	拉丁文名称	中文名称
Acremonium spp.	枝顶孢霉属	*Aspergillus* spp.	曲霉菌属
Aureobasidium spp.	短梗霉属	*Cephalosporium* spp.	头孢霉菌属
Candida spp.	念珠菌属	*Fusarium* spp.	镰刀菌属
Penicillium spp.	青霉菌属	*Saccharomyces* spp.	酵母菌属

4.4　水基金属加工液的生物降解过程

金属加工液的生物降解是一个非常复杂的过程，产品中的有机添加剂在好氧菌、厌氧菌作用下进行相应的物质转化，复杂有机物分解为简单无机物，以及产生新的微生物生物量。在这个过程中，微生物以不同的程度和不同的速率消耗工作液中的各类化合物，最终基本上能破坏工作液中的全部有机物（包括矿物油的烃结构）。

以乳化型切削加工液为例，如果初次配液后即持续运行而不补充浓缩液，则微生物增殖曲线呈现图 4-1（图中：$ThCO_2$ 为理论二氧化碳）的特征。在停滞期（从工作液配制完成到微生物已驯化，并且生物降解率已增加到最大生物降解率 10%的时期），由于工作液中的杀菌剂等物质浓度足够高，微生物群落被有效抑制，此过程状态持续的时间长短取决于切削液产品

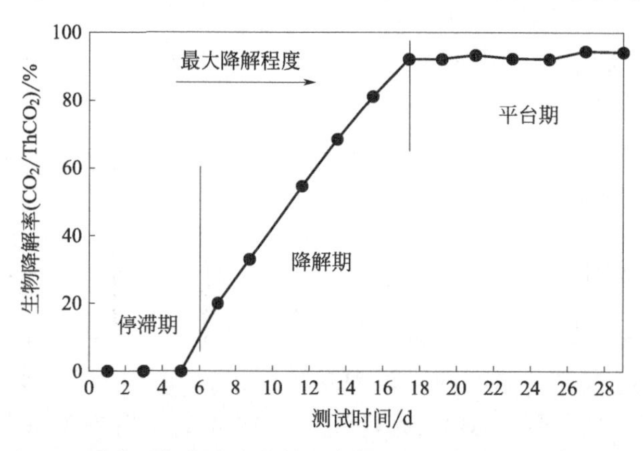

图 4-1　乳化型切削液在非补充条件下的生物降解曲线示意图

的抗菌能力储备和系统运行条件。当微生物驯化或抑制因素减弱后，微生物即可迅速繁殖，工作液进入生物降解期（从停滞期结束至达到最大生物降解速率90%的时期），出现腐败迹象，但在一定时期内产品尚有利用价值和纠正余地。随后，由于系统内营养源的不足和自身代谢产物的毒害作用，微生物会休眠或死亡，数量趋于稳定，工作液降解速率进入平台期，也即丧失使用价值。对于一些品质较差或管理不善的产品，其生物降解曲线到达平台期的时间仅为几天。

因此，采用适当的手段将微生物种群控制在停滞期内是非常必要的。在定期补充新鲜浓缩液和杀菌剂、碱等添加剂的条件下，一款产品的应用生命周期（从换液到失效）如图4-2所示。应注意的是，补充进入系统内部的浓缩液和添加剂，既增强了对微生物活动的抑制作用，也为微生物补充了营养物质，何种趋势更强决定了微生物繁殖和系统污染的走向。以下对图4-2中的曲线走势进行简要分析。

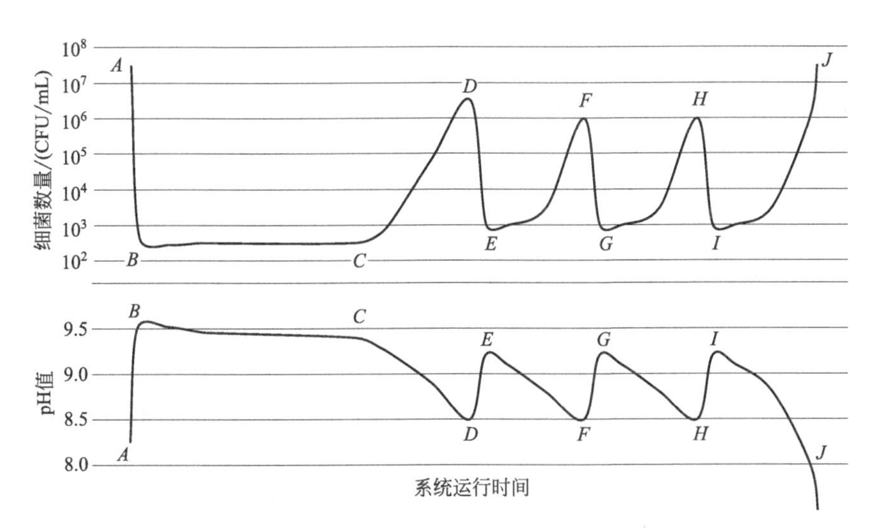

A：更液前；*B*：更液后；*D*、*F*、*H*：补充新液或添加剂；

C、*E*、*G*、*I*：微生物数量初始增长点；*J*：工作液寿命终结点

对于微生物　*BC*：迟缓区；*CD*：对数区；*D*～*I*：振荡区；*I*～*J*；对数区

对于工作液　*BC*：稳定区；*CD*：失稳区；*D*～*I*：振荡区；*I*～*J*；失效区

图4-2　乳化切削液中微生物生长曲线与pH值变化示意图

*AB*段：图中*A*点为已经严重腐败的工作液，微生物大量繁殖导致工作液性能严重下降，必须予以更换。经更换后的工作液微生物数量下降至10^3CFU/mL以下，状态良好。

*BC*段：在一个新的生长环境内，微生物并不能马上繁殖，而是处于相

对静止状态，部分微生物被杀灭，部分微生物的生理活动被有效抑制（迟缓期），数量基本维持恒定或增加很少。在这一阶段中，微生物数量处于受控状态，通过适时适量补充浓缩液和水，工作液可稳定运行。抗微生物侵蚀性能强且维护良好的工作液具有较长的 BC 段，此时微生物数量控制在 10^3CFU/mL 范围内，产品研发和使用管理亦当以此为质量目标。

CD、EF、GH 段：当工作液因添加剂不均衡消耗、管理不善等原因而导致内部环境向适于微生物活动的状态发展，则微生物将在很短时间内呈 2 的指数规律大量繁殖（对数期或指数期），工作液外观变成灰褐色，散发出臭味，pH 值降低，防锈性、润滑性、乳化稳定性等功能开始显著下降。此阶段必须及时进行冲击处理（shock treatment）干预，以遏制微生物繁殖态势。

DE、FG、HI 段：通过加入杀菌剂等添加剂，使微生物发展势头得到遏制，数量下降，工作液的气味和状态有所改善；当微生物数量又上升到一定水平时，重新添加杀菌剂，这样即可控制微生物的增殖水平。这种方法称为杀菌剂的间歇式加入法。此过程往往需要同步补充 pH 值调整剂、防锈剂等添加剂。虽然微生物可以被杀灭，但被其消化分解的功能添加剂组分却无法再生，菌体和毒素也依旧会存在于系统中，因此处理已经发生严重微生物污染的工作液代价巨大但收效甚微。

IJ 段：经过长期使用的切削液，组分不均衡性显著增加，功能衰退严重，产生大量腐败臭气，继而出现破乳、皮肤刺激、产生黏液或菌皮、形成大量油泥堵塞管道和过滤器等现象，此时产品达到了寿命终点，人为干预已不具有显著效益，因而必须予以更换。

在图 4-2 中，工作液的 pH 值指标变化趋势与微生物数量相反，这是因为碱性添加剂被微生物代谢活动消耗和酸中和效应。pH 指标检测操作简便、可实时得到数据，故 pH 值是监测微生物污染趋势的重要指标。

其他类别的水基金属加工液产品，如轧制液、清洗剂、淬火剂等，其腐败过程与乳化切削液是大致相同的，在状态和气味等方面具有相似的特征。

4.5 微生物污染的危害

微生物管理是金属加工液应用管理中最重要的内容之一。微生物污染对加工系统、人体和环境等对象的危害主要通过对工作液的组成、性状、性能及风险程度的改变，以及微生物自身对周边环境的影响来体现。金属加工液受到微生物污染后，将对工作液系统性能、加工设备和工件、人体健康、生态环境和经济效益等产生严重负面影响。

4.5.1　对工作液的危害

水基金属加工液的工作液是微生物污染首当其冲的受害者，微生物污染将使工作液产生一系列难以逆转的变化，进而危害系统部件。

4.5.1.1　劣化工作液外观

工作液呈现异常的颜色、污浊、泡沫、恶臭等是一种常见的感官污染现象。工作液在新配制时，其外观是让人愉悦的，例如乳化切削液会呈现牛奶般的洁净白色，全合成切削液可如水一般澄清透明。当其被微生物污染后，工作液稳定性下降，结合其他外来污染源的影响（外来污染源往往对微生物繁殖有利），工作液会变脏，表面出现漂浮的油和污物，释放出臭气（图 4-3），这将会引起感官上的极度不适。

图 4-3　腐败的乳化液外观

4.5.1.2　形成有害生物膜

生物膜是一些微生物细胞被自身产生的胞外多聚物包裹而形成的、附着于物体表面、具有复杂组织结构的群落。悬浮于液体中的生物膜称为生物絮体。典型的生物膜是真菌分解产物中由糖和氨基酸等组成的黏液质，捕捉浮游微生物和系统内的油、金属屑或其他机械杂质，形成的宏观生物膜（图 4-4），其厚度可从几毫米到几厘米，并以此为结构基础，众多微生物按一定结构、功能组合起来形成自然集合的互助式菌群，从而形成了局部生态优势。生物膜对系统微生物控制和生产活动具有严重危害。

① 降低了杀菌剂效能。生物膜是微生物生存极好的屏障，会阻隔杀菌剂作用和降低杀菌剂作用效果，使其内部的微生物得以保存下来。

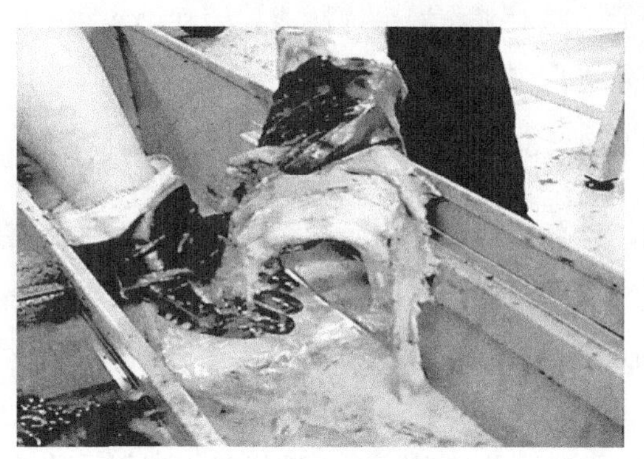

图 4-4　水基切削液循环系统中出现的生物膜

（图片来源：www.hse.gov.uk）

② 利于不同微生物种群的生存。生物膜作为一个由不同种类微生物、微生物代谢物、无机杂质等组成的整体，具有超越任何一个单一微生物种群的生存能力。一个典型的例子是铜绿假单胞菌和硫酸盐还原菌的聚生体。作为好氧菌的铜绿假单胞菌以多种有机物分子为营养物质，通过代谢作用消耗掉系统内的氧分，产生乙酸、乳酸、蚁酸、丙酮酸等小分子脂肪酸，这些简单分子恰好是硫酸盐还原菌所需的营养物质，因而为厌氧性的硫酸盐还原菌提供了绝佳的生长繁殖环境。与此同时，硫酸盐还原菌消耗掉铜绿假单胞菌的代谢废弃物，可有效防止代谢物的累积对铜绿假单胞菌的毒害作用，两者形成互相支持的共生关系。

③ 形成微生物池引起持续污染。生物膜内部与金属接触的部位是近似无氧的、厌氧菌繁殖良好的环境，有利于形成持续的接种源，这些厌氧菌会在系统处于缺氧状态时分布到整个系统内能到达的区域，很容易造成液体腐败，降低生产节拍。

4.5.1.3　分解消耗有效功能组分

微生物活动会分解利用工作液中的有效功能组分，同时排出代谢产物、创造出一个对自身发展更为有利的生存环境。该过程对工作液的负面影响主要有以下几个方面。

① 微生物分解石油磺酸盐、非离子表面活性剂、磺酸皂、酰胺、脂肪酸胺等具有两亲性质的添加剂，对乳化平衡产生破坏作用。微生物的代谢活动可产生两类对泡沫产生和乳液稳定有贡献的生物表面活性剂：一类是一些低分子量的小分子（如有机酸等），它们能显著降低空气-水或油-水界面张力；另一类是一些生物大分子（如糖脂、多糖脂、脂肽或中性类脂衍生物

等)，它们降低表/界面张力的能力较差，但对油-水界面表现出很强的亲和力，能够吸附在油滴表面，防止油滴凝聚，从而使乳状液得以稳定。这使得工作液的乳化特性难以控制，对乳化液滴尺寸、泡沫、油雾、杂油乳化能力等均会产生明显影响。

② 微生物攻击醇胺使工作液 pH 值和碱储备下降，使环境条件更利于微生物繁殖，同时降低了乳液稳定性和防腐蚀性能，还导致杀菌剂抗菌效率下降。

③ 微生物分解硼酸胺盐、脂肪酸胺等防锈组分，并产生酸性代谢产物和盐，上述生物化学过程会降低工作液的 pH 值，甚至从碱性变为弱酸性，削弱了其防锈性能，增强了腐蚀性，会对加工设备和工件造成腐蚀危害，影响设备正常作业，降低产品合格率。

④ 微生物对硫化脂肪酸酯、磷酸酯等添加剂的降解作用导致金属加工液丧失极压润滑能力。

⑤ 在透明的全合成切削液中，微生物代谢产生的表面活性剂乳化杂油使得工作液外观变得浑浊。

4.5.2 对设备和加工件的危害

微生物污染容易使设备和工件出现腐蚀、变色等现象，其作用机理有以下几个方面：

① 化学腐蚀。指金属和腐蚀介质直接发生化学反应引起的腐蚀，其过程是氧化还原反应。例如硫酸盐还原菌的代谢产物 H_2S 可直接腐蚀钢铁，生成硫化铁。由于水基金属加工液的特殊应用环境，微生物引起单纯的化学腐蚀较少出现。

② 电化学腐蚀。指金属在电解质溶液（多数是水溶液）中发生电化学反应而产生的腐蚀，其过程是阳极反应和阴极反应，并伴随着电流的产生。电化学腐蚀的诱因有介质分布不均匀（如氧浓度差、电解质浓度差等）和金属成分不均匀（如钢质卡盘与镁合金工件接触部位的腐蚀）。微生物污染引起的电化学腐蚀机理属于前者，其基本过程是：微生物形成的生物膜内部缺氧、pH 值可达 4.0 左右，其内外部电势差和氧浓度差会形成腐蚀电池，生物膜覆盖的金属部位成为活泼的阳极，铁不断被溶解引起严重的局部腐蚀。电化学腐蚀是最普遍的腐蚀形式，其腐蚀程度比化学腐蚀强烈得多，造成的危害和损失都更为严重。

③ 微生物腐蚀。微生物腐蚀是指由于微生物的直接或间接地参与了腐蚀过程所引起的材料毁坏作用。微生物腐蚀很难单独存在，往往和化学腐

蚀、电化学腐蚀同时发生，或为电化学腐蚀的反应创造条件。例如，硫细菌（sulfur bacteria）在富氧条件下使含硫化合物氧化，最终生成硫酸，可使局部区域的 pH 值降到 1.0～1.4，对这部分金属直接发生氢的去极化作用，加快了金属的腐蚀；厌氧性硫酸盐还原菌代谢生成硫化铁，硫化铁沉积在钢铁表面与没有被硫化铁覆盖的钢铁构成一个电化学腐蚀电池，加速金属的腐蚀；氧化亚铁硫杆菌（*Acidithiobacillus ferrooxidans*）则直接将亚铁离子氧化成高价铁离子，在阳极表面上直接起了阳极去极化作用，从而加速了腐蚀。

此外，微生物污染对设备运行也会产生负面影响。例如，微生物污染形成的生物膜附着在换热管表面，会降低热交换器的散热效率；大量的生物膜在剥落后，还会增加过滤器堵塞的风险，严重降低过滤效率，或堵塞管路、喷嘴，造成循环供液故障。如果生物膜附着在工件表面，则会影响成品质量。

4.5.3 对人体健康的危害

微生物污染对人体健康的危害途径主要来自吸入恶臭气体和人体接触。据研究显示，在使用压缩空气作业时，工作液会飞溅到操作人员的面部和身体，几乎无处不在，这为病原微生物通过人员呼吸和皮肤接触入侵人体提供了机会。

4.5.3.1 吸入恶臭气体的危害

恶臭气体是指一切刺激嗅觉器官引起人厌恶感及损坏生活环境的臭味物质，多数 VOCs 都具有特殊的气味。通常臭味物质均具备下列几个共同特性：挥发性高、含还原态氮或硫、含碳数较低的不饱和碳氢化合物或环状化合物结构等，常见有含硫化合物、含氮化合物、含氧化合物、卤素及衍生物与烃类等。

水基金属加工液的工作液会排放多种恶臭物质（表 4-3），其中微生物污染的代谢产物是重要的恶臭污染来源。臭气以 H_2S 最具代表性，人类对 H_2S 的嗅觉阈值为 0.012～0.030mg/m^3，极易感知到。机械加工车间在周五下班停机后，工作液静置一个周末，厌氧菌等微生物将大量繁殖并排出 H_2S，由于油膜的覆盖和液体静置，H_2S 暂时积聚起来，但是在液体受到扰动时将被释放出来，导致周一上班时车间散布着浓烈的腐败臭味，这种现象被称为“星期一现象”。除了硫化氢，腐败气味中也包括一些低级胺、硫醇类、低级酸等化合物。

表 4-3　金属加工液恶臭物质来源和臭味性质

物质名称	主要来源	臭味性质
硫化氢	微生物代谢产物,含硫添加剂残留杂质	腐蛋臭
氨	微生物代谢产物,产品所含成分	尿臭,刺激臭
胺类	微生物代谢产物,产品所含成分	粪臭
烃类	产品所含成分	刺激臭
醛类	微生物代谢产物,产品所含成分	刺激臭
脂肪酸类	微生物代谢产物,产品所含成分	刺激臭
醇类	微生物代谢产物,产品所含成分	刺激臭
酚类	产品所含成分	刺激臭
酯类	产品所含成分	香水臭,刺激臭

操作机床的工人及车间其他人员有很大机会吸入含有工作液的飞沫和臭味分子，从而引起嗅觉感受。因腐败产生的恶臭气味会对人体神经系统、呼吸系统、循环系统、消化系统、内分泌系统产生诸多危害，长期处于恶臭环境中会使人烦躁、忧郁、失眠、注意力不集中、记忆减退，进而降低工作效率，还可能引发工伤事故。

4.5.3.2　其他接触性危害

已经证实，在含有大量病菌（10^7～10^8CFU/mL）的金属加工液中可发现传染性病原菌和机会性病原菌。致病性微生物本身会通过直接接触、飞沫接触和人体侵入等方式增加人体健康风险，其后果主要是感染性疾病、血毒症、过敏症。

感染性疾病主要是细菌或真菌通过人体表层皮肤的伤口进入皮下组织，或通过气雾进入呼吸系统所致。操作人员吸入被军团菌（*Legionella*）污染的气雾导致患军团病；接触铜绿假单胞菌可引起人的眼、鼻和皮肤等感染，严重时能引起败血病；金黄色葡萄球菌（*Staphylococcus aureus*）能引起人体局部化脓，严重时也可导致败血病；链球菌（*Streptococcus*）易引起皮炎、毛囊炎和疖肿；铜绿假单胞菌和腐皮镰刀菌（*Fusarium solani*）进入眼内可引起角膜化脓性溃疡；某些真菌可能引起面部皮肤、头部皮肤等出现癣症。个人卫生习惯不良、不注重劳动保护、对伤口处理失当的人群尤其容易发生感染。

血毒症来自微生物代谢活动产生的毒素影响，毒素有内毒素和外毒素两类。其中革兰氏阴性菌外层细胞膜的脂多糖（LPS）成分是内毒素的一种，高浓度的内毒素会引起黏膜刺激、呼吸系统功能受损、过敏等风险。大肠埃希菌产生的外毒素会导致严重肠胃炎，真菌外毒素能导致幻觉乃至癌症。

过敏症是机体的免疫系统把一种化学分子识别为外来物时引发的症状，在临床上通常表现为皮肤瘙痒、红斑、风团、水肿等过敏性反应。机床操作人员容易产生过敏现象的部位是手部、面部、脖子、后颈等容易暴露的部位。过敏症的原因比较复杂，除了微生物产生的代谢毒素，杀菌剂、碱、其他添加剂均有可能是过敏原。就个体而言，过敏原的种类因人而异，过敏反应也与人体敏感性息息相关，暴露在某个特定过敏原环境中的人，有些人仅会产生轻度皮疹甚至没有反应，另一些人却可能会表现出皮肤溃烂、呼吸困难等严重过敏症状。

4.5.4 对生态环境的危害

微生物污染对生态环境的危害既体现病原微生物对生物界的危害，也体现在工作液废弃后违规排放或使用过程中泄漏对生态环境的各种风险。

腐败的废弃液体中含有大量的细菌、真菌、病毒等，迄今为止在废弃金属加工液中发现的微生物种类多达百余种，多数具有致病性。被病原微生物污染的水体严重危害农业和渔业发展，被污染的井水、采水源等直接或间接使人感染或传染各种疾病。微生物也可吸附在粉尘表面，随扬尘四处飘散，极易被吸入人体引起哮喘、支气管炎和心血管病等疾病。被病原微生物污染的土壤，内部微生物系统的自然平衡被破坏掉，使病菌大量繁殖和传播，其中结核杆菌（*Mycobacterium tuberculosis*）、伤寒杆菌（*Salmonella typhi*）、痢疾杆菌（*Shigella dysenteriae*）、霍乱弧菌（*Vibrio cholerae*）、布氏杆菌（*Bacterium burgeri*）等能在土壤中生存数月，有的芽孢杆菌可存活数年，从而使土壤成为人畜共患传染病的传播途径。如果土壤长期被污染，将产生土质变坏、结构被破坏、理化性质劣化、肥力减退、菌群被破坏等严重危害，轻则引起农作物患溃疡、根癌病、枯萎病等，重则使土壤逐渐贫瘠化和盐碱化，甚至成为不能生长植物的不毛之地。

4.5.5 对经济效益的损害

微生物污染极大地降低了水基金属加工液及其相关系统的经济价值。以全寿命周期成本的观点来看，使用一款选定的金属加工液的总成本包括了采购化学产品的费用（初次采购和后续补充采购成品、添加剂）、工艺用水采购支出、基础耗材费用（用于系统清理、工作液更换、滤材、日常监测、实验室设备等）、能源费用、废水储存和处理的费用（随着国家和地方环保法规的变化，废水处理成本正在迅速增加）、异常维护频率引起停工或降低生产节拍造成的损失、设备受损的维保成本、损坏工具和降低加工质量的损失、健康损害导致的医疗支出、劳动力投入等。

微生物污染几乎影响到上述每一项成本支出，其中有些成本支出可以直观地显示出来，但更多的成本是隐性的，除非进行科学的统计分析，否则难以得到准确的数据。德国戴姆勒-奔驰汽车公司在 20 世纪 80 年代中期进行的一项研究表明，金属切削液的购买、维护和废水处理的成本加和占其总制造成本的 16%，目前在国内机加工企业的采购支出中，该成本占比大致为 10%～25%。因此，减少与金属切削液相关成本的最佳方法是确保其使用寿命足够长，这对防腐技术提出了很高的要求。

4.6 微生物检测技术

微生物生长情况可以通过测定单位时间里微生物数量或生物量的变化来评价。通过微生物生长的测定可以客观地评价培养条件、营养物质等对微生物生长的影响，或评价不同的抗菌物质对微生物产生抑制（或杀灭）作用的效果，或客观地反映微生物的生长规律。

微生物检测技术包括定量和定性两个方面。定量指样品中微生物的数量测定；定性则是根据微生物表现出的各种性状特征，对微生物的种类进行鉴别。因此，微生物检测技术在理论上和实践上有着重要意义。

4.6.1 计数法

此法通常用来测定样品中所含的细菌、孢子、酵母菌等单细胞微生物的数量。计数法又分为直接计数法、间接计数法两类。

4.6.1.1 直接计数法

常用的直接计数法是利用细菌计数板或血细胞计数板，在显微镜下观察并计算一定容积内微生物的数量。计数板是一块特制的厚型载玻片，上面有一个特定的面积为 $1mm^2$、高度为 0.1mm 的计数室。计数室划分方式有两种规格，一种是刻划 25 个中方格，每个中方格进一步划分为 16 个小方格；另一种是刻划 16 个中方格，每个中方格进一步划分为 25 个小方格。前者称为汤麦式，后者称为希利格式，两种规格的计数室都有 400 个小方格，即体积为 10^{-4}mL 的计数室被平均划分为 400 个小格。检测微生物数量时，将稀释的样品滴在计数板上，盖上盖玻片，然后再显微镜下计算 4～5 个中格内的细菌数，并求出每个小格所含细菌的平均数，再按照式(4-1) 计算每毫升样品中的细菌数量。

$$细菌数(个/mL)=每小格平均细菌数\times 400\times 10000\times 稀释倍数 \quad (4-1)$$

直接计数法的优点是能较快速得到检测结果，缺点是不能区分死菌和活菌、容易受到污染物干扰，故在金属加工液行业中极少应用。

4.6.1.2 间接计数法

此法又称为活菌计数法，其原理是每个活菌在适宜的培养基和良好的生长条件下可以生长增殖形成一个由成千上万个菌体组成的宏观菌落，菌落大小是肉眼可见的，故能反映出样品中的微生物数量。

间接计数法可使用特定配方的培养基进行微生物培养，按照操作方法不同分为倒平板菌落计数法和平板涂布菌落计数法两种。倒平板菌落计数法基本操作流程是将待测样品经一系列 10 倍稀释，然后选择 3 个稀释度的菌液，分别取 0.2mL 放入无菌培养皿，再倒入适量的已融化并冷却至 45℃左右的培养基，与菌液混合、静置凝固后，放入适宜温度的培养箱或温室培养，长出菌落后计数（图 4-5）。平板涂布菌落计数法是将待测样品进行系列 10 倍稀释后，取 0.2mL 稀释的样品用无菌涂棒将菌液涂布到整个培养基平板表面，然后进行培养、计数。间接计数法可按照式(4-2) 计算样品中的活菌数。

$$活菌数(CFU/mL)=同一稀释度 3 个以上重复培养皿菌落平均数\times 稀释倍数\times 5 \quad (4-2)$$

采用活菌计数法时，由于不能绝对保证一个菌落只由一个活细胞生成，故计算出的活细胞数称为菌落形成单位（colony forming unit，CFU），菌落形成单位数值并不完全等同于样品中的活菌数。

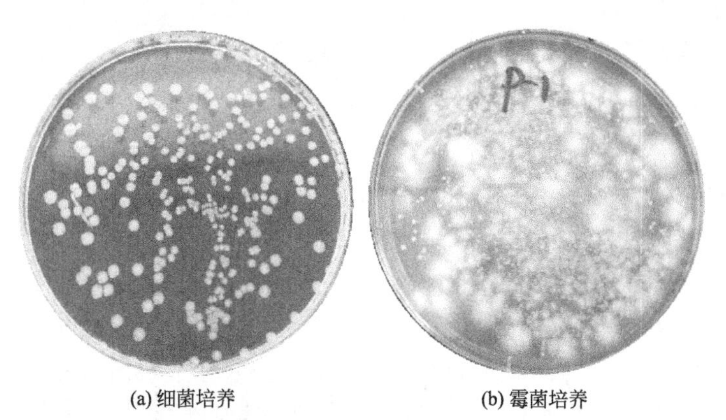

(a) 细菌培养　　(b) 霉菌培养

图 4-5　琼脂培养基与微生物群落生长现象

（图片来源：上海万厚生物科技有限公司）

活菌计数法的优点是能测出样品中微量的菌数，不易受到金属加工液中的污染物影响。缺点是会因操作不熟练造成污染，对人员专业水平要求很高。

4.6.2 重量法

重量法（质量法）是根据每个细胞有一定的质量而设计的试验方法。它可以用于单细胞、多细胞以及丝状微生物生长的测定。

重量法基本操作流程是：将一定体积的样品通过离心或过滤将菌体分离出来，经洗涤，再离心后直接称重，求出湿重。如果是丝状微生物，过滤后用滤纸吸去菌丝间的水分，再称重求出湿重。不论是细菌样品还是丝状菌样品，都可以将它们放在已知质量的培养皿或烧杯内，于105℃烘干至恒重，取出放入干燥器内冷却，再称量，求出微生物干重。如果要测定固体培养基上生长的放线菌或丝状真菌，可先加热至50℃，使琼脂熔化，过滤获得菌丝体，再用50℃的生理盐水洗涤菌丝，然后按上述方法求出菌丝体的湿重或干重。

除了干重、湿重反映细胞物质质量外，还可以通过测定细胞中蛋白质或DNA的含量反映细胞物质的量。蛋白质是细胞的主要成分，含量也比较稳定，其中氮是蛋白质的重要组成元素。从一定体积的样品中分离出细胞，洗涤后按凯氏定氮法测出总氮量。蛋白质含氮量为16%，细菌中蛋白质含量占细菌固形物的50%～80%，一般以65%为代表，有些细菌则只占13%～14%，这种变化是由菌龄和培养条件不同所产生的。总含氮量与蛋白质总量之间的关系可按下列公式计算：

$$\text{蛋白质总量}=\text{含氮量}\times 6.25 \tag{4-3}$$

$$\text{细胞总量}=\text{蛋白质总量}\div 65\%\approx\text{蛋白质总量}\times 1.54 \tag{4-4}$$

DNA是微生物的重要遗传物质，每个细菌的DNA含量相当恒定，平均为8.4×10^{-5}ng。因此将一定体积的细菌悬液离心，从细菌细胞中提取DNA，求得DNA含量，则可计算出一定体积中细菌悬液所含的细菌总数。

4.6.3 生理指标法

微生物的生理指标有呼吸强度、耗氧量、过氧化氢酶活性、脂肪酸甲酯(FAME)、ATP、生物热、内毒素等。样品中微生物数量越多或生长越旺盛时，这些指标越明显，因而可以借助特定的仪器，如瓦勃氏呼吸仪、氧浓度仪、气相色谱仪、微量量热计等设备来测定相应的指标，根据测定指标的结果来确定微生物数量。

4.6.4 微生物快速检测技术

近年来国内外研制了许多细菌检测的简易新方法，这些方法多是针对平板法、稀释法和镜检法存在的缺点加以改进的。平板法和稀释法虽相对较准确，但需在实验室消毒、配制各种培养基等，工作耗时长，出数据慢，新的方法多使这些工作商品化，新的检测仪器或器皿方便现场使用，提高了工效，但随之会使检测费用增加。微生物快速检测技术多能缩短检测时间，但有的准确度略差，并需与标准平皿计数法或稀释法作对比试验校正检测数据。微生物快速检测方法有以下几种。

① 浸片法。用已消毒并载有培养基的纸片代替标准平皿，将测试片浸入样品中 5s，取出放入无菌培养袋密封，经 24～72h 培养，纸片上出现微红色的菌落，即可数得好气异养细菌数。目前在金属加工液行业广泛使用一种名为“dip slide”的浸片，其在塑料板两侧各有一种培养基，分别用于检测细菌和真菌数量；也可通过调整培养基组分使之只适应某一类微生物生长，如用于检测厌氧的硫酸盐还原菌的专用测菌片。

② 测试瓶法。又称小瓶法，用已消毒并装有培养基的密封小瓶代替稀释法的试管，采用绝迹稀释法按规定注入水样，并置于 30～37℃下培养 1～3 天，有的为 7 天，进行细菌计数。该法是目前水处理中应用最广和最方便的细菌测试方法。

③ 亚甲基蓝法。又称褪色法，利用蓝色亚甲基蓝（又称美蓝）作为受氢体，根据亚甲基蓝褪色时间来测定脱氢酶的活性高低的原理测好气异养菌数，按褪色时间与平皿计数法的标准曲线得出水中含菌数，可使培养时间缩短到几至十几小时。

④ 比浊法。根据细菌生长引起菌液浑浊度或颜色变化，借助分光光度计测定菌悬液的光密度来检测菌量。此法不能区分活细胞与死细胞。

⑤ 阻抗法。微生物可使培养基中的电惰性底物代谢成为电活性产物，从而使培养基的电阻抗降低、电导性增大。如将样品接种后从开始培养至阻抗值发生急剧变化的时间称为检测时间，则该时间的长短与样品中的原始菌数成反比，即原始菌数越高，检测时间越短；反之越长。根据上述原理制成的细菌检测仪已经面世。

⑥ 电位法。利用细菌在培养液中的生长和代谢作用，发生电极电位随时间变化来测定微生物数量。

⑦ 发光法。根据存在于菌体内的 ATP 与荧光素酶相互作用而发出生物光这一原理，制造 ATP 光度计检测细菌总数。ATP 检测方法仅需约 2min 即可表征出工业产品中的微生物，是一种很有潜力的方法。

⑧ 截留法。用涂有一种特殊着色溶液的微孔过滤膜来截留水中细菌，然后将滤膜置于适当的选择性培养基上，培养 24～48h，阳性菌落即可通过

呈色而显示，据此进行人工计数或计数器计数。

⑨ 螺旋平板计数法。实质上属于菌落计数法。接种针将样品以阿基米德螺旋方式从平板中央往外移动，同时自动将样品连续稀释接种。因平板上每一特定面积的接种量为已知，所以培养后根据此部位出现的菌落数可以估计出原来样品每克（或每毫升）的含菌量。

⑩ 辐射测量法。其原理是细菌在生长繁殖过程中，可利用培养基中加有^{14}C标记的碳水化合物或盐类底物代谢产生CO_2，然后通过放射测量仪测量$^{14}CO_2$含量的增加与否，来确定标本中有无细菌的存在，一般只需6～18h即可获得检测数据。

⑪ 荧光定量PCR法。聚合酶链式反应（PCR）技术，自1985年由美国Cetus公司的Mullis等人建立以来，技术发展日趋完善，已经被广泛应用于生命科学研究、食品卫生、医疗及环境监测等诸多方面。近年来，在PCR定性技术基础上发展起来一种新的核酸定量技术，即实时荧光定量PCR技术（FQ-PCR）。FQ-PCR检测技术于1996年由美国Applied Biosystems公司推出，由于该技术不仅实现了PCR从定性到定量的飞跃，而且与常规PCR法相比，具有特异性更强、有效解决PCR污染问题、自动化程度高等特点，已逐步应用于微生物研究领域，使全面快速准确地检测和分析鉴定微生物成为可能。

第5章

水基金属加工液微生物污染控制策略

5.1 预防微生物污染的理论依据

水基金属加工液的腐败变质往往是多种因素持续作用的结果，这些变化因素在复杂的工况条件下多因相连、多因协同，使微生物活动效应累积并超过水基金属加工液的修复能力，最终导致性状衰败、性能恶化而失去继续使用的价值。要控制微生物污染，有效的预防措施就显得尤为重要。微生物污染预防的科学基础是：

① 水基金属加工液从投入运行到性状变化（随着浓缩液的补充等因素而波动）直至微生物失控，是一个连续的过程，也是一个开始产生危险因素、微生物形势从小到大、从量变到质变，最后出现失控现象的时间发展过程，这为实施恰当的微生物污染预防策略提供了可能。如果对这个过程进行针对性干预，就有可能延缓乃至杜绝腐败的发生，从而维护工作液的良好状态。

② 导致腐败变质的危险因素是可识别出来的。危险因素根据其性质，分为可改变的危险因素和不可改变的危险因素。引起和促进微生物污染的大多数危险因素均属于可改变的危险因素，这为实施腐败预防措施提供了现实基础。

③ 腐败发生的内因和外因均可以人为施加干预。或根据产品特质来规范环境条件，或根据环境条件提出产品品质要求，或二者兼有之，这是水基金属加工液防腐技术贯彻实施的基本方法。

5.2 微生物污染的主要危险因素

5.2.1 危险因素的概念

危险因素又可称为危险源，是指可能导致任何损害或损失的根源或固有性质。

微生物污染的危险因素是指一切可促进微生物增殖而导致工作液破坏的因素。这些危险因素总是使工作液的理化状态趋向于适合微生物生理活动的环境条件，从而有利于微生物生长、繁殖，当微生物数量足够巨大时，工作液就会发生腐败现象。

5.2.2 危险因素的识别

识别微生物污染的危险因素可用于对微生物活动造成的不利影响的严重程度和可能性做出预测，从而为避免腐败发生提供依据和指出行动方向。

以水基切削液为例。水基切削液中的微生物包括细菌和真菌两大类，它们存在于工作液的整个寿命周期，其来源有稀释用水（主要是自来水、地下水等水源）和外部污染源（零件、空气、操作人员、各种进入的废弃物）等，但主要是微生物在一定环境条件下不受控的、持续的增代繁殖。水基切削液的应用过程中，微生物污染的危险因素如图 5-1 所示。

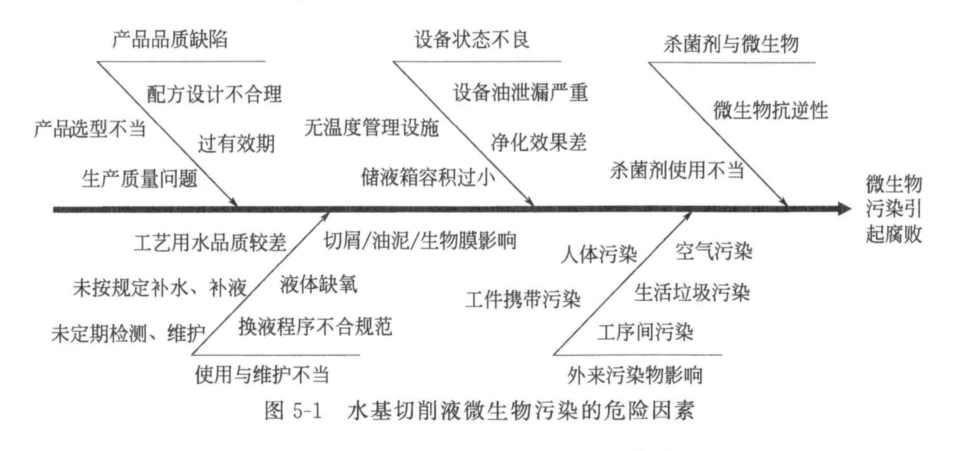

图 5-1　水基切削液微生物污染的危险因素

水基切削液微生物污染的危险因素从本质上可分为营养源（表 5-1）、环境条件（表 5-2）、外部接种和微生物抗逆性等几个方面。外部接种途径一般不是主要的危险因素，也是难以完全避免接触的环境污染源。微生物抗逆性相关知识将在本书第 7 章中予以介绍。上述几种因素往往共同作用，当条件适宜时，微生物就会开始大量繁殖。如何有效控制这些环境条件，是预防微生物污染的关键，微生物管理即对这些危险因素进行控制，从而实现良好的工作液运行状态。

表 5-1　微生物生长的营养需求与来源

营养物质	工作液系统可能含有的相应成分
碳源	①矿物油、表面活性剂、脂肪酸、合成酯、脂肪醇等有机物，及碳酸盐等无机盐；②稀释用水和外部污染中携带的碳酸盐；③从空气中溶入的 CO_2
氮源	①醇胺、酰胺、硝酸盐、尿素、氨基酸类化合物等添加剂；②通过人体、生活垃圾等途径带入的污染物；③空气中的分子态氮
矿物质	①为保证性能而加入的碳酸盐、磷酸盐、钼酸盐等配方组分；②无意加入但在某些功能添加剂中含有的无机盐杂质；③通过稀释水和外部污染途径带入的硫酸盐、卤素盐、磷酸盐等；④设备、工件、切屑等腐蚀产生的金属离子
生长素	动植物油脂、合成酯、脂肪酸等添加剂所含营养素
水	水作为工作液的稀释介质，一般占 90%～95%甚至更多

表 5-2　有利于微生物生长的环境因素

环境因素	系统内利于微生物繁殖的环境条件
温度	①加工过程中的刃具、模具与工件的摩擦生热，机械能转化为内能（工件形变、高压输送流体等）；②储液箱容积过小或工作液数量较少，利于热量积蓄，使系统温度上升；③环境温度的影响较大，温暖环境利于微生物繁殖，但温度偏离最适温度区间时具有显著抑制作用
pH 值	①切削、轧制等用途的水基金属加工液一般呈碱性，如水基切削液 pH 值大多在 7.5～10.5 范围内；②由于空气中溶入的 CO_2、其他途径带入的酸性物质的中和效应，碱性工作液 pH 值会趋于中性
氧	正常工作液中存在大量溶解氧，但会受到循环强度、杂油对液面的遮盖作用等因素的影响，进而影响优势微生物群落的形成
杀菌剂	杀菌剂使用不当或微生物抗逆性的增强，都会增加腐败风险

5.3　微生物控制原理

微生物的生长繁殖形势是微生物与环境相互作用的结果，控制微生物污染可采用直接杀灭微生物或控制环境条件抑制其活性的方法，本质上是工作液在化学指标、物理指标和生物营养指标上对微生物活动持续性的抑制作用，防止微生物污染的反复侵害。

微生物控制措施按其作用机理，可分为机械方法、化学方法、物理方法和生物方法等四种。

5.3.1 机械方法

机械方法采用人力铲除、高压冲洗等手段去除设备内部工艺介质循环系统中的生物膜、杂质及其附带的菌体（通常会同步加入杀菌剂、清洗剂等辅助物料以强化处理效果），适用于已经受到严重微生物污染的系统，清洁彻底，效果良好。机械方法对于系统初装或换液后的微生物控制极为有利，但该方法可能会产生大量废水，对于复杂结构系统的清理工作较为费时费力。

5.3.2 化学方法

化学方法是通过施加化学物质直接或间接作用于微生物，对微生物生长和繁殖过程进行干预的方法。其优点是使用灵活便利，起效迅速，效力持久，性价比高，且部分添加剂可起到一剂多用的效果；缺点是容易滥用或超剂量使用，对人体和环境有一定的危害。

（1）抗微生物剂

使用抗微生物剂控制系统内的菌群发展是最重要的化学方法。抗微生物剂有杀菌剂、抑菌剂等类别，杀菌剂可杀灭微生物，抑菌剂虽然不能杀灭微生物，却能抑制微生物生长。有的抗微生物剂兼具杀菌剂和抑菌剂的特点，如在低浓度时有抑菌作用，高浓度时则起杀菌作用，故通常也将抗微生物剂统称为杀菌剂。每一种杀菌剂均有其适用的对象，即抗菌谱，根据对不同类别微生物的活性，杀菌剂可分为杀细菌剂、杀真菌剂，此外还有作用于藻类植物的灭藻剂等。在实施过程中，通过配方设计或在用户现场施以杀菌剂，对微生物进行杀灭或抑制其繁殖，是控制微生物数量效率最高的措施。常用的杀菌剂有醛类及甲醛给体释放物、酚类化合物、溴化物、异噻唑啉酮类化合物、吡啶类化合物、有机卤素类化合物、吡啶硫酮钠等，而四硼酸钠、二环己胺、苯氧乙醇等多作为抑菌组分使用。

自 20 世纪 80 年代以来，杀菌剂开始大规模应用于金属加工液行业，使得成分复杂、易受微生物攻击的水基切削液寿命从不足三个月延长到 1 年以上，其间只要按需补充浓缩液和水以及必要的维护工作。时至今日，杀菌剂依然是水基切削液获得微生物抗力最直接、最高效的手段。尽管大多数杀菌剂具有较强的刺激性，但相比这些风险，使用杀菌剂获得的收益明显更多，比如延长了工作液使用寿命、降低了总成本、改善了车间环境等，且可采取适当的劳动保护措施降低对人体的不利影响。目前尚有很多企业由于对杀菌剂了解不够，使用方法不科学，引起产品腐败变质问题时有发生，甚至导致微生物产生了抗逆性，腐败防控问题越来越突出，给生产造成了巨大损失，同时也造成了潜在的环境风险。关于杀菌剂及其应用方面的内容将在本书第7章进行介绍。

（2）pH值调节添加剂

使用pH值调节添加剂是另一个有效的化学手段，通常在碱性体系中采用链烷醇胺、氢氧化钾等，在酸性体系中采用盐酸、草酸等。

微生物生长过程中机体内发生的绝大多数反应是酶促反应，而酶促反应都有最适pH值范围，在此范围内只要条件合适，酶促反应速率高，微生物生长速率就快，反之亦然。此外，酸性或碱性物质还会影响细胞质膜的渗透性、膜结构的稳定性和物质的溶解性或电离性。因此使工作液的pH值保持在微生物生长不适区间，可有效抑制微生物繁殖。图5-2为水基切削液（5%）pH值对微生物繁殖的影响，结果表明在该环境下pH值大于9.0时即可有效遏制微生物的生长趋势。

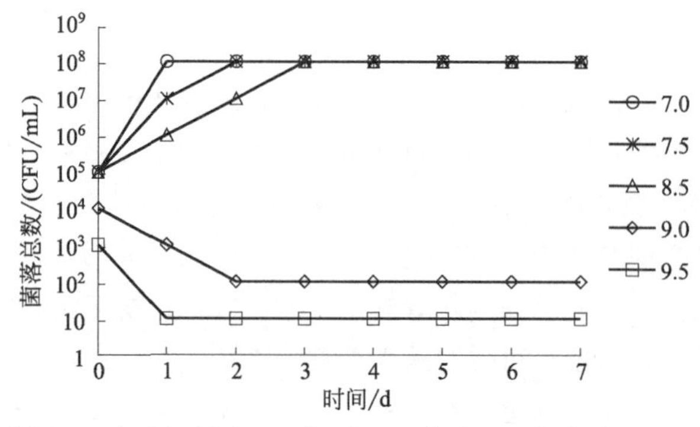

图5-2　水基切削液（5%）的pH值对微生物繁殖的影响

迄今为止，运用化学方法控制微生物污染依然是最主要的手段。但需要注意添加剂的消耗引起工作液性能或指标值衰减的问题。

5.3.3　物理方法

物理方法是指通过对工作液温度、过滤条件、电、磁、声波等环境变量进行控制，来实现抑制微生物繁殖速度的方法。目前具有实用性的措施是控制工作液的温度和过滤。

（1）控制环境温度

通过控制工作液循环系统内部温度来对微生物活动进行干预是常见做法。在切削加工中，加工过程产生的热量和循环散热效应同时起作用，一般会使切削加工的工作液温度比室温约高8～20℃，从而使微生物群落具备了迅速繁殖的温度条件。通过温度控制微生物活动的原理主要有如下两个方面。

① 降低生理活性。温度变化影响生物酶的活性、营养物质的吸收与代谢产物的分泌，因此微生物生长具有最适宜的温度区间。如果温度过低，则新陈代谢速率下降，生长缓慢；如果温度过高，则会增加微生物细胞原生质膜的通透性、杀菌活性成分的穿透能力和靶位作用能力，或使细胞内容物发生不可逆的变性而失去进行生化反应的功能，甚至导致其死亡。因此，水基切削液在运行时使用冷却系统控制工作液的温度在 30℃以下，可有效降低工作液在夏季的腐败风险，在非恒温车间尤其适用。但是在铝轧制乳液上则反其道而行之，将工作液加热到 55℃左右供给轧制工位，也可起到良好的控菌作用。表 5-3 的实验数据印证了上述观点。

表 5-3 乳化切削液（4%）在不同温度下保温 1h 后微生物的数量变化

温度/℃	40	50	55	60
活菌数/(个/mL)	3×10^8	2×10^8	2×10^4	$<2\times10^4$

② 影响溶解氧浓度。液温是工作液中溶解氧浓度的重要影响因素，表 5-4 给出了标准大气压（101.325kPa）下、在水蒸气饱和、含氧体积分数为 20.94%的空气存在时，不同温度的纯水中氧的理论质量浓度$\rho(O)_s$，以每升纯水中氧的质量（mg）表示。由此可见，降低工作液温度有利于维持不适宜厌氧微生物繁殖的富氧环境。

表 5-4 在标准大气压下溶解氧的理论质量浓度与水温的关系（HJ 925—2017 摘录）

温度/℃	理论质量浓度 $\rho(O)_s$/(mg/L)	温度/℃	理论质量浓度 $\rho(O)_s$/(mg/L)
0	14.62	20	9.09
2	13.83	25	8.26
5	12.77	30	7.56
10	11.29	35	6.95
15	10.08	40	6.43

工作液温度控制的下限是工作液的冰点或浊点，上限则取决于产品成分和乳化体系的耐温性，以不影响工作液的功能性为原则，在实践中应结合实施效果和经济性设定合适的温度控制目标。巴氏灭菌法、蒸汽灭菌法不适合水基金属加工液的控菌处理。

(2) 过滤与净化

过滤法是最常采用的控制措施，可采用滤纸、滤布或者栅格，但具有实用价值的过滤系统主要针对体积比较大的金属碎屑、杂质、杂油以及脱落的生物膜等，仅能带走附着在这些颗粒上的部分微生物，无法起到控制微生物污染的作用，但对体系的防腐仍有一定积极意义。过滤设备可以不停机作业，既可使用机床自带过滤设施，也可使用更加精密的附加净化设施，操作便利，但是不洁净的过滤系统也能为微生物生长提供场所，反而会加重微生物污染的问题。

（3）辐射

辐射灭菌是利用电磁辐射产生的电磁波（如微波、紫外线、X 射线、γ 射线等）杀死微生物的一种方法。微波可以通过产生热和高频电场杀死微生物；紫外线能使微生物 DNA 分子中相邻的胸腺嘧啶形成二聚体，抑制 DNA 复制与转录等功能，杀灭微生物，目前在大多数再生水厂得到广泛应用；X 射线和 γ 射线能使其他物质氧化或产生自由基（ •OH、 •H）再作用于生物分子，或直接作用于生物分子，以打断氢键、使双键氧化、破坏环状结构或使某些分子聚合等方式，破坏和改变生物大分子的结构，抑制或杀死微生物。辐射灭菌的效果受到发射源功率、流体流速、辐射距离等因素的影响，在浑浊的工作液体中穿透力极差，即使在极薄层的辐照也需要消耗巨大的能量，且处理后不能保持灭菌能力。

（4）超声波

超声波利用探头在工作液中的高频率振动引起空穴效应，即当探头和周围水溶液的高频振动不同步时能在溶液内产生空穴，空穴内处于真空状态，只要微生物接近或进入空穴区，就会由于细胞内外压力差而裂解。另一方面，由于超声波振动，机械能转变为热能，使微生物细胞产生热变性从而抑制或杀死微生物。超声波的作用效果随着与振动装置距离的增加而减弱，因而工业上使用探针阵列来提高超声波发生器气穴现象的均匀性和暴露持续时间。超声波发生器可用于降低浮游生物的生物负荷，或者作为间歇处理系统的一部分或中央系统过滤单元的下游组件。需要注意的是，对于某些工作液体系，超声波可能对体系稳定性有一定负面影响。

由于水基金属加工液系统营养物质丰富、污染源众多，使用物理方法使微生物减少的数量是极其有限的。尽管温度管理、精密过滤等措施在用户现场并不罕见，但就微生物控制而言，一般仅作为化学方法的有益补充措施。

5.3.4 生物方法

营养物质是微生物生命活动的物质基础，生物方法即针对微生物生长繁殖所需的营养源进行限制，进而达到控制微生物增殖的方法。控制微生物营养源可在产品研发阶段和应用阶段实施，其优点是效果显著，可行性强；缺点是对配方开发和应用要求较高。生物方法较为典型的有以下几种。

(1) 控制营养源

控制营养源的措施主要有以下几种：①从配方组分入手。在配方组分较复杂的水基切削液、轧制液等产品配方设计方面，通过往配方中引入具有生物稳定性质的功能添加剂替代传统功能添加剂，增加微生物分解抗力，可有效提高金属加工液的生物稳定性。②从产品选型入手。将容易腐败的产品更换为不易腐败的产品，例如在满足切削加工工艺要求的前提下，将配方组分较为复杂的乳化型产品更换为全合成型产品，可显著提升抗腐败效果。③从工艺用水入手。使用优质工艺用水，尽可能减少水中对产品性能有害的杂质、微生物等。④从净化防污入手。采取有效的过滤净化措施，及时清理系统中的浮油、切屑、砂轮灰、杂质等，防止设备用润滑油泄漏，避免食品、饮品、生活垃圾等污染物进入系统，尽可能隔离微生物与营养物质，也是控制营养来源的有效措施。

(2) 曝气

曝气法是经常采用的方法，其目的是使工作液处于富氧状态，以抑制硫酸盐还原菌等厌氧菌的繁殖。不同类别微生物对氧分的需求有显著差异。霉菌、大部分放线菌和部分细菌属于专性好氧菌，它们需要氧分来进行能量代谢，因而仅在有氧的条件下才能生长。硫酸盐还原菌属于专性厌氧菌，氧分子对其往往有毒害作用。酵母菌、硝酸盐还原菌等属于兼性好氧菌，当有氧气存在时，他们就像其他的好氧菌一样使用氧气；当氧气耗尽时，它们转变为厌氧代谢模式。

当工作液表面被油或其他污染物覆盖，将导致微生物呼吸消耗氧分使其内部处于贫氧状态，环境就变得对厌氧菌繁殖有利，大量增殖后会产生腐败臭味，此时好氧菌的繁殖被抑制。流体扰动很小的区域也容易形成局部缺氧环境，从而使厌氧菌建立种群。因此，在节假日停机期间，定时往液体内充入空气或使液体循环，加强工作液与空气的氧交换以避免液体内部出现缺氧区域，可有效抑制厌氧菌的繁殖。曝气过度则会因空气中的 CO_2 大量溶入，导致工作液 pH 值下降，反而会促进微生物繁殖。

(3) 利用不同种属微生物间的相互作用

基于微生物种群之间的拮抗关系，利用益生菌控制有害菌群，是一种极具生态学色彩的方法，其原理是：①通过适当改变环境条件使得另外一种能够与有害微生物共存并互为供养体的生物群迅速大量繁殖，可与有害微生物争夺生存空间和营养物质，从而抑制有害微生物的生存和繁殖。国外有报道称，添加无机硝酸盐可使含挥发性脂肪油层中的脱氮硫杆菌（*Thiobacillus denitrificans*）大量繁殖，脱氮硫杆菌能够迅速地抑制硫酸盐还原菌的繁殖并防止新的硫化物的形成。②具有特异性拮抗关系的菌群，一种微生物在生理过程中可产生一种特殊的物质去抑制另一种微生物的生长，杀死它们，甚至使它们的细胞溶解。这种特殊物质就叫作抗生素。医药上用的青霉素、链霉素都是抗生素，分别是真菌中的青霉菌（*Penicillium*）和放线菌中的灰色链霉菌（*Streptomyces griseus*）的分泌物。这些微生物在其生命活动过程中，分泌抗生素都是为了抑制或杀死其他微生物而使自己得以优势发展。利用不同种属微生物间的相互作用时，益生菌的选择是难点，要求益生菌的应用对产品综合效益的提升显著超过其负面影响。

微生物控制的机械方法、化学方法、物理方法和生物方法各有其优点和局限，从金属加工液的微生物控制角度来看，不管是单机供液还是集中供液系统，从以上四个方面入手是延长工作液寿命的核心措施，通常在产品研发和应用过程中配合使用，互为补充，以达到最佳的微生物控制效果。

5.4 微生物污染的三级预防策略

长期以来，从业人员一直把防腐工作理解为相关技术指标理想范围与实际检测数据的比较，当出现腐败征兆或腐败现象时，分析偏离的原因并确定下一步对策。但这种立足于“调查—分析—决策”基础之上的“偏离—纠偏—再偏离—再纠偏”是一种被动的控制，这样做只能发现而不能预防微生物污染。为尽量减少乃至避免这种现象，还必须立足于事先主动采取控制措施，主动预防微生物污染的发生。

微生物污染控制策略是指对微生物进行主动杀灭或抑制其增殖的措施，本质上是风险因素的管理，其目的就是“使用少量的投入来预防，而不是花大量的投入来处置”。预防就是要采用各种手段尽可能降低腐败事件的发生概率，并为腐败事件应急处理做必要的准备。简而言之，最佳的微生物污染预防策略就是：未发生腐败时即该做好预防工作，有腐败趋势时应防止症状加重，已经发生腐败后要防止腐败再度发生。

微生物污染的预防工作按照污染事件发生前、事件发生中和事件发生后三个阶段采取全程的风险因素管理，将不同实施阶段采取的不同风险管理措施划分为一级预防、二级预防和三级预防三个阶段。

5.4.1 一级预防

一级预防又称为“事前预防”，是在涉及水基金属加工液的供应链各环节中，以用户及其供应商为主体，对产品的防腐功能进行深度优化的行动。

其主要任务是针对风险因素进行预防和应急准备，并符合国家法律法规和政策的规定。一级预防涉及产品立项、开发、生产、交付、应用等环节（可参考图 1-8），是微生物污染“预防为主”的最佳实践，也是最为关键、效益最高的微生物污染预防措施，可降低 70%以上的腐败变质发生率。

在项目策划阶段，应以满足客户需求为中心。基于准确的市场调研制定恰当的技术和商务目标，包括产品防腐能力（使用寿命）在内的性能要求和其他技术要求，以及成本目标。在这个环节，产品成本的高低直接决定了技术方案的选择，需要重点关注产品技术先进性、可行性、产品功能和成本是否匹配，以及原材料和生产工艺、产品应用边界条件、成本和市场预测等是否合理。如果事先不对上述因素予以充分考虑，那么在产品上市后，将难以获得客户认可，其他均无从谈起。

在产品开发和生产阶段，应以追求有限成本条件下的最优方案为中心。对于大多数产品而言，设备用油脂、金属屑、微生物等污染物都是能事先预见的，可以在设计配方时针对性预防，提出多种先进可行的技术方案，进行对比考察，在满足成本要求的前提下，选取综合性能最优的产品实现方案，使产品具有可靠的生物稳定性。生物稳定型产品就是一类对微生物侵害具有良好抵抗效力的产品。此外，还应考虑产品运输和仓储环境条件等对产品性能的影响，防止外部因素导致产品丧失防腐效力。

在产品采购/交付阶段，应以单位投资效益最大化为中心。评价一款产品的经济性应以产品的全寿命周期总费用最低为原则，而非单纯考虑产品销售价格。对用户而言，采购质量是产品应用阶段防腐技术实施的基础和前提，选择一款优质产品可起到事半功倍的效果，能有效降低后期的腐败风险和管理成本，提高综合效益。

在产品应用阶段，应以满足生产线需求为中心。可采取的行动包括指定专人负责或组建团队进行管理，在生产线运行条件下实施可靠的管理维护工作（通常要求将管理维护工作分解到每一项具体技术指标，并规定每一项指标的检查方法和频率）。通过维持工作液的物化指标和环境条件，使微生物不能进行代谢活动或代谢活动水平为极低状态，来防止微生物失控造成工作液腐败，发挥出产品功能的最大效益。在这一阶段有必要培养与产品应用相关人员的风险意识，以及应对风险的心理准备和物质准备。

5.4.2 二级预防

二级预防又称为“事中预防”，是为了应对水基金属加工液产品出现的腐败迹象而采取的行动。二级预防的基本原则是“早发现，早干预”。不同用途的水基金属加工液在控制指标上有所区别，总的原则是确保工作液性能处于可接受范围之内。

在二级预防过程中，应分析水基金属加工液运行体系的实际情况，以技术指标的偏差和历史管理数据分析来决策具体行动。工作液在运行过程中应加强监控，当工作液指标显示已有腐败趋势时，要求维护人员反应迅速，启动事先准备的应急技术预案和应急工作流程以及应急监测计划，并在应急决策支持系统的支持下实现科学、及时、统一、有效的应急处置技术，从而及时有效地控制腐败发展的态势和危害，恢复或提高工作液的功能指标。

5.4.3 三级预防

三级预防又称为“事后预防”，是指腐败事件发生后，要进行事故后的管理。三级预防紧随二级预防之后，要及时对腐败形成的污染源进行清理、处置，并按照标准作业程序的要求进行操作，使处理结果达到一定的标准要求，从而把腐败事件的危害降至最低。

通过企业自我检查、自我纠正、自我完善这一动态循环的管理模式，能够更好地促进企业水基金属加工液管理工作的持续改进和长效机制的建立。包括追溯腐败事故发生的原因，评价处理程序和实施效果，预测后续发展与影响，以及总结经验教训和完善管理流程，补足硬件和管理方面的短板，为下一个控制循环提出新的控制思路。这是相关方积累实践经验的过程，对水基金属加工液的防腐管理成效至关重要。

综上所述，在三级预防策略中，一级预防对产品使用寿命具有决定性作用，标本兼治；二级预防救偏补弊，控制风险；三级预防则实属亡羊补牢，但仍具有积极意义。

第6章

生物稳定型水基金属加工液

6.1 生物稳定型配方技术的内涵

在生产工况环境下，可有效抵御其内部微生物的侵害及由此导致的化学性质、物理性质的改变，进而维持自身组分与功能的完整性、可靠性，构成了生物稳定型水基金属加工液自身价值的本质特征。生物稳定型配方技术有以下几层内涵：

① 保持功能添加剂在工况环境条件下对微生物分解的抵抗力至关重要。水基金属加工液中抗生物分解的功能添加剂可保持自身结构稳定进而可维持体系的稳定，在较长时期能持续不断地循环使用，减少排放，从而对环境保护、成本控制更为有利。

② 生物稳定型配方不再单纯依靠杀菌剂实现生物稳定的目的。尽管杀菌剂在水基金属加工液行业仍具有十分重要的作用，但杀菌活性成分是消耗性的，一旦杀菌活性成分损失殆尽，处于休眠状态的或车间周围环境中的微生物又会卷土重来。传统产品仍然依靠杀菌剂来获得足够的使用寿命，但最新的微生物稳定技术希望削减配方中的杀菌剂组分含量，某些高水平的水基金属加工液产品，即使不添加杀菌活性成分，也能较好地在使用寿命周期内控制微生物的繁殖。

③ 生物稳定型产品仍然保留了其在环境中的微生物降解性能。生物稳定型技术与产品废弃后的可生化性是辩证统一的，开发生物稳定型产品不能背离保护环境的初衷。生物稳定型技术追求有限的对微生物分解作用的抵抗力，整体配方仍然保留了适当的微生物分解特性，旨在追求产品寿命周期内

最佳的效益，同时兼顾后期废水处理（主要涉及生物化学法处理）和控制环境风险的可行性。正因如此，对于生物稳定型产品，在其使用过程中的维护工作仍然十分重要。

④ 对微生物的控制，重在“数量可控”，并不追求系统内达到“零微生物”状态。作为微生物营养源众多、敞开式运行、存在外来污染源的水基金属加工液运行系统，若以达到无菌状态为目标，使工作液中一切活的生物体（包括无性繁殖的和芽孢繁殖的相态）及病毒失活或消除，不仅在技术上缺乏可行性，在实际中也是不必要的。水基金属加工液防腐技术的重点在于将微生物数量或代谢活动水平控制在引起腐败的程度之下，而非追求“零微生物”的无菌工作液。

⑤ 产品的生物稳定性的量化指标应根据具体用途、工况要求确定。生物稳定性的强弱要求不是绝对的，不同用途、不同归宿的产品，对其生物稳定性高低的需求是不同的，总的原则是产品应满足使用环境下对产品抗腐败寿命的要求。其次，产品的生物稳定性是多种因素共同作用的结果，内因是添加剂的选择及其配方技术，外因是环境条件的控制水平。产品可接受的腐败程度的判据，则与产品属性有关。

由于终端用户对废液可处理性越来越重视，生物稳定型产品必须要兼顾生物稳定性与可生化性，对于生物稳定型配方的研发而言，如何平衡生物稳定性和可生化性是一个重要课题。

6.2 生物稳定型配方体系构建原理

产品整体配方表现出来的生物稳定性，主要来自两个方面：一是凭借自身组分（如杀菌剂、有机胺等）的优势，通过主动杀灭和抑制微生物而发挥有益作用，当这些组分消耗后，对微生物的控制效果也就减弱了。二是产品组分自身的生物稳定性，当有微生物种群存在时，不会被迫改变其结构和功能特性。因此，通过产品配方获得的微生物分解抵抗力是各组分的分子结构稳定性、杀菌组分和抑菌组分作用效力的函数，如式（6-1）所示。

$$R=F(\bigcup_{i=1}^{n}R_i, R_{\text{biocide}}, R_{\text{inhibitor}}) \tag{6-1}$$

式中，R 为配方整体的生物稳定性；R_i 为产品的组分 i 的生物稳定性；i 为组分序号；R_{biocide} 为杀菌组分对微生物的作用效力；$R_{\text{inhibitor}}$ 为抑菌组分对微生物的作用效力。

构建具有良好抗微生物特性的配方体系，关键是在配方设计阶段合理配置式(6-1) 中的各项。

6.2.1 营养源的削减

作为营养源而言，水基金属加工液的生物稳定性潜力完全取决于它的每一种化学原材料对微生物攻击的敏感性。运用 B/C 法（BOD_5/COD）判断水中有机物的生物稳定性和可生化性，组成配方产品的有机物可能是容易降解的、可降解的、较难降解的或极难降解的（表 6-1）。其中，容易降解的物质可以被各类微生物迅速分解，无论微生物驯化与否；可降解物质具有较好的微生物分解效果；较难降解物质不能被未驯化的微生物所分解，但可以通过驯化后在一定程度上降解，驯化时间越长，表明其生物稳定性越好；极难降解的物质往往是一些分子量大、毒性大、结构复杂、化学耗氧量高的物质，一般微生物对其几乎没有降解效果。

表 6-1 有机物生物稳定性与可生化性的判断标准

BOD_5/COD①	生物稳定性	可生化处理性	典型物质
>0.45	容易被微生物分解	易于生化处理	乙醇、丙三醇、硬脂酸、乳酸、乙醇胺、尿素、葡萄糖
0.30～0.45	可被微生物分解	可以生化处理	戊醇、乙二醇、乙酸乙酯
0.20～0.30	较难被微生物分解	较难生化处理	链烯烃、松香皂、己二酸己二胺盐
<0.20	极难被微生物分解	不宜生化处理	芳烃、异丙醇、丁二烯-苯乙烯、一缩二乙二醇、己二胺

① BOD_5 为五日生化需氧量，即在 20℃条件下培养 5 天后测得的溶解氧消耗量；COD 为化学需氧量，即在规定条件下，用氧化剂处理水样时，在水样中溶解性或悬浮性物质消耗的该氧化剂的量，计算折合为氧的质量浓度。

因此，削减微生物营养源主要有以下两种途径。

(1) 控制微生物营养源的类别和数量

通过对易腐原材料减量或更换、使用纯化水替代自来水，去除系统内的营养性污染物，是降低腐败倾向的有效途径。水基金属加工液中的矿物油、脂肪酸、脂肪醇、合成酯、油脂、硫化酯、磷酸酯、表面活性剂、低级胺、无机盐等物质均为微生物可利用的营养物质，尤其以脂肪酸类、含磷化合物、酯类化合物等最易被分解。此外，生产和配液过程中的工艺用水中含有的碳酸盐、硫酸盐、磷酸盐、氯化物等无机盐，也有利于微生物繁殖。

近年来有在水基切削液中使用植物油或其改性物取代矿物油的产品出现，并在众多场合冠以环保标签。尽管矿物油基或合成油基的油性产品可以方便地采用易降解原料，但在水基金属加工液中，这一技术受到较多限制。这是由于水基金属加工液配方较为复杂，仅仅更换一种或数种原材料并不能使产品达到直接排放要求，而如果全部采用可降解原材料，基本就等于放弃了生物稳定性，这将给产品研发和终端使用管理上带来巨大负担，以及易腐败特质对人体健康的隐忧。因此其难以在机械加工的敞开式环境中有所作为，仅在极少数的全损耗型工艺中具有实用价值。

(2) 使用生物稳定型原材料

对传统功能添加剂进行替代，选用生物稳定型的原材料，可从根本上赋予产品生物稳定性。这些原材料应该对微生物具有更好的天然抵抗能力，可有效提高水基金属加工液的生物稳定性而延长换液周期，这是添加剂对预防环境污染的直接贡献。需要注意的是，生物稳定型产品不一定会具有低的微生物数量，同时抑制微生物活性或生长也不是抗微生物原材料所必需的特性。

一般情况下，低分子化合物比高分子化合物更容易降解，分子量小的化合物较分子量大的化合物容易降解，聚合物和复合物较难生物降解。大多数自然界原来存在的化合物易降解，人工合成的许多化合物，由于生物陌生性难以被生物降解。在开发产品时，选用难以被微生物分解的原材料如高分子聚酯、多支链化合物、高 PO（环氧丙烷）比例的表面活性剂等，由于其本身结构的复杂性，很难在短时间内被微生物利用而进入物质循环，故表现出较好的微生物稳定效果。但有些难降解化学物质的结构过于稳定，其环境危害性大、后期废液处理难度较高，故产品设计者在选材时必须考虑产品废弃或意外泄漏后对环境的影响，既要能达到工作液防腐寿命设计要求，又要兼顾后续的废液可生化处理性。

6.2.2 环境条件的控制

由于环境 pH 条件对微生物的生理活动影响显著，因而基于配方组分来维持稳定的 pH 水平（离开微生物适宜区间）也就成为了获得生物稳定性的关键技术措施。

水基金属加工液通常都涵盖了一定的 pH 范围（图 6-1），凡是与细菌的最适生长 pH 区间重叠的产品，实际使用过程中发生腐败事件更为频繁（可通过控制温度等环境条件减弱腐败趋势）。水基金属加工液的 pH 水平容易偏离正常范围、缓冲性能差，一般有两个方面的原因：一是微生物对碱性或酸性添加剂的分解；二是外来酸/碱性物质、添加剂水解等因素中和作用的影响。

水基切削液和轧制液一般使用胺类添加剂提供碱性环境条件，其维持碱性环境水平的能力对抗微生物分解性能非常关键。从微生物的繁殖条件

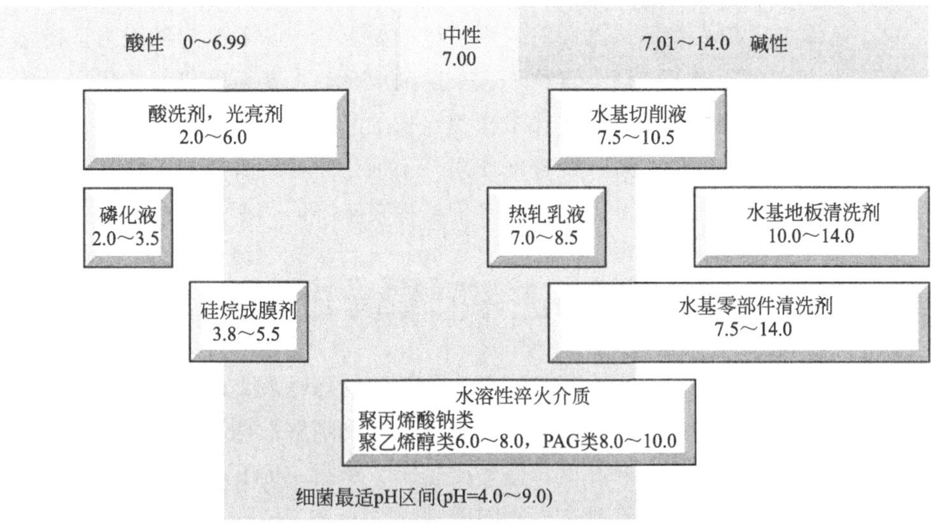

图 6-1 不同类别水基金属加工液的 pH 范围

来看，较大程度偏离中性范围的 pH 有助于抑制微生物繁殖。当 pH 偏离中性（例如 pH 在 8.5 以上时），微生物种类的多样性将降低；当 pH 不利于微生物生理代谢时（例如 pH 高于 9.5 时），微生物的生长繁殖即被有效抑制。

6.2.3 抗微生物化学制剂的应用

抗微生物剂包括杀菌剂、抑菌剂等，其中杀菌剂可杀灭微生物，抑菌剂虽不能杀灭微生物，却能抑制微生物生长。抗微生物剂作为提高产品抗微生物性能、控制微生物污染形势的核心功能添加剂，多年以来的实践表明，有效使用抗微生物剂对于延长产品抗腐败寿命起到了至关重要的作用。

以抑制或杀灭细菌为主要目标的杀菌剂有如下品种：六氢-1,3,5-三（羟乙基）均三嗪、*N*,*N*′-亚甲基双吗啉（MBM）、苯并异噻唑啉酮（BIT）、甲基异噻唑啉酮（MIT）等。

以抑制或杀灭真菌为主要目标的杀菌剂有如下品种：3-碘-2-丙炔基丁基氨基甲酸酯（IPBC）、2-正丁基-1,2-苯并异噻唑啉-3-酮（SPT）、吡啶硫酮钠（SPT）、苯噻硫氰（TCMTB）等。

可抑制微生物生长的一些添加剂有：硼类化合物（硼酸酯、硼酸胺盐、硼酸、硼砂）、乙二醇单苯醚、苯甲酸、苯甲酸钠和山梨酸钾、亚硝酸钠和 EDTA 钠盐、二环己胺等。

尽管业内一直在尝试将原本含有杀菌剂的水基金属加工液“去杀菌剂

化”，如开发了不含杀菌剂的水基切削液并作为其卖点之一，但不含杀菌剂的产品增加了用户使用成本和对使用环境的要求，成为其推广的阻力。市场上某些水基金属加工液商品宣称不含杀菌剂成分，但是可能仍然使用了一些具有抑菌作用的物质。可预计在未来相当长的时间内，杀菌剂的地位仍然不会动摇。同时，如何正确、合理地使用杀菌剂是每一位金属加工液从业者都需要掌握的内容。关于杀菌剂的更多信息将在本书第 7 章中详述。

6.3 有机物的生物降解性

微生物的活性使物质改变其原有的化学和物理性质，即体现出物质的生物稳定性或生物降解性优劣。生物稳定性与生物降解性两者之间的关系犹如跷跷板的两端，虽然方向相反，但本质相同。产品中的有机物大多具有生物降解性，而无机物一般不具有生物降解性。

6.3.1 有机物生物降解性的基本规律

影响有机类物质生物降解性质的内部因素主要是分子结构、物理性质等。

(1) 碳链结构与分子量

通常有机物的结构与自然物质越相似，就越易降解；结构差别越大，就越难降解。结构简单的化合物较复杂化合物更加容易降解。就降解速率而言，脂肪族化合物＞芳香族化合物＞多环芳烃化合物；链烷烃比环烷烃易降解，直链烃比支链烃易降解。

分子量大小也是影响有机化合物生物降解特性的重要因素。烷烃的可降解性为，中长链烃（C_{10}～C_{24}）＞长链烃（C_{24} 以上）＞短链烃（C_{10} 以下）。碳链小于 10 个碳的短链烷烃在一般情况下难于生物降解，是因为其有较强的溶解性，毒性较强，需要特殊的微生物方能降解；中长链烷烃在好氧条件下易降解；长链烃对微生物分解的抵抗力较中长链烷烃增强。对于聚合和复合而成的高分子化合物，由于微生物及其酶难以扩散到化合物内部袭击其中最敏感的反应键，因此就降低了它的生物降解特性。

(2) 取代基

有机化合物主要分子链上的碳原子被其他元素取代时，对生物氧化的阻抗就会加强，其中氧的影响最显著，其次是硫和氮。

取代基的性质对生物降解性有显著影响。亲电子基团（如—SO_3、—NO_2、—Cl）的引入会降低可生物降解性，疏电子基团（如—CH_3、

—COOH、—OH、$—NH_2$）的引入则会提高可生物降解性。已知取代基对生物降解性的影响大体为：$—SO_3$、$—NO_2$ >—Br>—Cl>—H>$—NH_2$ >$—OCH_3$、$—CH_3$ >—COOH>—OH。

取代基的位置不同，生物降解性不同。烃类碳原子或苯环取代基的位置既影响烃类或苯环电子云密度的分布，也影响到C—C或者C和其他原子间化学键极性的变化，使化合物分子具有了易被酶攻击或抗拒攻击的特性，改变了化合物生物降解的难易程度。

取代基数量增加，一般会增加生物降解难度。对于脂肪烃类化合物而言，支链烃比直链烃难降解的原因是碳原子上的氢被另一个烷基所取代；一个碳原子上同时连接两个、三个或四个碳原子会降低降解速率甚至完全阻碍降解，例如烷基化合物的生物降解能力按大小排序为：$R—CH_2—R$ >CH $(R)_3$ >$C(R)_4$。对苯类化合物而言，取代基越多，生物降解越困难，例如芳香酯苯环上的羧基增多，阻碍微生物进攻酯基和芳环，导致偏苯三甲酸酯的生物降解能力显著低于邻苯二甲酸类酯。

取代基团大小不同，生物降解性不同。大的取代基由于空间位阻作用，阻止酶与化合物的接触，因而使生物降解性降低。

（3）饱和度

不饱和烃比饱和烃易降解。不饱和脂肪族化合物一般可降解，但有的脂肪族化合物（如苯代亚乙基化合物）具有相对不溶性，会影响其降解程度。

（4）溶解度与分散性

有机化合物在水中的溶解度和分散性直接影响其生物降解性。例如，油在水中的溶解度很低，很难与微生物接触并为其利用，因此生物降解性差，但通过施加表面活性剂或机械搅拌形成均匀分散体，则被微生物利用的可能性大大增加。

由于化合物的分子结构对其生物活性（包括生物降解性、生物毒性等）起到决定性作用，故化合物分子结构的信息和生物降解性质具有明显的定量关系，据此可建立以分子结构为基础的化合物降解性的数学模型。

6.3.2 不同有机物的生物降解性

6.3.2.1 矿物基础油

矿物基础油是从原油中提炼而来，其成分是高沸点、高分子量烃类和非烃类等物质组成的混合物，其中烃类是主要成分，碳数分布约为C_{20}～C_{40}，沸点范围为350～535℃，平均分子量为300～500。根据原油化学组成的不同，由石蜡基原油（烷烃>70%）、环烷基原油（环烃>60%）、中间基原油

(烷烃、环烃、芳烃含量接近)炼制得到的矿物基础油分别称为石蜡基中性油(SN)、环烷基中性油(DN)和中间基中性油(ZN)。

美国石油协会(API)根据基础油的精制深度、饱和度大小等要素将基础油分为五类,其中Ⅰ类、Ⅱ类、Ⅲ类为矿物基础油,纯净度随着从Ⅰ类油到Ⅱ类油、再到Ⅲ类油的提高而增加,它们长期以来在润滑油市场占据主导地位。天然气制油(GTL)、煤制油(CTL)、生物制油(BTL)等是近些年再度崛起或新推广的高性能合成油,可划分为Ⅲ类+基础油,其化学结构与矿物油主要成分并无本质区别,但纯净度更好、性能更优。矿物基础油在自然环境中不易被微生物分解,其降解规律如下所示。

① 结构。矿物基础油中的烃类化合物有正构烷烃、异构烷烃、环烷烃、芳烃等几类,可生物降解次序为:直链烷烃>支链烷烃>环烷烃>单环芳烃>多环芳烃>杂环芳烃>沥青质。环烷基矿物油的生物降解率仅为0~30%,石蜡基矿物油则为40%~60%,这是因为矿物油中的稠环芳烃在被微生物氧化开环时,所需的活化能更高。图6-2显示了矿物油中芳烃含量与生物降解率的关系。

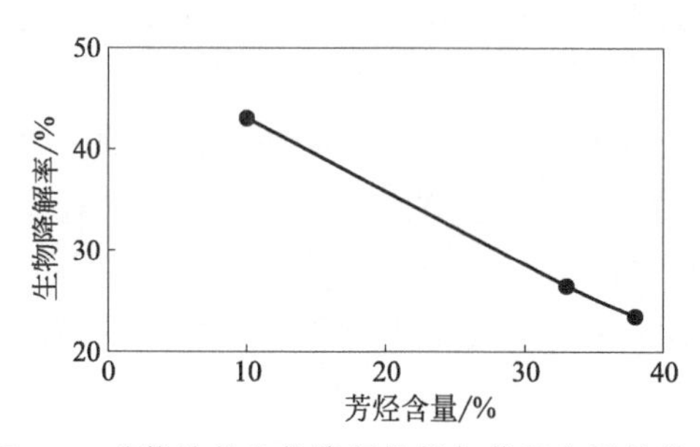

图6-2 矿物油的生物降解性能与芳烃含量的关系

② 馏分。本质上是分子量的体现,表现为黏度指标。运动黏度越低,生物降解性越好,例如15#白油、22#白油和36#白油的生物降解率分别为63.1%、41.0%和31.3%,黏度较高的光亮油仅有5%~15%。

③ 加工工艺。用传统溶剂精制生产的基础油,生物降解率一般为10%~45%,而经深度加工的加氢裂解油中几乎不含芳香烃尤其是稠环芳烃,故生物降解率可达到25%~80%。

6.3.2.2 合成基础油

现代润滑油配方技术较多使用合成基础油(有的配方也将其作为添加剂使用),如聚α烯烃(PAO)、聚亚烷基二醇(PAG)、聚异丁烯(PIB)等取代矿物基础油以获得更佳的使用性能。聚α烯烃为API分类标准下的Ⅳ

类基础油，所有非Ⅰ、Ⅱ、Ⅲ或Ⅳ类基础油均属于Ⅴ类基础油。

聚α烯烃具有良好的生物降解性，降解率随着黏度增大而变差。低黏度的PAO2和PAO4在水环境中容易被生物降解，其生物降解率分别达到70%和65%（CEC-L-33-A93试验方法），PAO6以上牌号产品生物降解率仅为20%～35%（CEC-L-33-T82试验方法）。这是因为PAO的黏度增大后，平均分子量和侧支链增加，这些化学性质降低了生物降解率，被认为是极低的水溶性和极低的生物利用率所致。

聚亚烷基二醇是一大类由环氧乙烷（EO）、环氧丙烷（PO）、环氧丁烷（BO）等原料在催化剂作用下合成的均聚物或共聚物的总称，通过改变化学结构可获得水溶性或油溶性的产品。聚亚烷基二醇的生物降解率并不理想（≤25%），现有研究工作表明，其生物降解率主要取决于环氧乙烷与环氧丙烷等基团各自的聚合数，结构中环氧丙烷比例越大其生物降解性越差，例如聚乙二醇的生物降解率为约10%～70%，聚丙二醇为约10%～30%。另外，聚亚烷基二醇的生物降解率随着分子量的增加而明显降低。

聚异丁烯是一类具有良好生物相容性的柔性高分子聚合物的统称，其生物降解水平低于同黏度级别的PAO和矿物油，生物降解率仅为0～25%，如轻馏分聚异丁烯（$V_{40}=30.0\mathrm{mm}^2/\mathrm{s}$）的生物降解率为18%。由于聚异丁烯不溶于水，所以在水介质中很难生物降解，但其生物毒性（口服毒性和慢性毒性）非常低。

其他合成基础油，如烷基苯、烷基萘、硅油和氯氟乙烯等都是抗生物降解的，但仍然遵循生物降解性的基本规律。

6.3.2.3 天然油脂与合成酯

天然油脂和合成酯通常在水基金属加工液配方中用于油性添加剂或取代矿物基础油。在大多数产品中，天然油脂、合成酯以及它们的衍生物更多作为润滑添加剂使用，其生物特性尚不足以对配方的整体防腐能力产生影响。完全使用脂/酯类化合物作为基础油的产品，则在防腐性能上依赖于该“基础油”的特性。

（1）天然油脂

天然油脂通常是甘油三酯，其分子构成包括一分子甘油和三分子脂肪酸，其中脂肪酸主要为饱和脂肪酸如棕榈酸（$C_{16:0}$）和硬脂酸（$C_{18:0}$）、不饱和脂肪酸如油酸（$C_{18:1}$）、亚油酸（$C_{18:2}$）和亚麻酸（$C_{18:3}$）。天然油脂属于可再生资源，其来源决定了脂肪酸组成，例如菜籽油中的脂肪酸主要是油酸，大豆油则以亚油酸为主。常见的天然油脂有大豆油、菜籽油、橄榄油、葵花籽油、蓖麻油、棉籽油、棕榈油、茶油、猪油、牛油等，在金属加工行业应用广泛，其抗磨性好，黏度指数高，无毒，可再生，对环境无不良影响。天然油脂都具有极好的可生物降解性（表 6-2），尤其是我国特有的高芥酸菜籽油可完全降解。以天然油脂为基础的硫化脂肪酸酯也具有优异的生物降解性。

表 6-2 一些天然油脂的生物降解性能

名称	生物降解率/%	名称	生物降解率/%
蓖麻油	96.0	大豆油	77.9
低芥酸菜籽油	94.4	棉籽油	88.7
高芥酸菜籽油	100.0	橄榄油	99.1

天然油脂的主要缺点是分子中的甘油酯基容易水解，酯基链中的不饱和双键易受微生物攻击发生 β-氧化或与空气接触氧化，低温性能和橡胶相容性差。这些特性对于可生物降解液压油、链锯油等产品来说相对容易克服，但是用于开发长寿命植物油基水性金属加工液则具有很大的局限性。在实践中发现，精制菜籽油含量 20%～42% 的水基切削液，配合常规抗菌方案，夏季运行 2～3 天即发生腐败现象，即使经过技术改良的产品其腐败频率和维护难度仍然明显大于矿物油基产品。目前主要采取如下途径提高植物油脂在水基金属加工液中的适用性：①选用亚油酸、亚麻酸含量低，油酸含量多的油脂；②通过精制加工及化学改性（如酯交换、硫化、氧化、加氢等）、基因改性提高油脂的稳定性；③在产品中配合添加抗氧剂、杀菌剂等提高体系的微生物稳定性。

（2）合成酯

为了克服天然脂类的性能缺陷，可将其分子中的甘油基团或脂肪酸基团予以替换，进而获得稳定性相当高的产品。合成酯根据其分子结构可分为单酯（一元酸与一元醇合成的酯）、双酯（二元酸与一元醇合成或一元酸与二元醇合成的酯）、多元醇酯（多元醇与酸合成的酯）、多元酸酯（多元酸与醇合成的酯）、芳香酯（含有苯环结构的酯）、复合酯（多元醇与两种以上的酸或多元酸与两种以上的醇合成的酯）、聚酯（α-烯烃与不饱和双酯的共聚产物）、磷酸酯（含磷化合物与醇合成的酯）、聚醚酯（聚醚衍生物端基酯化得到的酯）、二聚酸酯（二聚酸与醇合成的酯）等类别，形成了庞大的产品体系，可以涵盖开发高性能工业用油和润滑剂的全部技术要求，如优异的润滑性能、良好的热稳定性、高黏度指数、低挥发性和优异的剪切稳定性等。

大多数合成酯的毒性较小，生物降解性受酯的分子结构影响较大。单酯、双酯、多元醇酯的生物降解性好，部分芳香酯的生物降解性较差（表 6-3）。

表 6-3　一些合成酯的生物降解性能

名称	生物降解率/% [CEC-L-33-A93(21d)]	生物降解率/% [OECD No. 301B(28d)]	实例 [CEC-L-33-A93(21d)]
单酯	70～100	30～90	
双酯	70～100	10～80	己二酸二乙酯 97.0%；己二酸二正丁酯 96.3%；己二酸二辛酯 93.1%；己二酸二癸酯 91.0%；己二酸二异十三醇酯 82.0%
多元醇酯	80～100	50～90	三羟甲基丙烷三己酸酯 98.0%；三羟甲基丙烷三油酸酯 80.2%；季戊四醇四己酸酯 99.0%；季戊四醇四辛酸酯 90.0%；季戊四醇四异辛酸酯 82.2%
二聚酸酯	20～80	10～50	
邻苯二甲酸酯	0～99	5～70	邻苯二甲酸二丁酯 97.2%；邻苯二甲酸二异辛酯 86.5%；邻苯二甲酸二异癸酯 69.5%；邻苯二甲酸二异十三醇酯 48.0%；邻苯二甲酸三异十三醇酯 2.0%
偏苯三酸酯	0～70	0～40	
均苯四酸酯	0～40		

磷酸酯类添加剂具有较好的生物降解性，容易引起水体的富营养化作用。磷酸三丁酯的生物降解率为 83%，三甲苯基磷酸酯的生物降解率为 68%。

基于大多数酯类优异的生物降解性，在应对矿物油基产品的潜在环境危害时，天然脂类和合成酯几乎成了最优选项。应注意到，针对水性配方与油性配方体系的不同特性，在天然油脂或合成酯类添加剂的选取方面关注点迥然不同。

6.3.2.4　表面活性剂

表面活性剂根据其电离特性，可分为阴离子表面活性剂、阳离子表面活性剂、非离子表面活性剂和两性表面活性剂四类。表面活性剂在乳化型配方中是形成不同油滴粒径的乳状液体的核心功能组分，在全合成型配方中则可起到润湿、分散、沉降、杀菌等作用。

在保护生态环境的大背景下，合成无毒、可自然降解的绿色表面活性剂已成为表面活性剂合成领域的首要任务，追求生物降解性和生物相容性的最优化。然而以防腐视角来看，水基金属加工液尚需生物分解阻抗较大的表面活性剂品种。不同类型表面活性剂的生物降解性规律见表 6-4。

表 6-4　不同类型表面活性剂的生物降解性规律

类型	生物降解性规律
阴离子型	易于生物降解。生物降解性的高低程度大致为:线型脂肪皂类>高级脂肪醇硫酸酯盐>线型醇醚类硫酸酯(AES)>线型烷基或烯基磺酸盐(AS,SAS,AOS)>线型烷基苯磺酸盐(LAS)>支链高级醇硫酸酯及皂类>支链醚类硫酸酯>支链烷基磺酸盐(ABS)
阳离子型	降解规律与一般表面活性剂相似,受到疏水链长及其支化度、亲水基团的影响。 阳离子表面活性剂具有抗菌性,降解性能较弱,一般需要在有氧条件下进行。很多阳离子表面活性剂甚至还会抑制其他有机物的降解,但某些阳离子表面活性剂也具有较好的生物降解性,如壬基二甲基苯基氯化铵的降解性与 LAS 相近
非离子型	总体上具有较好的生物降解性,影响生物降解性能的基本因素是聚氧乙烯链长和烷基链的线性度。聚氧乙烯链越长,分解越慢,生物降解性越差;烷基链的线性度越高,生物降解性越强。嵌段共聚物分子中聚氧丙烯链比例越高,生物降解性越差。 一般直链脂肪醇聚氧乙烯醚容易降解,平均降解率大于 90%;聚醚的生物降解率为 70%～100%。烷基多糖苷(APG)具有很高的生物降解性,被称为绿色表面活性剂
两性型	两性表面活性剂是所有表面活性剂类型中最易生物降解的。 甜菜碱和酰胺丙基甜菜碱、两性咪唑啉型、氨基酸型表面活性剂都具有很好的生物降解性,尤其以甜菜碱型更好

6.3.2.5　胺类化合物

有机胺是水基金属加工液中最为常用的原料之一，应用于水基切削液、轧制液、清洗剂、淬火剂以及防锈剂等产品，起到 pH 缓冲作用。在很多产品中，有机胺的生物降解性能往往对产品的抗腐败性能起到决定性作用。

按照氢被取代的数目，有机胺依次分为一级胺/伯胺（RNH_2）、二级胺/仲胺（R_2NH）、三级胺/叔胺（R_3N）、四级铵盐/季铵盐（$R_4N^+X^-$）。根据有机胺分子中与氮原子相连的烃基种类的不同，有机胺可以分为脂肪胺（R—NH_2）和芳香胺（Ar—NH_2）。如果胺分子中含有两个或两个以上的氨基（—NH_2），则根据氨基数目的多少，可以分为二元胺、三元胺等。

含有氨基（—NH_2）的化合物的生物降解性取决于与基团连接的碳原子饱和程度，降解率遵循如下的顺序：伯碳原子>仲碳原子>叔碳原子。常用的乙醇胺、二乙醇胺、三乙醇胺分别为伯胺、仲胺、叔胺，随着 N 原子上取代基数量的增加，不仅分子质量增大，而且空间位阻效应增强，妨碍了酶反应活性中心与有机底物的结合，导致其可生物降解性逐渐变差。

一些抗微生物分解特性较好的胺有 2-氨基-2-甲基-丙醇、2-(2-氨基乙氧基）乙醇、叔丁基醇胺、*N*-甲基二乙醇胺、二环己胺、*N*,*N*-二乙基苯胺、异丙胺、二甲苯胺等。

6.3.2.6 其他化合物

① 脂肪酸类化合物。属于易生物降解有机物，含有二羧基（HOOC—R—COOH）的化合物需要比单羧基化合物更长的驯化时间。生物降解性排序为：直链偶碳一元酸＞直链奇碳一元酸＞支链一元酸＞直链二元酸。一些以脂肪酸为基础的化合物也具有良好的生物降解率，例如硫化脂肪酸＞80%，丁二酸半酯＞80%，磺酸钙＞60%（CEC-L-33-T82 试验方法）。

② 脂肪醇类化合物。能够被微生物分解，生物降解性取决于与基团相连碳原子的饱和程度，基本规律同胺类化合物。可降解性还取决于微生物驯化程度，大部分脂肪醇的 BOD_5/COD＞40%。叔丁醇、戊醇、季戊四醇表现高的阻抗性，1,2-烷二醇具有一定的抑菌能力。

③ 醚类化合物。对生物分解的阻抗较大，比醇、酚、醛类化合物更难降解。一些醚类化合物经长期驯化后可被分解，但乙醚、乙二醚不能降解。

④ 醛类化合物。可生物降解，大多数醛类化合物的 BOD_5/COD＞40%。丙烯醛、三聚丙烯醛需经微生物长期驯化方能降解；苯醛、3-羧基丁醛在高浓度时表现高度阻抗。

⑤ 酚类化合物。可生物降解，需短时间驯化；通常在低浓度时可以降解，但高浓度时对微生物的毒性将阻碍其降解。大部分酚类化合物的 BOD_5/COD＞40%，2,4,5-三氯苯酚、硝基苯酚具有较高的阻抗性，较难分解。

⑥ 酮类化合物。可生物降解性较醇、酚类差，但比醚类好，一些酮类化合物经长期驯化后可被分解。

⑦ 抗氧剂和铜缓蚀剂。酚型抗氧剂及铜缓蚀剂有较好的生物降解性，而胺型抗氧剂较差。例如，2,6-二叔丁基对甲酚的生物降解率为 17%（28d）和 24%（35d）（OECD No. 302C 试验方法），苯并三氮唑的生物降解率为 70%（OECD No. 302B 试验方法），烷基二苯胺的生物降解率仅为 9%（OECD No. 301D 试验方法）。

⑧ 卤代（R—X）化合物。生物降解性随卤素取代程度的提高而降低，除氯丁二烯、二氯乙酸、二氯苯醋酸钠、二氯环已烷、氯乙醇等，大部分卤素有机物不能被降解。短链氯化石蜡在有适应性微生物的环境中也极难发生降解，仅有氯含量较低（例如，按质量计算，氯含量低于 50%）的型号可能会缓慢的生物降解；还有研究发现，短链氯化石蜡在淡水、海洋沉积物中的有氧环境下半衰期分别为 1630 天和 450 天，在湖泊地区的厌氧环境中持久性会达到 50 年。

⑨ 氨基酸和碳水化合物。氨基酸的生物降解性良好，一般 BOD_5/COD＞50％，仅胱氨酸和酪氨酸需较长时间驯化才能被分解。单糖、双糖、寡糖和多糖普遍易于生物降解，大部分的 BOD_5/COD＞50％，但纤维素、木质素、甲基纤维素、α-纤维素的生物降解性较差。

以上对各类有机物的生物降解性进行了简要介绍，一些常用有机化合物的生物降解性数据可参考《石油化工环境保护手册》(烃加工出版社，1990年出版)。需要注意的是，随着废水处理技术的进步，有些过去认为不能降解的有机物，目前也可以实现生物降解。

6.4 有机物生物降解性的表征方法

当有机化学品与环境相互作用时，将在一定时期内被微生物分解掉，生物降解的程度是有机物自身性质以及环境的物理、化学和生物状态以及时间的函数。

6.4.1 生物降解性的测定原理

有机物降解是一个十分复杂的过程，测定一种化合物的生物降解性，构建实际测定系统除了要有目标化合物外，还必须充分考虑四个方面的因素：①降解微生物及其对目标化合物的可接受性；②降解系统的组成；③检测终点；④实际测定的环境条件。生物降解测试系统都是目标化合物和上述四种要素的组合，一般来说都是模拟试验。

从降解微生物选择及降解环境系统来说，测试方法有微生物方法和环境方法，前者通常使用纯培养在最适条件下研究化合物的降解，后者着眼于化合物在水体或土壤混合微生物环境下的降解。化学品在生物降解过程中常常伴随着与降解有关的生化现象，因而通过受试物浓度测定、消耗 O_2 (COD、BOD、ThOD) 测定、脱氢酶活性测定、ATP 量测定、总有机碳测定、降解产物 (H_2O、CO_2 和 CH_4 等) 测定、活性污泥中挥发性物质测定、专一性 $^{14}CO_2$ 测定等方法计算受试物生物降解率，绘制生物降解曲线，来评价有机物的生物降解性能。也可通过化学分析测定试验开始和结束时受试物的浓度或降解中间产物的浓度，评估受试物的初级生物降解性。通常试验周期为 28 天。

根据试验目的不同，生物降解性试验有初级生物降解性测定、最终生物降解性测定、快速生物降解性测定、固有生物降解性测定、厌氧生物降解性测定等。

① 初级生物降解性（primary biodegradability）。是指受试物原始母体分子结构发生改变，达到某些特性消失的程度的生物降解。例如表面活性剂分子失去降低界面张力特性的分解程度。

② 最终生物降解性（ultimate biodegradability）。是指受试物分解为 CO_2、H_2O、无机盐等物质，达到完全分解的程度。最终生物降解还包括有机物被微生物同化，在菌体内转化为低脂肪酸等构成生物成分的现象。

③ 快速生物降解性（ready biodegradability）。是指受试物在限定时间内与接种物接触表现出的生物降解能力。快速生物降解性测试不是模拟真实环境条件进行的测试，而是测试有机物生物降解的可能性，因此不能利用这些试验提供的数据来评估物质在真实环境途径中的生物降解性能。此类试验的数据仅表明，通过测试的化学品不会对有氧水生环境的代谢能力造成严重挑战（考虑到细菌、营养物等的存在），并且在实际环境中很容易降解。

④ 固有生物降解性（inherent biodegradability）。是指在最佳试验条件下，受试物长时间与接种物接触表现出的生物降解潜力。与“快速生物降解性”相比，“固有生物降解性”试验程序提供了更容易发生生物降解的条件（微生物与营养物的相对数量向有利于微生物的方向倾斜），在任何生物降解性测试中都有明确的生物降解（初级生物降解或最终生物降解）证据。这类物质被认为是非持久性的，可以假定中长期内（在废水处理厂或其他环境中）可在水环境中降解。如果固有生物降解性测试结果为阴性，可能表明环境中存在持久蓄积的可能性。

⑤ 厌氧生物降解性（anaerobic biodegradability）。是指有机物在厌氧条件下被微生物利用，在一定时间内完全降解为 CH_4 和 CO_2 的程度。厌氧生物降解相比传统的好氧生物降解，具有节能、高效的特点，广泛应用于高浓度和中低浓度有机废水的处理，是目前废水处理应用最重要、最广泛的方法之一。

其中，用于测定化学品快速生物降解性、固有生物降解性、厌氧生物降解性的试验程序最早由经济合作与发展组织（简称经合组织，OECD）公布，至今被广泛使用。

生物降解率和降解速率受到发生生物降解的环境的强烈影响，环境是由含水量、温度、微生物、无机营养物的有效性等因素决定的。由于环境之间的巨大差异，生物降解性声明对应于特定的明确定义的环境条件。因此，确定物质生物降解性的试验方法总是参考了特定环境（淡水、海水、土壤或堆肥）和条件（需氧或厌氧条件），不同测试条件下获得的结果可能得出完全相反的结论。

6.4.2 生物降解性的测定方法

有机物的生物降解性能试验方法是为了研究其对环境的影响而建立的一系列标准评价方法，其试验对象主要有矿物油、合成油、塑料、表面活性剂、润滑添加剂等。出于生态环境保护和国际贸易的需要，经济合作与发展组织、国际标准化组织（ISO）、欧洲标准化委员会（CEN）、欧洲共同体委员会（CEC）、美国材料与试验协会（ASTM）、日本工业标准调查会（JISC）以及中国国家标准化管理委员会等相关组织均发布有系列标准试验方法。本节内容主要就可供金属加工液参考的试验标准进行简要介绍。

6.4.2.1 OECD 标准

经济合作与发展组织于 1981 年率先制定了首批化学品生物降解试验准则（No. 302 A、No. 304 A），此后由 ISO、CEN、ASTM、JISC、中国国家标准化管理委员会等制定的类似标准大多以 OECD 标准确立的原则为基础。迄今为止，OECD 已经制定了测试化学品物理性质、环境和生态学性质、对生物和人体的慢性和急性毒性及刺激性等一系列标准方法，其中 OECD No. 3 系列标准主要涉及化学品在环境中的快速生物降解性、固有生物降解性和模拟生物降解等内容，现简要介绍如下。

No. 301 和 No. 310 都是为了确定化学品在水体好氧环境中的快速生物降解性而设计的。其中，No. 301 提供了六种测试方法：①301A：DOC Die-away Test（DOC 消减法）；② 301B：CO_2 Evolution Test（Modified Sturm Test）[CO_2 产气试验（修订 Sturm 法）]；③301C：MITI（Ⅰ）Test [MITI 试验法（Ⅰ）]；④ 301D：Closed Bottle Test（闭口瓶法）；⑤ 301E：Modified OECD Screening Test（修订 OECD 筛选法）；⑥301F：Manometric Respirometry Test（EPA 呼吸计法）。No. 310 采用的测试方法是 Headspace Test（CO_2 顶空试验）。在这些测试中，当试验结果满足如下要求之一时，则认为受试化学品的快速生物降解性是合格的：①去除溶解性有机碳（DOC）达到 70% 以上；②生物降解＞60%理论需氧量（ThOD）；③生物降解＞60%理论二氧化碳（$ThCO_2$）；④生物降解＞60%理论无机碳（ThIC）。No. 301 和 No. 310 试验方法主要是针对单一化学品（一种化学成分恒定且不能通过物理分离方法将其分离成组分的物质）制定的，因此并不总是适用于确定混合物的生物降解性质；此外，针对难溶性物质（水溶性＜100mg/L 的物质）的生物降解性测试结果可靠性较差。如果受试物在快速生物降解测试中不能达到前述水平，也并不表示受试物不能降解，而是要继续用固有生物降解性测试方法进行评价。

No. 302 用于确定化学品在水体好氧环境中的固有生物降解性，提供了三种测试方法：①No. 302A：Modified SCAS Test（改进的半连续活性污泥试验）；② No. 302B：Zahn-Wellens / EMPA Test（赞恩-惠伦斯试验）；③No. 302C：Modified MITI Test（Ⅱ）[改进的 MITI 试验法（Ⅱ）]。No. 302A 规定，如果受试物在试验中的 DOC 去除率超过 20%，则视为具有固有生物降解性，而如果 DOC 去除率超过 70%，则证明发生了最终生物降解。No. 302 B 和 No. 302 C 没有对结果的解释提出建议，其中 No. 302C 的原理和 No. 301 C、No. 301 F 是相同的，但 NO. 302 C 受试物浓度更低、接种物浓度更高。No. 302 用于受试物在 No. 301 的测试中未被判断为快速生物降解时的进一步评估，设置了比 No. 301 更容易分解的培养条件，凡是在 28 天试验周期内去除 20% DOC、消耗 20% ThOD 或释放 20% $ThCO_2$，无论是否预先暴露接种，都表明所涉及的测试物质是具有生物降解潜力和非持久性的。

No. 303 和 No. 309 都是在特定淡水水生环境中进行模拟生物降解试验的指南。No. 303 提供了两种方法模拟好氧污水处理的方法，分别是活性污泥单元法（activated sludge units method）和生物膜法（biofilms method），是完全模拟现代污水处理厂的工艺流程而建造的一套生物降解测试装置。那些不能满足快速生物降解测试要求，而又经过固有生物降解表明该化学品能够最终被生物降解的物质，可以使用模拟测试法来评判其生物降解性。No. 309 的目的是测量低浓度受试物在有氧天然水中生物降解的时间过程，并以动力学速率表达式的形式对观察结果进行量化。

No. 304 A 用于评价化学品在土壤中的固有生物降解潜力；No. 307 用于评价化学品在土壤环境中的降解特性，以及植物和土壤生物可能接触到的转化产物的性质、形成和消减速率等；No. 312 用于评价化学品在土壤中的渗透性，以及其移动（淋溶）到更深的土层并最终进入地下水的潜力。

No. 306 描述了化学品在海水中的生物降解性的两种测试方法：摇瓶法（shake flask method）和闭口瓶法（closed bottle method）。如受试物 DOC 去除率>70%或理论需氧量>60%，则可得出其在海洋环境中具有潜在生物降解能力的结论，但低于这些数值并不能排除受试物具有生物降解潜力，而是表明需要进行更多的研究。

No. 308 用于模拟经直接施用、喷雾漂移、流失、排出、废物处理、工业、家庭或农业污水、大气沉降等途径进入水生沉积物系统中有机化学品的好氧和厌氧转化特性。

No. 311 用于评价有机物潜在的厌氧生物降解性的筛查方法。受试物在规定条件下于污泥中暴露60天，如果甲烷和二氧化碳气体的产量能达到理论气体产生量的75%～80%，即推断是完全厌氧生物降解。

No.314描述了确定有机化学品初级生物降解和最终生物降解的程度和动力学的方法，这些有机化学品进入环境的途径始于将其排放到废水中。它包括五个模拟试验：①下水道系统；②活性污泥；③厌氧消化池污泥；④地表水混合区的处理出水；⑤直接排放到地表水中的未经处理的废水。

6.4.2.2 ISO标准

国际标准化组织主要基于经合组织准则制定了一系列评价有机化合物和塑料在淡水中好氧生物降解性的标准试验方法，适合大多涉及水介质中有机化合物生物降解性的测定。

ISO 10634描述了四种受试样品制备方法，分别是直接添加、超声波分散、在惰性载体上吸附（例如硅胶或玻璃纤维过滤器）、用乳化剂制备分散体或乳液，提供了使水溶性差的有机化合物（液体或固体）引入试验系统介质并使其保持分散状态的技术。经过预处理后，可使用标准方法测试好氧水介质中的生物降解，但基于DOC测量的方法通常不适用。

测试好氧生物降解性的方法主要有ISO 7827（DOC消减试验）、ISO 9408（密闭瓶O_2消耗测定法）、ISO 9439（CO_2产生量测定法）、ISO 9887（SCAS试验）、ISO 9888（Zahn-Wellens试验）、ISO 10707（BOD测试法）、ISO 10708（两相密闭瓶BOD测试法）、ISO 14593（CO_2顶空试验）等。其中，ISO 9887和ISO 9888具有较高的接种浓度，并且不受最短28天的测试时间限制，可用于确定化学品的固有生物降解性，这与经合组织的固有生物降解性测试指南相对应。ISO 10707在封闭的瓶子中进行，无需搅拌或通气，其特点是微生物密度相当低、试验样品浓度较低（2mg/L），这种测试低生物降解潜力的方法特别适用于挥发性和具微生物抑制性的化合物。试验方法ISO 7827、ISO 9408、ISO 9439、ISO 10708和ISO 14593的微生物密度和试验样品浓度均相当高，因此测试结果都显示出受试物具有更高的生物降解潜力。

ISO 14592是为了评估实际水生环境中低浓度物质的生物降解性而开发的，其特点是微生物密度低、试验样品浓度非常低（<200μg/L）。其中，ISO 14592-1是模拟静止水体（湖泊或池塘）的一组试验方法，ISO 14592-2是模拟流动水体（河流）的动态试验方法。

ISO 11733（活性污泥模拟试验）模拟废水处理厂的条件，接种物浓度较高，其技术内容对应于OECD No.303A。

6.4.2.3 CEN和CEC标准

欧洲标准化委员会针对有机化学品和塑料在淡水中的好氧生物降解性制定了标准测试方法，内容参考了现有的 ISO 标准。具有代表性的法规是 EC/NO. 648，该法规是欧盟为了规范洗涤剂和表面活性剂市场、使产品能在欧盟内部市场统一销售，于 2004 年颁布、2005 年 8 月生效实施的专门性法规。该法规对表面活性剂和洗涤剂原料、成分、标签、包装及销售等一系列过程做出了强制性规定，并在附录 2 和附录 3 中对洗涤剂用表面活性剂的初级和最终生物降解性的测试方法和通过标准做出了统一规定（表 6-5）。

表 6-5 欧盟 NO. 648 法规中关于表面活性剂生物降解性测试方法的规定

项目	培养方法	分析方法	判据
初级生物降解性	连续活性污泥法	EN ISO 11733:2004(activated sludge simulation test); 阴离子表面活性剂:亚甲蓝活性物质(MBAS)法; 非离子表面活性剂:铋活性物质(BiAS)法; 阳离子表面活性剂:二硫蓝活性物质(DBAS)法; 两性表面活性剂:DIN 38 409-Teil 20 或金橙Ⅱ法; 特定仪器分析方法(如 HPLC 或 GC)	>80%
最终生物降解试验方法 A	密闭容器,通入空气(无 CO_2),搅拌或不搅拌	EN ISO Standard 14593:1999(CO_2 headspace test); Directive 67/548/EEC Annex V. C. 4-C(CO_2 evolution modified sturm test); Directive 67/548/EEC Annex V. C. 4-D (manometric respirometry); Directive 67/548/EEC Annex V. C. 4-E(closed bottle); Directive 67/548/EEC Annex V. C. 4-F(MITI-Japan)①	>60%
最终生物降解试验方法 B	溶解有机碳测定	Directive 67/548/EEC Annex V. C. 4-A(Dissolved Organic Carbon DOC Die-Away); Directive 67/548/EEC Annex V. C. 4-B (Modified OECD Screening-DOC Die-Away)	>70%

① “MITI” 为日本通商产业省（Japanese Ministry of International Trade and Industry）的简称，现日本经济产业省。

欧洲协作委员会制定的 CEC-L-33-A93 试验方法是目前被广泛认可的用于测定非水溶性润滑剂生物降解性的试验方法。该试验方法来自 1982 年建立的生物降解暂定评价方法 CEC-L-33-T82，当时主要是为舷外二冲程发动机油制定的，但很快被欧洲各国广泛承认，成为润滑剂生物降解性测试的标准方法，1993 年正式批准为 CEC-L-33-A93 试验方法。该法是将受试物与细菌混合后进行好氧培养，在规定温度、时间条件下，测定培养液中碳氢化合物残余量并以参考物作对比，经分析计算得到降解率数据。该测试结果要求重复误差不大于 10%、再现误差不大于 20%。CEC-L-33-A93 方法适用于非水溶性纯物质和成品的试验，尽管测定的是受试物的初始降解性，但也体现了最终降解性，加之其相对良好的重复性，被广泛用于润滑油行业的各种润滑剂生物降解性测试。

6.4.2.4 ASTM 标准

ASTM D5864 和 ASTM D6139 通过考察 CO_2 产气量测定水溶性或水不溶性的化学添加剂或成品润滑剂的水体好氧生物降解性，但不能用于测试易挥发的或对接种物具有抑制性的受试物。ASTM D6731 适用于评估非挥发性和挥发性润滑剂的水体好氧生物降解性，但要求受试物对接种物不能有毒害作用。这几项标准中规定了接种物来源（废水处理厂的活性污泥、二级出水、地表水、土壤提取物或它们的混合物）和接种物中微生物的数量。

ASTM D7373 采用生物动力学模型预测润滑剂的生物降解性，该标准方法中给出了一些常见润滑油生物降解性相关系数（ECB），据此可对润滑剂的可生物降解性进行简单判断，其显著优点是可以在不使用微生物的情况下快速评估样品在实验室环境中的生物降解性。

6.4.2.5 JISC 标准

针对离子型表面活性剂和非离子型表面活性剂的生物降解性测试，JIS K 3363 规定了振荡试验培养法测试生物降解性的方法，即使用经受试物驯化培养的活性污泥作为接种物，在样品中振荡培养该活性污泥，根据表面活性剂浓度的变化测试受试物的生物降解性。

针对洗涤剂的生物降解性测试，JIS K 3370 和 JIS K 3371 分别用于测试厨房用合成洗涤剂、织物洗涤用合成洗涤剂的快速生物降解性和固有生物降解性指标，均采用了 OECD No. 301 和 OECD No. 302 的方法。

在润滑油的生物降解性测试中主要采用了 OECD 标准和 ASTM 标准。在 2004 年颁布的《生分解性潤滑油 Version 2 商品認定基準》中，基于 OECD 标准（No. 301 和 No. 302）和 ASTM 标准（D5864 和 D6731），规定环保液压油（HETG、HEPG、HEES 及 HEPR）生物降解性的通过标准为 60%，且不受 OECD No. 301B 中 10 天窗口期的原则限制，只要在 28 天以内达到最终生物分解即可符合要求。

6.4.2.6 中国标准

中国国家标准化管理委员会发布的有关化学品生物降解的标准测试方法主要参考了 OECD 标准，部分标准参考了 ISO 标准和 CEN 标准。

表 6-6 为化学品快速生物降解性测试标准，对应于 OECD No. 301，《化学品 快速生物降解性 通则》（GB/T 27850—2011）对快速生物降解性的通过水平做了规定。表 6-7 为化学品固有生物降解性测试标准，对应于 OECD No. 302。表 6-8 为化学品的初级生物降解性以及在海水、土壤、污泥等特

殊环境中的降解潜力测试标准。

表 6-6 化学品快速生物降解性测试方法

标准号	试验项目	分析方法	适用化合物类型				与其他标准对应情况
			易溶/微溶于水①	难溶于水	挥发性	吸附性	
GB/T 21803	DOC 消减试验	测定溶解性有机碳	适用	不适用	不适用	视具体情况而定	OECD No. 301A
GB/T 21856	CO_2 产气试验	呼吸计量法；测定 CO_2 产生量	适用	适用	不适用	适用	OECD No. 301B
GB/T 21802	MITI 试验(Ⅰ)	呼吸计量法；测定氧气消耗量	适用	适用	视具体情况而定	适用	OECD No. 301C
GB/T 21831	密闭瓶试验	呼吸计量法；测定溶解氧	适用	视具体情况而定	适用	适用	OECD No. 301D
GB/T 21857	改进的 OECD 筛选试验	测定溶解性有机碳	适用	不适用	不适用	视具体情况而定	OECD No. 301E
GB/T 21801	呼吸计量法试验	测定氧气消耗量	适用	适用	视具体情况而定	适用	OECD No. 301F

① 受试化学品在水中溶解度应不低于 100mg/L。

表 6-7 化学品固有生物降解性测试方法

标准号	试验项目	分析方法	适用化合物类型				与其他标准对应情况
			易溶/微溶于水	难溶于水	挥发性	吸附性	
GB/T 21817	改进的半连续活性污泥试验	测定 DOC 含量	适用①	不适用	不适用	视具体情况而定	OECD No. 302A
GB/T 21816	赞恩-惠伦斯试验	测定 DOC 或 COD 含量	适用②	不适用	不适用	视具体情况而定	OECD No. 302B
GB/T 21818	改进的 MITI 试验(Ⅱ)	测定 BOD 和分析受试物残留	适用	视具体情况而定	视具体情况而定	适用	OECD No. 302C

① 水中 DOC 质量浓度不低于 20mg/L。
② 受试化学品在水中溶解度应不低于 50mg/L。

本章节内容对目前主要的表征有机物生物降解性的标准试验方法进行了简要介绍。虽然基于对有机物的降解率和降解速率进行测定可很好地反映其生物降解性能，进而推测成品生物稳定性，但各种标准方法对样品的适应性不同（如受试物的溶解性、受试物对接种物的生长抑制作用等），试验条件不同（如通气方法、试验时间、试样浓度、接种微生物浓度和微生物来源等），表征生物降解性的指标也各不相同，因此试验结果有相当差异，都具有局限性。此外，这些试验方法采用的受试物浓度较低（例如 OECD No. 301F 规定的试样浓度为 100mg/L），较适用于添加剂的生物降解性测试，对于水基金属加工液等成分复杂的混合物并不一定能获得准确的结果。再者，这些方法需要用到气相色谱仪（GC）、高效液相色谱仪（HPLC）、质谱仪（MS）、气相色谱-质谱联用仪（GC-MS）、高效液相色谱-质谱联用仪（HPLC-MS）、核磁共振波谱仪（NMR）、原子吸收光谱仪（AAS）等一些精密设备，成本较高，检测过程复杂，难以普及。但是，不通过测定样品的 COD 和 BOD 等参数，转为测定样品在降解过程中的指标、功能等因变量亦可表征其防腐性能，即采用腐败挑战试验也是非常可行的，二者本质上是相同的。

表 6-8　化学品初级生物降解性及特殊环境中降解潜力测试方法

标准号	试验目的	试验项目	分析方法	适用化合物类型				与其他标准对应情况
				易溶/微溶于水	难溶于水	挥发性	吸附性	
GB/T 15818	表面活性剂的初级生物降解率测试	振荡法培养试验	测定表面活性剂含量法；泡沫体积法；表面张力法	适用	适用	不适用	适用	无
GB/T 20778	水处理剂在好氧微生物作用下的可生物降解性能评价	CO_2 产气试验	测定 CO_2 生成量	适用	不适用	不适用	不适用	ISO 9439
GB/T 21815.1	化学品在海水中的生物降解性试验	摇瓶法试验	测定 DOC 含量	适用[①]	不适用	视具体情况而定	视具体情况而定	OECD No. 306 (shake flask method)
GB/T 27856	化学品在土壤中的好氧厌氧转化试验	生物降解试验	测定受试物转化率、转化产物性质及其生成率、降解率	适用	适用	不适用	适用	OECD No. 307

续表

标准号	试验目的	试验项目	分析方法	适用化合物类型				与其他标准对应情况
				易溶/微溶于水	难溶于水	挥发性	吸附性	
GB/T 27857	有机物在消化污泥中的厌氧生物降解性试验	气体产量测定法	呼吸计量法;测定CH_4、CO_2产生量	适用	适用	不适用	适用	OECD No. 311

① 受试化学品在水中溶解度以C计应不低于5mg/L。

6.5 腐败挑战试验

水基金属加工液中的有机物（如醇胺、表面活性剂、腐蚀抑制剂）浓度的降低、微生物量的增长等都是有机物被降解的表现。此外，在微生物污染的发展过程中常会伴随着与降解有关的现象，如功能衰减、安定性下降（破乳、泡沫等）、逸出臭气、出现黏液等。腐败挑战试验便是基于对这些现象及结果进行测定来做出定性或定量评价，其方法本质上和第6.4节是一样的，但具有其独特的优势：操作便利且成本低廉，受试样品可在较高的浓度进行试验，可不用考虑样品中是否含有对微生物起抑制作用的物质，试验条件和接种物选取得当时试验结果与现场实际情况具有良好的符合性等。

腐败挑战试验可分为动态评价法和静态评价法两类。动态评价法有曝气法、鱼缸法、振荡试验培养法等，其特征是受试样品、接种物和附加营养物质处于连续或间歇的机械混合条件下，均一性较好，模拟现场条件好；静态评价法有静置玻璃瓶筛选试验法、空气接种法等，其特征是容器内的受试样品和接种物等处于相对静止状态，操作便利，但接种强度和频率不易控制。但无论是何种试验方法，以下原则是一致的：①受试样品在培养介质中为溶解或分散状态，并接种微生物；②在设定的环境条件下进行一定时间的培养；③测定微生物降解导致的指标变化；④对受试物受到微生物影响的程度进行评价。

6.5.1 动态评价法

6.5.1.1 曝气法

ASTM E2275—2014提供了一种测试金属加工液微生物分解抗力、杀菌剂作用速度和持久性的标准试验方法。该标准最早于2003年发布，取代了ASTM D3946—92（1997）和ASTM E686—91（1998），后两者于2004

年4月撤销。

ASTM E2275—2014试验中采用的装置如图6-3所示，每套装置可用于检测1个受试样品。罐体为带金属盖子的方形玻璃瓶，容积960mL（也可使用容积1L的罐头瓶）。使用玻璃管（直径6.35mm，长度15cm，端部经火抛光处理）、硅胶或聚乙烯软管（直径6.35mm）连接各组件，曝气管出口距离罐底1.0～1.5cm，放气管伸入罐内1～2cm，每只气体阀门连接一套试验装置。试验器件经高温蒸汽灭菌处理后使用。

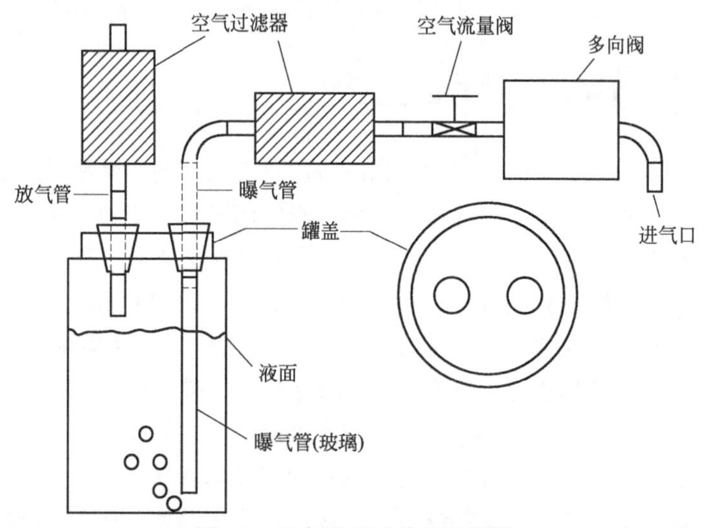

图6-3　曝气法试验装置示意图

试验所需材料、检测项目分别见表6-9和表6-10。

表6-9　试验材料及其技术要求

试验材料	材料技术要求
样品	待测样品若干组，对照样品一组。根据试验目的，对照样品可以是： (a)经检验具有良好微生物抗力的杀菌剂或金属加工液样品； (b)没有加入杀菌剂的金属加工液样品，接种或未接种
稀释浓度	用于评价杀菌剂：5%(体积分数)；用于评价金属加工液：实际使用浓度范围的下限和上限
水	使用Ⅲ类试剂水(如蒸馏水、去离子水、电渗析水、反渗透水)配制人工硬水
菌种 (接种物)	(a)标准菌种：从变质金属加工液中分离、培养和鉴定得到的特定微生物，或购买标准菌株，如嗜水气单胞菌(ATCC 13444)、白色念珠菌(ATCC 752)、脱硫弧菌(ATCC 7757)、大肠埃希菌(ATCC 8739)、铜绿假单胞菌(ATCC 8689)等。标准菌种在用于试验前仍需经过适应性繁殖。 (b)非标准菌种：适应在待测样品中生存的菌种，可使用已变质金属加工液或标准菌种经驯化获得(菌落总数≥10^9CFU/mL)

续表

试验材料	材料技术要求
空气	压力<110kPa,不含有机蒸气、有机物或其他杂质。 如接种微生物是特定标准菌种,需将空气过滤后使用
切屑	根据加工对象,可使用铸铁屑、有色金属屑、陶瓷粉末等,经有机溶剂清洗并干燥处理后使用
微生物培养基	针对微生物种类选择对应的培养基;或使用测菌片

表 6-10　检测项目和试验方法

项目	具体内容	试验方法
感官指标	容器壁和液体内的絮状物或黏液	目测
	分离现象(浮油、析皂等)	目测
微生物指标	菌落总数	ASTMD5465
	免疫支原体	ASTM E2563、E2564、E1326
	三磷酸腺苷	ASTME2694
化学指标	碱度	ASTMD1067
	pH 值	ASTME70
	化学需氧量	ASTMD888
	成分分析(杀菌剂,或其他特定成分)	GC、HPLC、滴定法、光度计法①
物理指标	乳化稳定性	ASTMD3342
	防锈性	ASTMD4627
	起泡性	ASTM D3519、D3601

① 标准原文未给出该项目的具体检测方法，此处列出常用成分分析方法供读者参考。

(1) 杀菌剂作用速度评价方法

本试验旨在评定杀菌剂减少微生物活菌数、恢复初始状态的速度。因杀菌剂制造商在其产品资料里面提供了建议加入量，所以在评价单一杀菌剂作用速度时，可在杀菌剂活性物质的允许剂量范围内选择最小值、中间值、最大值进行对比试验；在对比不同杀菌剂作用速度时，则应基于相同活性物质剂量进行比较。试验流程如下：

① 为每个测试样品和一个对照样品搭建各自的试验装置并调试。对照样品中不加入杀菌剂。

② 在每个罐中加入 800mL 接种物。

③ 开始曝气，调整空气流量，使每个曝气管气泡溢出速度为 1～3 个/s。

④ 向每个试验微系统中添加足够量的杀菌剂，以达到所需的剂量。用式(6-2) 确定适当的投放剂量。

$$V_m = V_f \times D \tag{6-2}$$

式中，V_m 为杀菌剂投放剂量，μL；V_f 为液体总体积，L；D 为杀菌剂浓度，μL/L。

⑤ 在试验期间，连续曝气 5 天。

⑥ 试验过程中，在 6 个时间节点取样：$T1$＝加入杀菌剂 10min 以内；$T2$＝4h；$T3$＝8h；$T4$＝24h；$T5$＝72h；$T6$＝5d。

⑦ 对取样进行检测与数据分析。

(2) 杀菌剂效力持久性评价方法

该方法用于评价单个杀菌剂或杀菌剂组合保护金属加工液免受微生物污染的持久性效果，也可用于确定杀菌剂产品和剂量的有效性。如用于评价池边添加杀菌剂的有效性，则试验用稀释液样品中可含有相应剂量的杀菌剂。试验流程如下：

① 为每个测试样品和一个对照样品搭建各自的试验装置并调试。

② 在每个罐子内加入 715mL 试验液体，可根据需要加入 10g 切屑。然后加入 85mL 接种液，倒置容器至少 10 次，使液体完全混合均匀。

③ 持续曝气 5 天后，暂停曝气 2.5 天，然后再持续曝气 5 天（即周一至周五持续曝气，周五下班至下周一上班的时间段内停止曝气，模拟了金属加工液用户周末停机的工况）。暂停曝气后，观察试验液体的外观状态，然后添加水补充蒸发损失，混合均匀后取出 640mL 液体进行检测。取样后，添加 630mL 新配制的金属加工液稀释液和 10mL 接种物。重复循环操作至少六个星期或直至杀菌剂失效为止。

④ 取样操作：每 7 天取一次样。

⑤ 对取样进行检测与数据分析。

金属加工液循环系统的液体损失是由蒸发、带耗和飞溅造成的，其中，蒸发会带走水分、增加金属加工液的浓度，带耗一般会降低金属加工液的浓度，飞溅（雾等）往往会减少总的液体体积。这三种过程的净效应及其对液体体积和浓度的相对影响在金属加工作业中差异很大，每周取出 640mL 的液体可以模拟每天大约 11％的液体损失。如果试验者有用户现场的工作液损失率数据，则可相应调整本试验中采用的交换体积，以更准确地反映现场操作条件。

(3) 金属加工液样品抗微生物污染性能评价方法

本试验方法用于比较两种或两种以上金属加工液配方的抗微生物污染性能，其结果是相对微生物抗力，而非用户现场实际性能。试验流程如下：

① 为每个测试样品和一个对照样品搭建各自的试验装置并调试。

② 在每个罐子内加入 85mL 接种液，可根据需要加入 10g 切屑。加入

715mL 试验液体，以确保接种物至少为液体总量的 10%。倒置容器至少 10 次，使液体完全混合均匀。

③ 开始曝气，调整空气流量，使每个曝气管气泡溢出速率为 1～3 个/s。

④ 持续曝气 5 天，然后加水弥补蒸发损失量，使总体积恢复到 800mL。暂停曝气 2.5 天，然后再持续曝气 5 天，然后加水使总体积恢复到 800mL。

⑤ 在试验期间，分别在 5 个时间节点取样：$T1$＝开始曝气前，将新鲜金属加工液与接种物混合 30min 内；$T2$＝曝气第 2 天；$T3$＝曝气第 5 天；$T4$＝周末停止曝气周期结束时；$T5$＝第二个 5 天曝气周期结束时。

⑥ 对取样进行检测与数据分析。

6.5.1.2 鱼缸法

鱼缸法也称循环法，试验装置由玻璃/塑料容器和水泵等组成，由泵驱动试验液体在微系统内循环流动，定期进行补液和接种，模拟用户现场工况以完成微生物挑战试验。该试验的接种物通常取自用户现场的腐败液，其中的微生物已经对环境具有适应性（经历了驯化过程）；也可使用受试物在特定环境下进行预先培养，提高微生物的适应性和选择性，强化微生物群落对受试物的生物分解能力。

一种常用的鱼缸法动态评价金属加工液生物稳定性的装置如图 6-4 所示，装置主要包括一个储液箱（可配备控温功能）、循环水泵、过滤器、管路等组件。试验步骤和试验条件如下：

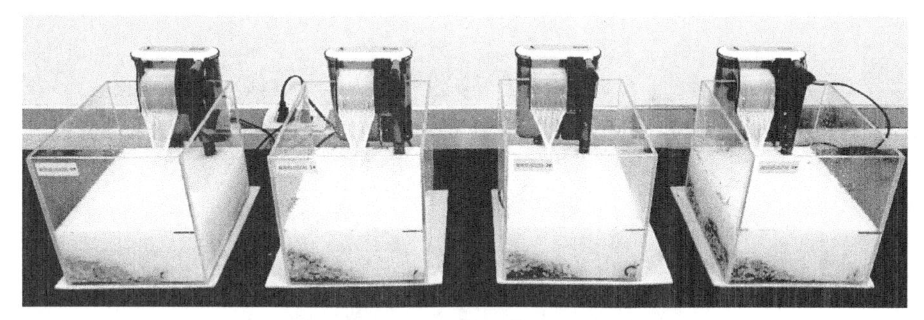

图 6-4　鱼缸法生物稳定性试验装置
（图片来源：上海森帝润滑技术有限公司）

① 配制 4L（或 4kg）预定浓度的稀释液，水质可选择用纯水、自来水或特殊水源。

② 加入稀释液总质量 10%的干燥铸铁屑、5%的干燥铝屑、2%的杂油（如液压油），并标记液位线。

③ 控制试液温度为 40～45℃或室温，开启水泵循环，使稀释液经过滤

后重新泵入液箱内。

④ 第1天试验开始时加入腐败液（内含经驯化的菌种），并标记液位线，随后第2天、第3天执行同样操作。从第7天开始，每周补充一次腐败液，并补充水至液位线。

⑤ 试验持续4～8周，记录外观、气味指标，同时取100mL左右试样，滤掉杂油和杂质，然后检测pH值、防锈性能、菌落总数、稀释液浓度等指标。对试验结果进行对比分析，综合评价受试样品的抗腐败能力。

上述试验过程中的试验条件可以根据客户现场情况进行合理的调整，如选择客户现场的金属屑及杂油、接种物及接种程序可根据试验目的灵活设置、可加入腐败促进剂以及增加必要的考察项目。该试验方法微生物作用条件好，试验系统结构简单，试验者可灵活搭建装置，模拟产品应用环境效果好，可用来评价金属加工液成品的微生物稳定性和杀菌剂的性能，但无法营造密闭的试验环境。

6.5.1.3 振荡试验培养法

振荡试验培养法也称为锥形瓶法，是将液体受试物和接种物、切屑、矿物油等放置在锥形瓶中，锥形瓶置于生物恒温培养摇床内以30～60r/min的速度进行回旋式振荡，定期进行补液和接种，并检测相关指标。试验者可根据具体需求决定在样品中放置切磨屑的种类及用量、接种量及接种频率，以及是否需要加入其他污染物。其试验装置如图6-5所示。

图6-5 锥形瓶法生物稳定性试验装置

（图片来源：上海万厚生物科技有限公司）

该法微生物作用条件好，操作较为便利，适合大量样本测试，且温度可控、可采用敞开与密闭两种形式，适用范围广，可用于杀菌剂或成品的生物稳定性评价。但是样本量一般较少（500～1000mL），培养环境与实际工况差别较大。

6.5.2 静态评价法

6.5.2.1 静置玻璃瓶筛选试验

静置玻璃瓶筛选试验是一种非常容易实施的腐败挑战试验，其基本试验流程是：在 200mL 的玻璃容器（如锥形瓶、烧瓶等）内装入试验液 100mL、铸铁屑 10g、润滑油 5g，以及水基金属加工液的腐败液 5g，每个受试样品准备 4 份，密封或不密封在 37℃放置 4 周。试验开始后，每隔 1 周取出 1 份样品，进行外观、pH 值、菌落总数等指标分析，根据 pH 值的降低幅度和微生物的繁殖程度推断其腐败状态，进而做出受试样品的生物稳定性评价。

该法的优点是能够简便高效地进行多种金属加工液间的比较或金属加工液不同稀释浓度间的比较，但在静态条件下混合及充氧不足，与用户现场工况符合性差。

6.5.2.2 空气接种法

空气接种法是将添加剂或成品的水稀释液暴露在空气中，以空气浮游微生物为接种物，并可同时加入金属屑等污染物的试验方法。该法操作简单，无需特殊设备即可完成，但接种强度低，一般仅适用于不含抗微生物剂的添加剂或成品测试。图 6-6 为某近中性乳液（10%）的空气接种法试验结果。由于该受试样品中不含杀菌剂，故在室温条件下的抗菌性较差。

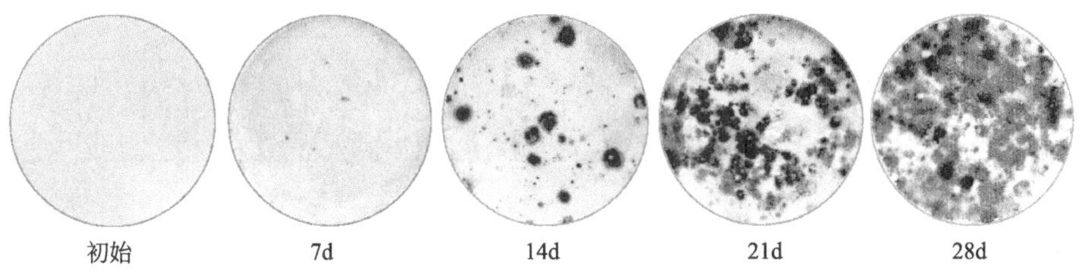

图 6-6 某近中性乳液空气接种法试验结果

（图片来源：上海森帝润滑技术有限公司）

6.6 生物稳定型水基切削液的开发

生物稳定型水基切削液是顺应国家环境政策和行业发展趋势的前沿产品，其开发的主要难点在于原材料的选择、复配技术，以及成本限制。在产品开发过程中，需要针对配方中各组分进行优化，其中有机胺的组成及其比例对生物稳定性、浓缩液储存稳定性、稀释液乳液粒径、润滑性能（可用加工面粗糙度表征）、防腐蚀性能等均有显著影响，对产品综合性能的发挥起到了决定性作用。因此，本案例以乳化切削液为开发对象，首先对有机胺的生物稳定性进行对比研究，然后以此为基础设计生物稳定型水基切削液配方。

6.6.1 有机胺的生物稳定性评价

有机胺对水基切削液（乃至所有碱性的水基金属加工液）产品的生物稳定性取决于自身分子结构的微生物分解抗力和对环境 pH 条件的维持能力，其分子结构的生物稳定性是核心要素。本节试验内容考察了 5 种有机胺对配方生物稳定性能的影响，分别为二乙醇胺（DEA）、一异丙醇胺（MIPA）、二异丙醇胺（DIPA）、二甘醇胺（DGA）、2-氨基-2-甲基-1-丙醇（AMP）。

6.6.1.1 考察对象的基本性质

考察的 5 种有机胺的基本信息见表 6-11，分子结构见图 6-7。

表 6-11 5 种有机胺的基本性质和参数

项目	DEA	MIPA	DIPA	DGA	AMP
类型	仲胺	伯胺	仲胺	伯胺	伯胺
CAS 号	111-42-2	78-96-6	110-97-4	929-06-6	124-68-5
摩尔质量/(g/mol)	105.14	75.11	133.19	105.14	89.14
分子式	$C_4H_{11}NO_2$	C_3H_9NO	$C_6H_{15}NO_2$	$C_4H_{11}NO_2$	$C_4H_{11}NO$
水溶性	易溶	易溶	易溶	易溶	易溶
气味(6 级强度法)	弱	强	弱	明显	强
相对碱度(以 DEA 为 1.00)	1.00	1.40	0.72	0.97	1.09
相对成本(以 DEA 为 1.0)	1	1～2	1.5～2.5	3～3.5	6～7

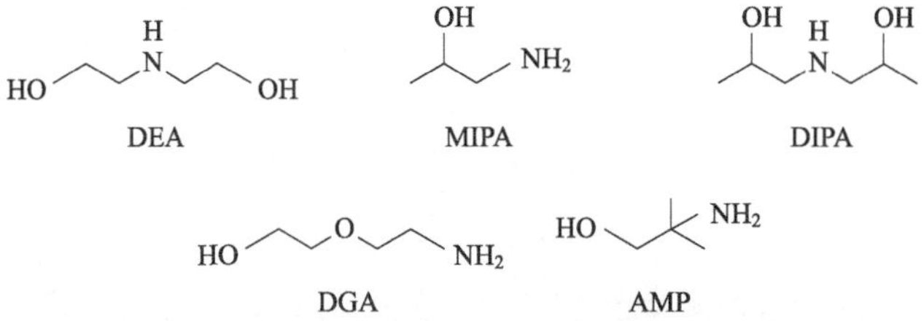

H
N
HO OH
DEA
OH
NH_2
MIPA
OH H OH
N
DIPA
HO O NH_2
DGA
HO NH_2
AMP

图 6-7 5 种有机胺的分子结构

其中，碱度的测定方法如下：使用一定浓度的稀盐酸溶液分别对 5 种有机胺的水溶液（1%，质量分数）进行滴定，记录稀盐酸溶液消耗量与水溶液 pH 的关系，按照式(6-3) 计算考察对象的碱度（等效为单位样品含

KOH 的质量)，其单位通常为 mg/g (以 KOH 计)。根据 5 种有机胺的滴定曲线 (图 6-8)，取 pH 滴定终点为 4.0 时的稀盐酸溶液消耗量计算碱度值。

$$碱度=\frac{C_{\mathrm{HCl}}\times V_{\mathrm{HCl}}\times M_{\mathrm{KOH}}}{m_{胺}} \tag{6-3}$$

式中，C_{HCl} 为盐酸溶液的物质的量浓度，mol/L；V_{HCl} 为盐酸溶液的消耗体积，mL；M_{KOH} 为 KOH 的摩尔质量，56.1g/mol；$m_{胺}$ 为有机胺的质量，g。

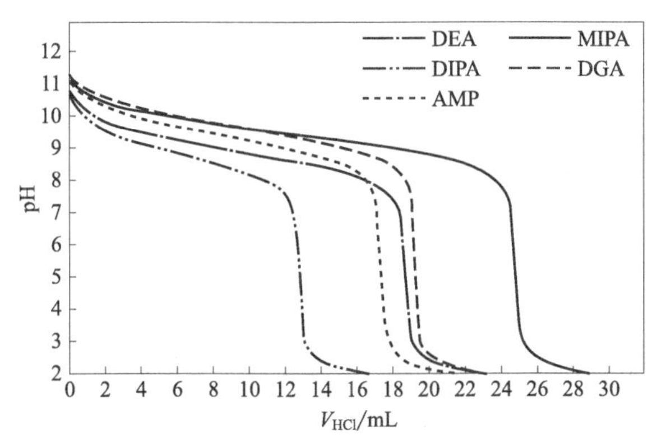

图 6-8　5 种有机胺在等质量浓度时的盐酸滴定曲线

6.6.1.2　试验方案设计与试验数据

以某黑色金属加工乳化油配方为基础 (表 6-12)，考察不同有机胺组分对配方生物稳定性等指标的影响。由于同等质量的有机胺在碱储备能力上具有明显差别，评价有机胺的微生物分解抗力，宜在试验方案中加入同等物质的量的有机胺，则各浓缩液样品的碱度值基本相当。

表 6-12　试验配方组成

样品组分	样品编号及组分比例(质量分数)/%					成分说明
	1#	2#	3#	4#	5#	
基础油	45	45	45	45	45	环烷基矿物油
合成酯	16	16	16	16	16	三羟酯+自乳化酯
防锈剂	5.2	5.2	5.2	5.2	5.2	二元羧酸+硼酸+BTA
脂肪酸	6.5	6.5	6.5	6.5	6.5	妥尔油 D30LR+二聚酸 A
乳化剂	6.5	6.5	6.5	6.5	6.5	异构醇聚氧乙烯(9)醚+磺酸钠 460A
耦合剂	1.5	1.5	1.5	1.5	1.5	格尔伯特醇(C_{13}~C_{16})
稳定剂	1	1	1	1	1	醇醚羧酸盐

续表

样品组分	样品编号及组分比例(质量分数)/%					成分说明
	1#	2#	3#	4#	5#	
有机胺	10.0 (DEA)	7.1 (MIPA)	14.0 (DIPA)	10.3 (DGA)	9.2 (AMP)	胺的比例以配方碱度相等为原则确定
水	余量	余量	余量	余量	余量	RO水
总量	100	100	100	100	100	

腐败挑战试验采用鱼缸法，试验条件见表6-13。试验开始后，在新鲜试样第一次加入接种物循环10min时，以及第3、7、14、21、28天时分别取出100mL试样用于检测分析。每日补充一次自来水以弥补蒸发损失量，并在补水并充分循环后取样。

表6-13 腐败挑战试验条件

试验材料	试验条件	试验材料	试验条件
稀释液数量	4L	稀释浓度	5%(质量分数)
稀释用水	自来水(硬度≈200mg/L)	温度	室温
接种物	取自用户现场腐败液(菌落总数=10^8CFU/mL)	腐败促进剂	磷酸氢二钾(K_2HPO_4)，磷元素加入量为50mg/L
接种程序	前3天每天加入稀释液体积的3%，第7天加入稀释液体积的1%，以后每隔7天加入稀释液体积的1%	附加污染物	铸铁屑400g,铝屑200g，不加入液压油等杂油
试验开始时的pH	使用氢氧化钾(KOH)或盐酸(HCl)将稀释液pH调整为9.00±0.05	循环程序	启动16h,停机8h,交替进行

腐败挑战试验评价指标及检测方法见表6-14。

表6-14 腐败挑战试验评价指标及检测方法

评价内容		检测方法
一般性状	外观(颜色、析油析皂),气味(有无臭气)	感官法
	稀释液浓度	折光仪法
	pH	电极法
	防锈性	铸铁屑试验(JB/T 9189)
	菌落总数(细菌)	dip slide测菌片
有机胺在工作液中的浓度		离子色谱法

外观、气味、防锈性能试验结果见表6-15，其他试验数据见图6-9～图6-12。其中，析油析皂指标用于评价乳化液的安定性，鉴于取样测试误差较

大，故以目视观察结果作为评价依据。需要注意的是，不同有机胺的化学性质对试验样品的乳化稳定性有一定影响，在试验结果评价过程中应予以考虑。

表 6-15 腐败挑战试验结果

样品编号	检测项目	试验结果						
		0d	1d	3d	7d	14d	21d	28d
1#	颜色	乳白色	乳白色	乳白色	乳白色	灰色	灰色	灰色
	气味	无臭味	无臭味	无臭味	微臭味	臭味	臭味	臭味
	析油析皂	无	无	少量浮油	少量浮油	较多浮油	较多浮油	较多浮油
	防锈性/级	0	0	0	1	1	2	2
2#	颜色	乳白色	乳白色	乳白色	乳白色	灰色	灰色	灰色
	气味	无臭味	无臭味	无臭味	微臭味	臭味	臭味	臭味
	析油析皂	无	无	无	少量浮油	少量浮油	较多浮油	较多浮油
	防锈性/级	0	0	0	0	1	2	2
3#	颜色	乳白色	乳白色	乳白色	乳白色	乳白色	乳白色	乳白色
	气味	无臭味	无臭味	无臭味	无臭味	微臭味	臭味	臭味
	析油析皂	无	无	少量浮油	少量浮油	较多浮油	较多浮油	较多浮油
	防锈性/级	0	0	0	0	1	2	2
4#	颜色	乳白色	乳白色	乳白色	乳白色	乳白色	乳白色	乳白色
	气味	无臭味	无臭味	无臭味	无臭味	无臭味	无臭味	微臭味
	析油析皂	无	无	无	无	少量浮油	少量浮油	少量浮油
	防锈性/级	0	0	0	0	0	1	1
5#	颜色	乳白色	乳白色	乳白色	乳白色	乳白色	乳白色	乳白色
	气味	无臭味	无臭味	无臭味	无臭味	无臭味	无臭味	无臭味
	析油析皂	无	无	无	少量浮油	少量浮油	少量浮油	少量浮油
	防锈性/级	0	0	0	0	0	0	0

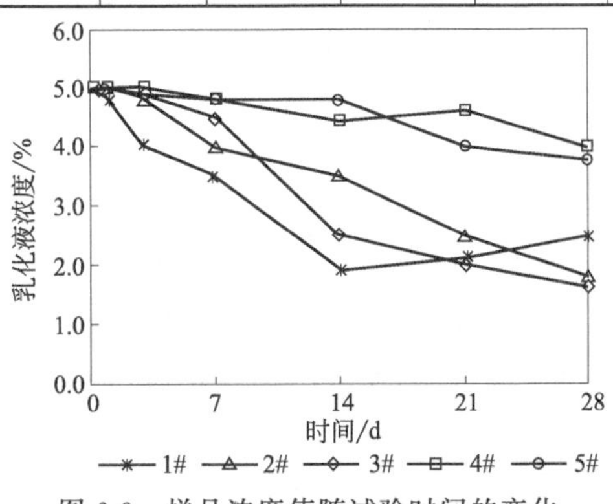

图 6-9 样品浓度值随试验时间的变化

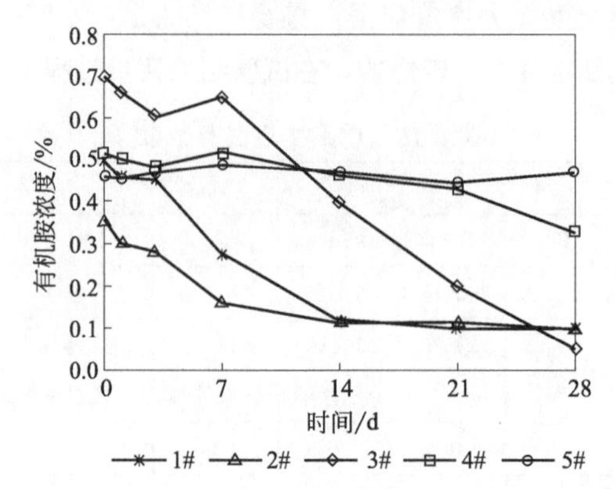

图 6-10　样品中有机胺的浓度随试验时间的变化

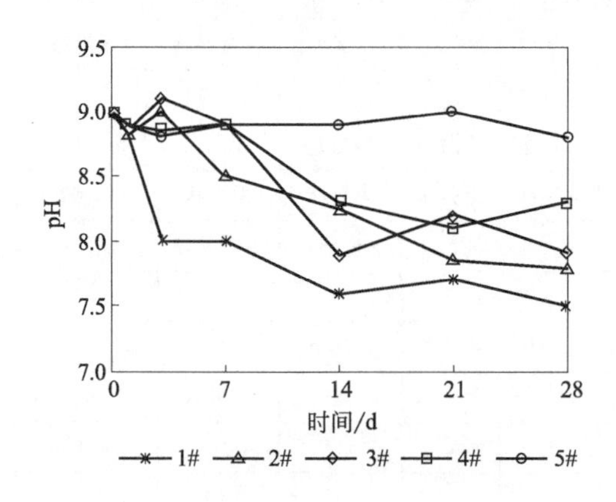

图 6-11　样品 pH 随试验时间的变化

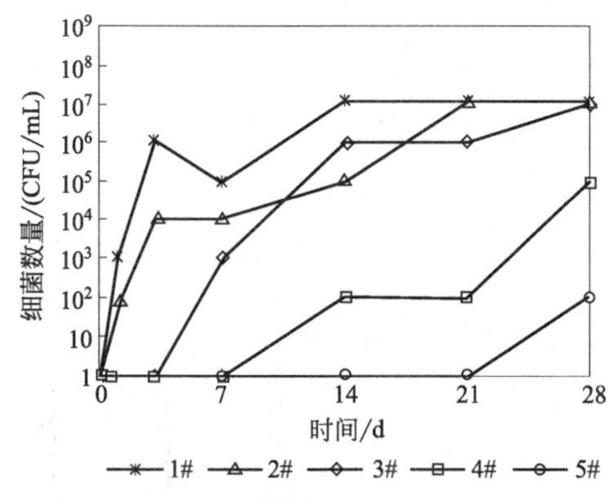

图 6-12　样品细菌数量随试验时间的变化

其他试验分析过程从略。

6.6.1.3 试验结果评价

对试验考察的5种有机胺进行综合评价，结果见表6-16。可以看出，综合性能或生物稳定性以AMP最优，DGA良好，MIPA和DIPA次之，DEA最差。由于有机胺的分子结构和理化性质、微生物污染发展态势、配方乳化特性三者之间联系紧密，故有机胺的选型非常关键。在进一步配方开发过程中，为兼顾性能与成本，可将数种有机胺复配使用。

表6-16 5种有机胺的综合性能评价结果

评价项目		DEA	MIPA	DIPA	DGA	AMP
单项指标评价	抵抗微生物分解的能力	×	△	△	○	◎
	维持pH稳定性的能力	×	×	△	◎	◎
	减少腐败臭气产量的能力	×	△	△	○	◎
	维持乳化稳定性的能力	△	△	△	○	△
	维持防锈性的能力	×	×	×	○	◎
综合评价		差	一般	一般	良好	优秀

注：◎ 优秀；○良好；△ 一般；× 差。

6.6.2 生物稳定型水基切削液配方示例

在对有机胺种类进行优选的基础上，设计了如下生物稳定型水基切削液配方方案（表6-17）。其余配方组分的筛选和优化过程从略。

表6-17 生物稳定型水基切削液技术方案

样品组分	比例(质量分数)/%	成分简要说明
基础油	42.0	环烷基矿物油
合成酯	15.0	三羟酯+自乳化酯
防锈剂	5.2	二元羧酸+硼酸+BTA
脂肪酸	6.5	二聚酸A+羧酸B
乳化剂	5.5	异构醇聚氧乙烯(9)醚+磺酸钠460A+非离子表面活性剂C
耦合剂	4.0	格尔伯特醇(C_{13}~C_{16})
稳定剂	1.0	醇醚羧酸盐
有机胺	12.5	AMP 2.5%+MIPA 4%+叔胺D 2%+DCHA 4%
杀菌剂	1.5	M-720(BIT)
消泡剂	0.2	乳化硅氧烷
水	余量	RO水
总量	100	

该产品在某客户现场用于黑色金属切削加工，常规维护程序，稳定运行一年无腐败现象出现，技术性能满足设计要求。

生物稳定型水基切削液的开发，在遵循产品配方一般规律的前提下，通过限制微生物营养源、控制环境指标、合理运用杀菌剂等手段，再辅以规范的应用管理，可以获得满意的抗微生物污染能力。目前，尽可能延长产品使用寿命是消除或降低对环境负面影响最有效的手段，这也正是生物稳定型产品的价值所在。

第7章

杀菌剂在水基金属加工液中的应用

7.1 工业杀菌剂概述

7.1.1 杀菌剂的定义

工业杀菌剂是在工业领域中用于杀灭或抑制生物体的制剂的统称，是随着人类社会工业文明的开始和各种杀菌剂的产业化发展而来的。“杀菌剂”是一个习惯使用称呼，概念上更偏向于“生物杀灭剂或生物杀伤剂（biocide）”，包括杀微生物剂、杀软体动物剂、杀螨剂、杀虫剂、除草剂等；其中“杀微生物剂”同样是一个总称，包括杀菌剂、抗菌剂、防腐剂、防霉剂、除藻剂等概念。

由于使用习惯不同，在英语中，广义的杀微生物剂概念为“microbicides”，广义的抗菌概念为“antimicrobial”；狭义的杀菌可译作“bactericides”，类似的还有杀真菌剂“fungicides”和除藻剂“algicides”等概念；同理狭义的抗菌亦译作“anti-bacteria”，类似的还有防霉“anti-fungi”、抗病毒“anti-virus”等概念。事实上一种药剂往往既能杀死或抑制霉菌、又能杀死或抑制细菌或酵母菌，或许还对藻类、软体动物有效，反而只对一种生物起作用的不多。

在实际应用过程中，各种广义的和狭义的杀菌、防腐、防霉、抗菌等概念往往被混合使用，经常不做具体的说明，比如同样的药剂在不同的行业习惯称呼不一样：异噻唑啉酮在循环冷却水行业习惯称为“杀菌灭藻剂”，在涂料行业称为“罐内防腐剂”，在金属加工液、纸浆行业称为“杀菌剂”；4，5-二氯-2-正辛基-4-异噻唑啉酮（DCOIT）在涂料行业称为“干膜防霉剂”，在塑料行业称为“抗菌剂”，在木材行业称为“木材防腐剂”，而在海洋涂料行业又称为“防污剂”。专家们完全熟悉这些区别，并认为这些概念是理所当然的，但使用者或初学者常常为之困惑，有时需要结合上下文意思或者各行业使用习惯统一考虑。为了避免混乱，可以通过下面的一个表格（表 7-1）和示意图（图 7-1）加以理解。

表 7-1　术语解释

术语	定义	来源
生物杀灭剂	所有能够杀死生物体的制剂的统称	《消毒专业名词术语》(WS/T 466—2014)
杀菌剂	包含一个或多个物质的混合物，其目的是以任何形式对有害微生物进行破坏、阻止，使之无害，预防或加以控制	欧盟 BPR 法规(EU) No 528/2012
罐内防腐剂	用于除食品、饲料、化妆品、医药产品或医疗器械以外的制成品的保存，通过控制微生物腐败来确保其保质期的产品	欧盟 BPR No 528/2012 附件五
抗菌剂	一种物质或混合物，用于破坏或抑制有害微生物，如细菌、病毒或真菌在非生物体和表面的生长	美国环保署 EPA
工业杀菌剂	在工业领域中用以杀灭和(或)抑制微生物生长的制剂	2001 年陈仪本等编著《工业杀菌剂》
防腐剂	是指能杀死、抑制和阻碍霉腐微生物生长与繁殖，防止保护对象腐朽、腐烂(腐败)或腐蚀的一类制剂	2003 年吕嘉枥主编《轻化工产品防霉技术》
微生物	在显微镜下才能看到的微小实体，包括细菌、真菌、病毒、某些原生动物和藻类	《消毒专业名词术语》(WS/T 466—2014)
杀微生物剂	能够杀灭微生物，尤其是致病性微生物的化学或生物制剂	
抗菌	采用化学或物理方法杀灭细菌或妨碍细菌生长繁殖及其活性的过程	
抗菌剂	能够杀灭微生物或抑制其生长和繁殖的制剂	
灭菌	杀灭或清除传播媒介上一切微生物的处理	
灭菌剂	能够杀灭一切微生物，达到灭菌要求的制剂	
抑菌	采用化学或物理方法抑制或妨碍细菌生长繁殖及其活性的过程	

续表

术语	定义	来源
抑菌剂	对细菌的生长繁殖有抑制作用，但不能将其杀死的制剂	《消毒专业名词术语》(WS/T 466—2014)
防霉	指产品具有耐受或阻止、抑制霉菌孢子及菌丝体的生长与繁殖的能力	《漆膜耐霉菌性测定法》(GB/T 1741—2020)
防霉剂	指能够防止易感染霉菌材料表面霉菌生长的化合物	《塑料　塑料防霉剂的防霉效果评估》(GB/T 24128—2018 / ISO 16869:2008)
杀真菌剂	用于杀灭真菌的化学或生物制剂	《消毒专业名词术语》(WS/T 466—2014)
消毒剂	采用一种或多种化学或生物的杀微生物因子制成的用于消毒的制剂	
抗藻	采用化学或物理方法杀灭藻类或妨碍藻类生长繁殖及其活性的过程	《漆膜抗藻性测定法》(GB/T 21353—2008)
防螨	指产品具有的趋避螨虫或抑制螨虫生长繁殖的能力	《纺织品　防螨性能的评价》(GB/T 24253—2009)

biocide(生物杀灭剂) ——→ bios(生命)
microbicides(杀微生物剂) ——→ microbes(微生物)
bactericides(杀细菌剂) ——→ bacteria(细菌)
fungicides(杀真菌剂) ——→ fungi(真菌)
algicides(除藻剂) ——→ algae(藻)
insecticides(杀虫剂) ——→ insects(昆虫)
acaricides(除螨剂) ——→ acarid(螨)
molluscicides(杀软体动物剂) ——→ mollusks(软体动物)
herbicides(除草剂) ——→ herb(草本植物)

图 7-1　英文字面意思的由来

(摘自：Wilfried Paulus，Microbicides for the Protection of Materials：A Handbook，1993)

就使用范围而言，目前的杀菌剂主要应用于农业、医学和工业三个方面：①农业杀菌剂主要包括大田农药、兽药、水产养殖及相关的品种；②医学杀菌剂主要是控制人体健康的药物及相关的品种；③如无特别法规规定，其他杀菌剂基本都可以归为工业杀菌剂的范畴。不过，对于某一种杀菌剂来说，其归属并不都是唯一的或固定的。杀菌剂就其本身而言，就是一个化学物，用于农业领域，就是农业杀菌剂；用于医学领域就是医用杀菌剂；同样用于工业领域，就是工业杀菌剂。一般认为，工业杀菌剂主要保护工业产品制造过程、储存过程以及使用过程三个阶段免于有害生物的侵蚀，分别称为杀菌剂、罐内防腐剂和干膜防霉剂、抗菌剂、防污剂、驱螨剂及表面消毒剂等。在实践中，“杀菌”并不意味着一定需要把微生物杀死，虽然有一部分杀菌剂是能够对微生物有杀灭作用，但是大多数的杀菌剂对微生物只是起到抑制其生长和繁殖的作用。另外，许多杀菌剂对微生物的“杀死”或“抑制”是与它的使用剂量或接触时间密切相关的，在低剂量或短时间接触时可能只是抑制作用，而在高剂量或长时间接触时则可能引起杀灭作用。不过，在杀菌剂的实际应用时，由于使用对象、环境条件、目标微生物种类和数量的差异等原因，这个“阈值”是很难掌握的。其实不论微生物是“杀死作用”或“抑制作用”，乃是在程度上的划分，均属于“微生物控制”，也就是说微生物的生长和繁殖不能超出一定范围，或使其按控制者的意愿活动。

7.1.2 杀菌剂的作用机制

杀菌剂中的杀菌活性物质，只有在以足够的浓度、足够的时间与微生物细胞直接接触的情况下，才能产生作用。杀菌剂对微生物的影响是多方面的，通常是影响微生物的生长分裂、孢子萌发、细胞膨胀以及呼吸受到抑制、细胞壁的破坏和细胞质的瓦解等，其实质是微生物细胞相关的生理、生化反应和代谢活动受到了干扰和破坏，最终导致微生物的生长繁殖受到干扰和破坏，最终导致生长繁殖被抑制乃至死亡。

杀菌活性成分可以作用于微生物细胞的各个部分，从细胞壁直至核蛋白体，且通常可以同时作用于多个部位，其作用机制可以归纳为破坏菌体结构、影响代谢作用和生理活动两大类。

(1) 破坏菌体的结构

① 对细胞壁的作用。细胞壁受杀菌剂的影响一般有三种情况：细胞壁上的物质被溶解破坏；细胞壁附近的一些酶类活性受到抑制；细胞壁的生物合成受到影响。

② 对原生质膜的作用。杀菌剂破坏原生质膜的方式主要有三种：破坏脂质分子与蛋白质的定向排列，损害蛋白质结构的基本骨架，使菌形变化直至死亡；改变原生质膜的表面电荷，破坏其通透性，致使各种代谢物质渗出胞外；抑制细胞质膜的合成。具有该类作用机理的是季铵盐类杀菌剂。

③ 对细胞内容物的作用。细胞内容物受到杀菌剂的作用主要有三类：干扰细胞器内的各种生物化学反应，如酚类杀菌剂；破坏蛋白质分子的结构和生理活性，如氯剂；影响核酸（包括 DNA 和 RNA）的合成、转录及复制等。

(2) 影响代谢作用和生理活动

① 对酶体系的作用。杀菌剂对酶的作用可分为对酶的形成、酶的活性两

个方面。一些杀菌剂能够通过刺激或阻抑酶的合成，使菌体内物质代谢失去平衡，达到抑制微生物生长的目的；某些杀菌剂还可通过进入酶系的活性中心使其失去活性。另外，杀菌剂可通过破坏酶的立体结构、竞争性抑制、假反馈性抑制、对辅酶的抑制、对基质的改变等途径抑制酶的活性；亦可提高酶的活性，从而加剧不正常代谢，或者造成人工反馈性抑制，使微生物中毒。

② 抑制呼吸作用。微生物通过呼吸作用获得其生命活动所需的能量，其中，糖酵解——三羧酸循环、电子传递系统、氧化磷酸化是三个主要的能量代谢活动，只要杀菌剂能抑制能量代谢中的任何一个环节就能抑制微生物的生长繁殖。

③ 对有丝分裂的影响。DNA、RNA 和 mRNA 是细胞遗传和蛋白质合成的物质基础，杀菌剂可以“掺假”到核酸中去，还能抑制蛋白质的合成，新的细胞也就无法形成。

7.1.3 杀菌剂的分类

众所周知市面上出售的有机杀菌剂数量大，品种多，对其进行精准分类是比较困难的，本书根据现有的资料，试从以下几方面进行分类。

7.1.3.1 按作用机理分类

工业杀菌剂按照作用机理可分为亲电活性和膜活性，亲电活性按照杀菌机理又可分为电负性和氧化性两大类，膜活性又可分为溶解性和质子性两大类（见图 7-2）。

7.1.3.2 按来源分类

① 天然杀菌剂。是指来自天然矿物、植物源、动物源和微生物源的化

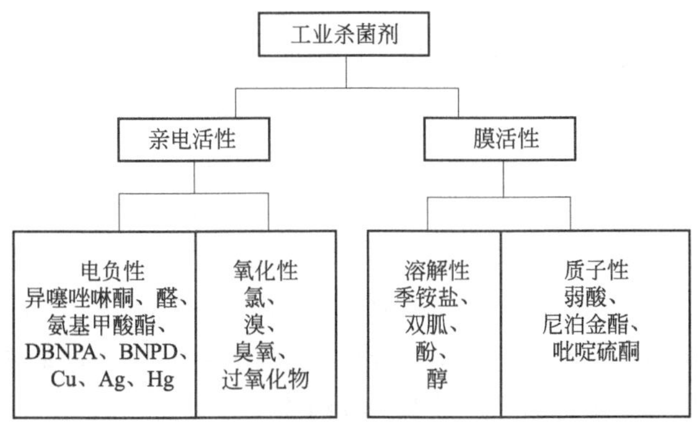

DBNPA —2, 2-二溴-3-次氮基丙酰胺；BNPD—2-溴-2-硫基-1, 3-丙二醇

图 7-2 工业杀菌剂作用机制分类

（摘自：Terry M. Williams，The Mechanism of Action of Isothiazolone Biocides，2007）

学物质，且具有杀菌作用。如硫黄、石灰、鱼精蛋白、蜂巢蜡胶、台湾扁柏精油（桧木醇）、芦荟提取物、艾菊提取物、蕺菜、茶叶（多酚）、山嵛酸、芥末提取油（烯丙基异硫氰酸酯）、脱乙酰甲壳素、桂皮油等。由于近年来从安全性考虑，亦更注重天然类抗菌剂的开发，动物（鱼）类、植物类的药剂也被多方面应用。此外，天然硫黄、酶及微生物源的物质也有部分应用。然而，天然抗菌剂一般抗菌谱较弱、提取难度大，且本身耐热性差，故在用途上有一定的限制。

② 化学杀菌剂。是指一些天然条件下并不存在的由人工合成的化学物质，且具有杀菌作用。如异噻唑啉酮、多菌灵、甲醛、苯氧乙醇、百菌清、季铵盐、有机胍、吡啶硫酮钠、尼泊金酯、均三嗪、脱氢乙酸钠、对氯间二甲苯酚等。化学杀菌剂控菌效果强，经济效益好，利于工业化生产，在诸多行业中得到了大量应用。

7.1.3.3 按化学组成分类

① 无机杀菌剂。与有机化合物相对应，通常指不含碳元素的化合物，且具有杀菌作用。比如臭氧、双氧水、二氧化氯、亚硫酸及其盐、高锰酸钾、硼酸钠等。

② 有机杀菌剂。有机杀菌剂主要是指由碳元素、氢元素组成，一定是含碳的化合物，但是不包括碳的氧化物和硫化物。比如：醇类、醛类、酚类、有机和无机酸的酯和盐、季铵盐类、胍类、碳酸酯、酰胺、氨基甲酸酯、吡啶衍生物、唑类、杂环硫氮化合物、*N*-卤代烷基硫类化合物、含活性卤素基团化合物、有机金属化合物、其他化合物等。它们大部分都属于低分子有机杀菌剂，其使用历史悠久，生产工艺也较为成熟，并且在大部分领域具有不可取代的作用。

高分子有机杀菌剂的研究还处于刚刚起步的阶段，但具有非常广阔的应用前景。其杀菌性能主要是通过带杀（或抗）菌活性官能团的单体聚合或以接枝的方式在高分子链上引入杀（或抗）菌官能团而获得的。按照杀（或抗）菌基团的不同，目前有机高分子杀（或抗）菌剂研究较多的有壳聚糖及其衍生物、有机锡、季磷盐、胍盐、季铵盐等，其中季铵盐是最常用的杀（或抗）菌剂。高分子有机杀菌剂不仅具有安全性能优异，其活性物质不易挥发、不易溶出、不易渗入人或动物表皮等特点，而且杀菌性能稳定、优异，比有机小分子杀菌剂更不易产生抗药性。

7.1.3.4 按实际应用领域分类

工业杀菌剂涉及行业相当多，造纸、皮革、水处理、涂料乳液、胶黏剂、密封胶、色浆、颜料、金属加工液、纺织纤维、塑料、木材等，行业包罗万象，可以说有水和空气的地方就需要用到杀菌剂。

美国 EPA（环保署）根据杀菌剂（antimicrobial pesticide）的应用将其分为两大类：其一为非公共卫生产品，用于控制具有经济和美学意义的微生物的生长，主要特征是微生物可能对物体破坏。如冷却塔、燃料、木材、纺织、涂料、塑料、纸品、金属加工液、海洋防污等领域的处理。其二为公共卫生产品，旨在控制在任何无生命环境中对人类具有传染性的微生物，主要特征微生物的存在可能引起人的疾病。比如医院的医疗、外科、仪器设备、环境等消毒；食品加工工厂、餐饮机构等非生物表面或物体消毒；以及其他如空气消毒液、洗衣消毒液、游泳池、净水器等。

7.1.4 杀菌剂的安全性与毒理学评价

工业杀菌剂作为一种对生物有不利影响的化学物质，难免会对人体或其他生物体产生一定的毒性。杀菌剂的毒性是指对机体造成损害的能力。毒性除与物质本身化学结构和理化性质有关外，还与使用浓度、作用时间、接触途径和部位、物质的相互作用与机体的机能状态等条件有关。因此，不论杀菌剂的毒性强弱、剂量大小，对人和其他生物体均有一个剂量与效应关系的问题，只有达到一定剂量才显现毒害作用。

为了安全使用杀菌剂，尤其是可能会与人体直接接触的杀菌剂，一般都需要对杀菌剂进行毒理学评价，为制定相应的使用标准提供依据。毒理学评价除了做必要的分析检验外，通常是通过动物毒性试验取得数据，现已公认的重要标准有：

① 急性毒性试验。急性毒性常被称为半致死剂量（LD_{50}），是指一次性较大剂量投放后，受试动物死亡数目在 50%时的测试物的剂量，用测试物质量（mg）和受试动物体重（kg）之比即 mg/kg 表示半致死剂量，通常用它作为衡量急性毒性高低的一个指标。同一种试验物对各种动物的 LD_{50} 并不相同，有时差异甚至很大，由于投药方式不同，其 LD_{50} 也不相同。所以，严格地说应用时要标明试验动物摄取的途径和受试动物的特征（种类、产源、性别、体重等）。急性毒性试验经口服的称为急性口服毒性试验，经皮肤渗透的称为急性皮肤毒性试验。

② 亚急性毒性试验。亚急性毒性试验是进一步检验受试物质的毒性对机体的重要器官或生理功能的影响，并估计发生影响的剂量。亚急性毒性试验的内容与慢性毒性基本相同，仅为试验周期长短不同（一般为 3 个月左右），由亚急性毒性试验还可以得出需要做哪些特殊试验的信息。

③ 慢性毒性试验。慢性毒性试验是考察少量受试物质长期作用于机体所呈现的毒性，以确定最大作用量和最低中毒量（中毒的剂量），这对于确定受试物质能否作为食品添加剂具有决定性意义。

④ 致癌性试验。通过一定途径给予动物不同剂量的试验物质，观察其大部分生命周期间肿瘤疾患的产生情况，确定该物质的致癌性。

⑤ 致畸性试验。当胚胎在发育过程中接触到某种有害物质后，会影响其器官的分化和发育，导致形态和机能的缺陷，出现胎儿畸形。致畸试验是鉴别试验物质是否具有致畸性，同时也能确定其胚胎毒作用。

⑥ 皮肤刺激性试验（急性贴皮肤试验）。取一定量的液态测试物（或用适当的溶剂配成溶液）滴加在纱布上再敷贴在皮肤上面，或直接将试验物质涂在皮肤上，覆盖、固定，经一定时间后观察皮肤反应并进行皮肤刺激程度的评价。皮肤刺激性试验，可采用急性刺激试验（一次皮肤涂抹试验），亦可采用多次皮肤刺激试验（连续保持 14 天），从动物试验结果推算对人体皮肤的危害情况。

⑦ 皮肤过敏性试验（皮肤变态反应试验）。以诱发过敏为目的而进行诱发性投药，以确认药物的诱发性效果和过敏性，试验物质一般配成 0.1%溶液，试验多数用豚鼠。

⑧ 眼刺激性试验。试验观察眼表面接触受试物质后产生的可逆性变化，动物试验结果按规定的评级标准评定，如一次或分次接触受试物质，不引起角膜、虹膜和结膜的炎症变化，或虽引起轻度反应但这种变化是可逆的，则认为该受试物质可以安全使用。在许多情况下，其他哺乳动物眼的反应较人敏感，从动物试验结果外推到人，可以提供有价值的依据。

⑨ 蓄积毒性试验。蓄积作用是指某些物质少量多次进入机体，使本来不会引起毒害的小剂量也发生作用的现象。蓄积性试验是测定受试动物蓄积性大小的试验，可通过测定其蓄积率、蓄积系数或生物半衰期等确定蓄积性。

实际上，在多数情况下，对杀菌剂做出安全性评价并不需要完成上述所有试验，但有时候也需要增加一些特殊的试验如生化特性试验、药理性试验等，这都取决于杀菌剂的性质、用途、剂量等。

7.2 用于水基金属加工液中的杀菌剂活性成分

市售杀菌剂通常是含有杀菌活性成分的复配制剂，是通过剂型加工将杀菌活性成分用稀释剂进行适当稀释，加工成易使用形态的产品。杀菌剂按照制剂形态可分为干制剂、液体制剂和其他制剂三大类型。干制剂包括粉剂、粒剂、片剂等，液体制剂包括水基型制剂、油基型制剂等，其他制剂包括熏蒸剂、气雾剂等。目前在金属加工液行业主要使用液体制剂，极少使用干制剂等其他类型的产品。

本节内容列出了可用于金属加工液行业中的杀菌剂活性成分（以下统称为杀菌剂）及相关信息，供读者参考。

7.2.1 醛类和甲醛释放体杀菌剂

醛类和甲醛释放体杀菌剂是水基金属加工液行业中最重要的一类杀菌剂（表 7-2）。

醛类杀菌剂是指一些含有醛基的化合物，主要有甲醛、多聚甲醛、戊二醛等。其中甲醛是应用较早的第一代化学防腐剂，其杀菌原理是基于它的还原作用，可使菌体蛋白质（包括酶蛋白）变性，具有广谱、高效的杀菌特性，但是对皮肤黏膜刺激性较强，易引起过敏、全身性毒性乃至诱发肿瘤，故已经限制使用。相对来说，戊二醛较甲醛对人体更加安全。

甲醛释放体杀菌剂是将甲醛与其他物质反应而生成具备缓释特性的甲醛载体，包括 *N*-缩甲醛和 *O*-缩甲醛两种分子构型。用胺或酰胺与甲醛反应，生产出来的含 N 缩甲醛称为 *N*-缩甲醛。*N*-缩甲醛的产品类别丰富，在水基金属加工液行业应用广泛，常见的有三嗪类、吗啉类、噁唑烷类等。用一元醇或二元醇与甲醛反应，生产出来的含氧缩甲醛称为 *O*-缩甲醛。*O*-缩甲醛又可分为半缩甲醛和全缩甲醛，是 pH 值呈中性的杀菌剂。常见的 *O*-缩甲醛有 2-（羟甲基氨基）乙醇、1-（羧甲基）氨基-2-丙醇、乙二醇半缩醛、甲醛苄醇半缩醛等。甲醛释放体杀菌剂主要针对细菌控制，较高浓度下对真菌也有一定效果。其杀菌基团为醛基（—CHO），醛基的极性效应使醛基碳带正电荷、醛基氧带负电荷，醛基通过带正电荷的碳与带孤对电子的氨基（—NH—，细菌蛋白质的氨基）或细菌酶系统的巯基（—SH）等发生亲核加成反应，使细菌失去复制能力，引起代谢系统紊乱，达到杀菌抑菌的目的。

7.2.2 唑类杀菌剂

唑类杀菌剂包括异噻唑啉酮类、咪唑及其衍生物类、三唑类等，其中有较多品类用于金属加工液行业（表 7-3）。

表 7-2 用于金属加工液行业的醛类和甲醛释放体杀菌剂

中文名称 （缩写/别称）	醛含量 /% （纯品）	CAS 号 ［EC 编码］	用途			活性物质典型使用浓度			含有该活性物质的商品
			细菌	真菌	藻类	加入浓缩液	配液时添加/(mg/L)	冲击处理/(mg/L)	
戊二醛(Glutaral;GA)	—	111-30-8 ［203-856-5］	＋＋	＋＋	＋＋		100～125	200～300	Busan 1202； Protectol GA 50； BIOBAN GA 50
六氢-1,3,5-三(羟乙基)均三嗪(BK;HHT;古罗丹;三丹油)	41	4719-04-4 ［225-208-0］	＋＋			2%～5%	1500～2500	2000～3000	Nipacide BK； Troyshield B2； Protectol HT； 万立净 M-722
六氢-1,3,5-三(2-羟基丙基)均三嗪(HPT)	27.55	25254-50-6 ［246-764-0］	＋＋			2%～5%	1000～1500	2000～3000	Grotan WS； Grotan WS Plus
六氢-1,3,5-三乙基均三嗪(HTT)	53	7779-27-3 ［231-924-4］	＋＋			2%～5%	500～1500	2000～3000	Vancide TH； Forcide 78V
2,4,6-三甲基-1,3,5-三嗪(TMT)	无数据	823-94-9 ［200-258-5］	＋＋			2%～5%	1000～2000	2000～3000	CONTRAM 121
N,N'-亚甲基双吗啉(MBM)	16	5625-90-1 ［227-062-3］	＋＋	＋		2%～5%	1000～2000		Troyshield B13； Nipacide MBM； 万立净 M-733
吗啉混合物(吗啉 A＋B)	15.3	A:2224-44-4 ［218-748-3］ B:1854-23-5 ［217-450-0］	＋＋	＋＋	＋＋	1%～3%	500～1000		Bioban P-1487
噁唑烷混合物(噁唑烷 A＋B)	20～21 （商品）	A:51200-87-4 ［257-048-2］ B:75673-43-7 ［未分配］	＋＋	＋＋		1%～4%	500～2000		Bioban CS-1135

续表

中文名称（缩写/别称）	醛含量/%（纯品）	CAS号[EC编码]	用途			活性物质典型使用浓度			含有该活性物质的商品
			细菌	真菌	藻类	加入浓缩液	配液时添加/(mg/L)	冲击处理/(mg/L)	
4,4-二甲基噁唑烷	21	51200-87-4 [257-048-2]	++	++		1%～4%	1000～3000		Nuosept 101; Truptan OX-I; Mergal 186
3,3'-亚甲基双(5-甲基噁唑啉)(MBO)	48	66204-44-2 [266-235-8]	++	+	+	2%～4%	1000～2000	1500～2500	Grotan OK; CONTRAM MBO; Vinkocide MBO
聚亚甲氧基双环噁唑烷	48	56709-13-8 59720-42-2 [611-414-1]	++	++		2%～4%	1000～2000	1500～2500	Nuosept C
7-乙基双环噁唑烷(EDHO)	42	7747-35-5 [231-810-4]	++			1%～4%	500～2000		Bioban CS-1246; Paramel TX 50
3,5-二甲基-1,3,5-噻二嗪-2-硫酮(DMTT;Dazomet;棉隆)	37	533-74-4 [208-576-7]	++	++	++		50～500		Protectol DZ; Troysan 142; Metasol RB-20
双(羟甲基)脲	50	140-95-4 [205-444-0]	++	++			100～1000		Kaurit S; Permafresh 477; Protectol DMU
四羟甲基甘脲(TMAD)	20～24	5395-50-6 [226-408-0]	++			2%～3%	1000～1500		Grotan TK 6;
1,3-二羟甲基-5,5-二甲基海因(DMDMH)	17～19（商品）	6440-58-0 [229-222-8]	++	+	×	1.5%～3%	1500～5000	×	Dantogard 2000; Custom DMDM; Dantgard 2000

续表

中文名称（缩写/别称）	醛含量/%（纯品）	CAS号[EC编码]	用途			活性物质典型使用浓度			含有该活性物质的商品
			细菌	真菌	藻类	加入浓缩液	配液时添加/(mg/L)	冲击处理/(mg/L)	
1-羟甲基-5，5-二甲基海因(MMDHM;MDM Hydantoin)	无数据	116-25-6；27636-82-4[204-132-1]	＋＋		×		约2500		Glycoserve
二硫氰基甲烷(MBT)	无数据	6317-18-6[228-652-3]	＋＋	＋＋	＋＋		50～100		Slimicide MC；Busan 110；Tolcide MBT
三(羟甲基)硝基甲烷	60	126-11-4[204-769-5]	＋＋			×	1000～2000	1000～2000	Bioban CWT；Midguard TN-20；AQUCAR TN50
2-(羟甲基氨基)乙醇	≈40	34375-28-5[251-974-0]	＋＋	＋＋		2%～6%	1000～3000		Nuosept 91；Tallicin B-14；Troysan 174
1-(羧甲基)氨基-2-丙醇	28～29	76733-35-2[278-534-0]	＋＋	＋＋		1%～6%	500～3000		Preventol D4；
乙二醇半缩醛(EGForm；EDDM)	42.2	3586-55-8[222-720-6]	＋＋	＋	＋	1%～3%	800～1500		Troyshield B7；Grotan TK 5；Nipacide FC；万立净 CF
甲醛苄醇半缩醛(BHF)	29	14548-60-8[238-588-8]	＋＋	＋＋	×	1.5%～3%	500～1500	1500～2000	Akyposept B；Preventol D2

注：＋＋主要用途；＋次要用途；×不可使用。

表 7-3　用于金属加工液行业的唑类杀菌剂

中文名称（缩写/别称）	CAS 号［EC 编码］	用途			活性物质典型使用浓度			含有该活性物质的商品
		细菌	真菌	藻类	加入浓缩液	配液时添加/(mg/L)	冲击处理/(mg/L)	
5-氯-2-甲基-4-异噻唑啉-3-酮和 2-甲基-4-异噻唑啉-3-酮（3：1）混合物（CMIT/MIT；Kathon；卡松；凯松）	55965-84-9［911-418-6］［611-341-5］	＋＋	＋＋	＋		10～15	15～30	Kathon LX150；Mergal MC14；万立净 M-702；Nipacide CI
5-氯-2-甲基-4-异噻唑啉-3-酮（CMIT）	26172-55-4［247-500-7］	＋	＋＋	＋		＜22.5		Kathon CG 5243
2-甲基-4-异噻唑啉-3-酮（MIT）	2682-20-4［220-239-6］	＋＋	＋			50～150		Neolone 950；KORDEK LX500；万立净 IV-525
2-正辛基-4-异噻唑啉-3-酮（OIT）	26530-20-1［247-761-7］		＋＋	＋		50～100	100	Acticide OTW；Vinkocide OIT45；万立清 LV-616
4,5-二氯-2-正辛基-3 异噻唑啉酮（DCOIT）	64359-81-5［264-843-8］		＋＋	＋＋		20～100		陶氏 Kathon 930；RH-287
1,2-苯并异噻唑-3-酮（BIT）	2634-33-5［220-120-9］	＋＋			0.2%～1%	100～500		Proxel GXL；Nipacide BIT20；万立净 520XL
2-丁基-1,2-苯并异噻唑啉-3-酮（BBIT）	4299-07-4［420-590-7］	＋	＋＋	＋＋	0.1%～0.5%	70～100	100～200	Densil DN；万立清 M-789；万立清 M-BBF

续表

中文名称 (缩写/别称)	CAS号 [EC编码]	用途			活性物质典型使用浓度			含有该活性物质的商品
		细菌	真菌	藻类	加入浓缩液	配液时添加/(mg/L)	冲击处理/(mg/L)	
N-甲基-1,2-苯并异噻唑啉-3-酮(MBIT)	2527-66-4 [未分配]	++	++		0.2%～1%	100～500		BIOBAN 557; 万立净 MBIT-10
5,6-二氢-2-甲基-2H-环戊并[*d*]异噻唑-3(4H)-酮	82633-79-2 [407-630-9]	++	++			50～100		Promexal X50
巯基苯并噻唑钠(MBT-Na)	2492-26-4 [219-660-8]	++			0.3%～0.5%	50～200		Nacap; Sodium MBT; Vancide 51
2-(硫氰酸甲基巯基)苯并噻唑(TCMTB;苯噻硫氰)	21564-17-0 [244-445-0]	++	++		0.2%～0.5%			Busan 1009; Casacide T100
N-(2-苯并咪唑基)氨基甲酸甲酯(BCM;多菌灵)	10605-21-7 [234-232-0]	+	++			10～200		Preventol BCM; Vancide BCM; 万立清 LV-660
2-(1,3-噻唑-4-基)苯并咪唑(TBZ;噻菌灵)	148-79-8 [205-725-8]	+	++			10～200		Mertect 160; Tibimix 20; Metasol TK 100
1-[2-(2,4-二氯苯基)-4丙基-1,3-二氧成环-2-基]甲基-1,2,4-三唑(PPZ;丙环唑;敌力脱)	60207-90-1 [262-104-4]	+	++			60～100		Wocosin 50TK; Bamper 25EC
1-(4-氯苯基)-4,4-二甲基-3(1H-1,2,4-三唑-1-基甲基)戊-3-醇(TEB;戊唑醇;立克秀)	80443-41-0 [403-640-2]	++	++			10～100		Preventol A 8

注：++主要用途；+次要用途。

异噻唑啉酮衍生物杀菌剂是含有唑啉环的一类杂环化合物的总称，是一类重要的有机硫类杀菌剂、非氧化性杀菌剂。该类化合物于20世纪50年代末期开始被深入研究，80年代得到广泛应用，90年代进入中国。美国Rohm & Haas公司于70年代取得Kathon系列产品的专利，并率先将DCOIT用于海洋防污保护，取得良好反响。目前，Kathon和BBIT在水基金属加工液真菌的控制方面发挥了重要作用。

咪唑是五元平面杂环芳香性有机化合物，酸碱两性，因其结构相似性极易与蛋白质分子结合，表现出较好的药效学特征。苯并咪唑类化合物（如BCM和TBZ）是单唑类杀菌剂的一个子类，其机理是杀菌剂与微管蛋白结合而抑制微管组装，干扰大量涉及微管的细胞过程，如细胞分裂等。

三唑类杀菌剂（如PPZ和TEB）是一类比单唑类杀菌剂更优秀高效的杀菌剂，可作用于大多数真菌。其机理是抑制真菌CYP450单加氧酶的活性，因竞争吸附而破坏麦角甾醇的生物合成，导致细胞膜受到损坏，最终导致细胞死亡。

7.2.3 酚类及其衍生物杀菌剂

酚类化合物杀菌剂中最常用的OPP邻苯基苯酚以及OPP钠盐很早就在金属加工液行业中用作杀菌剂，然而对环境的负面影响限制了它们的使用。近年来，由于它们对人类较轻的毒性和法令禁止了金属加工液随意排放到环境中，酚类及其衍生物杀菌剂仍在继续使用（表7-4）。

表7-4 用于金属加工液行业的酚类杀菌剂及其衍生物

中文名称（缩写/别称）	CAS号 [EC编码]	用途			活性物质典型使用浓度			含有该活性物质的商品
		细菌	真菌	藻类	加入浓缩液	配液时添加 /(mg/L)	冲击处理 /(mg/L)	
苯酚	108-95-2 [203-632-7]	++	++		1%～2%			
苯酚钠	139-02-6 [205-347-3]	++	++		1%～2%			
邻苯基苯酚（OPP）	90-43-7 [201-993-5]	+	++		1.5%～2%	600～900	800～1000	Dowicide A
邻苯基苯酚钠（SOPP;OPP-Na）	132-27-4 [205-055-6]	++	++		1.5%～2%	600～900	800～1000	BIOBAN OPP 63; Dowicide 1E; Nipacide OPP

续表

中文名称（缩写/别称）	CAS号［EC编码］	用途			活性物质典型使用浓度			含有该活性物质的商品
		细菌	真菌	藻类	加入浓缩液	配液时添加/(mg/L)	冲击处理/(mg/L)	
O-苯基苯酚钾（2-联苯酸钾）	13707-65-8［237-243-9］	++	++		1.5%～2%	600～900	800～1000	
4-氯-3-甲基苯酚（PCMC；氯甲酚）	59-50-7［200-431-6］	++	++		0.5%～5%	500～2000		Preventol CMK 40；Nuosept PCMC
4-氯-3-甲基酚钠盐（PCMC-Na）	15733-22-9［239-825-8］	++	++		0.5%～5%	500～2000		
4-氯-2-苄基苯酚（BCP）	120-32-1［204-385-8］	++	++	++	0.5%～5%	500～2000		Dowicide OBCP；Nipacide BCP；Preventol BP Tech

注：++主要用途；+次要用途。

酚类杀菌剂的作用机理是：低浓度时，与合成细胞壁的酶反应，导致细胞裂解；高浓度时，有总体原浆毒性，导致细胞质凝聚，而且可以影响细胞壁，首先导致K^+流失，其次是细胞质逸出。苯酚及其盐化合物分子被卤化、烷基取代后能增强杀菌活性。氯代酚类杀菌剂可吸附在细胞壁上并渗入细胞质内，使蛋白质变性而杀死微生物，对异养菌、铁细菌、硫酸盐还原菌等都有很好的杀灭作用。

7.2.4 阳离子型杀菌剂

由于细菌细胞壁通常带负电荷，所以阳离子型表面活性剂（表7-5）具有杀菌效果。其中使用效果最好、最具代表性的阳离子化合物是季铵盐。

表7-5 用于金属加工液行业的阳离子型杀菌剂

中文名称（缩写/别称）	CAS号［EC编码］	用途			活性物质典型使用浓度			含有该活性物质的商品
		细菌	真菌	藻类	加入浓缩液	配液时添加/(mg/L)	冲击处理/(mg/L)	
聚二氯乙基醚四甲基乙二胺（WSCP；聚塞氯铵）	31512-74-0［608-627-7］	++		++	0.5%～1%	100～200		BUSAN 77；Scunder PQ60；万立净M-760

续表

中文名称（缩写/别称）	CAS号［EC编码］	用途			活性物质典型使用浓度			含有该活性物质的商品
		细菌	真菌	藻类	加入浓缩液	配液时添加/（mg/L）	冲击处理/（mg/L）	
1-（3-氯烯丙基）-3，5，7-三氮-1-氮鎓金刚烷氯化物（顺/反式异构体混合物）（CTAC；季铵盐-15）	4080-31-3［223-805-0］	++	++	+	0.5%～6%	200～3000		Dowicil 100；Quaternium 15
1-（3-氯烯丙基）-3，5，7-三氮-1-氮鎓金刚烷氯化物（顺式异构体）［*cis* CTAC；季铵盐-15（顺式）］	51229-78-8［426-020-3］	++	++	+	0.5%～6%	200～3000		Dowicil 200；Dowicil TM 150
十二烷基三甲基氯化铵（DTAC）	112-00-5［203-927-0］	++	++	++		100～1000		Maquat LATAC-30%；Swanol CA-2150
十六烷基吡啶氯化铵（CPC；西吡氯铵）	123-03-5［204-593-9］	++	++	+		100～200	100	CPC 6060；Uniquart CPC
二癸基二甲基碳酸氢铵和二癸基二甲基碳酸铵混合物（DDA Carbonate）	894406-76-［451-900-9］	++	+	+		100～600		
1-甲基-3，5，7-三氮杂-1-氮鎓金刚烷氯化物	76902-90-4［616-409-8］	++	++	+	0.5%～1%	50～500		Busan 1024
十二烷基胍单盐酸盐	13590-97-1［237-030-0］	++	++	++		<100		NALCON DGH；Cytox 2050-P
聚六亚甲基胍盐酸盐（PHMG）	57028-96-3［690-927-2］	++		+		<1000		Scunder BDis35C-P

注：++ 主要用途；+ 次要用途。

季铵盐阳离子型杀菌剂是一类铵离子中四个氢原子被烃基取代而带有氮正离子的化合物，具有高效、低毒、无积累性、不易受pH值变化的影响、使用方便、对黏液层有较强的剥离作用、化学性能稳定、分散及缓蚀作用较好等特点，不仅对细菌、真菌、藻类和病毒等微生物均有良好杀灭效果，还可作为阳离子表面活性剂起到乳化、润湿、分散等功能，因此是一种多功能添加剂。阳离子型杀菌剂的作用机理主要是阳离子通过静电力、氢键力以及表面活性剂分子与蛋白质分子间的疏水结合等作用，吸附到带负电的细菌体并聚集在细胞壁上，引起溶菌作用和产生空间位阻效应，导致细菌生长受抑而死亡；同时季铵盐阳离子型杀菌剂的憎水烷基还能与细菌的亲水基作用，改变细胞膜的通透性，继而发生溶胞作用，破坏细胞结构，引起细胞的溶解和死亡。但是其杀菌效力不很强、药效持续时间短，使用后水中微生物的数量回升快，高剂量使用时易起泡，且会受到有机质、硬水离子、阴离子等因素的影响降低杀菌活性甚至失效。此外，由于其在环境中的生物降解能力较低，可能在环境中蓄积。

7.2.5 其他类型杀菌剂

除了上述四大类杀菌剂，还有其他一些用于水基金属加工液的品种（表7-6）。

表7-6 用于金属加工液行业的其他杀菌剂品种

中文名称（缩写/别称）	CAS号［EC编码］	用途			活性物质典型使用浓度/(mg/L)			含有该活性物质的商品
		细菌	真菌	藻类	加入浓缩液	配液时添加	冲击处理	
吡啶硫酮钠（SPT）	3811-73-2 15922-78-8 ［223-296-5］	++	++		0.1%～1%	80～300	80～300	Troyshield FSP40；Grotanol FF 1 N；LUBRIZOL MB2100；
吡啶硫酮锌（ZPT）	13463-41-7 ［236-671-3］	++	++	++		10～100		Zinc Omadine 48
二甲基二硫代氨基甲酸钠（SDD；福美钠）	128-04-1 ［204-876-7］	++	++	++	0.3%～0.5%	60～160		Aquatreat SDM；NKC-630 SDMC；Paxgard SDC
二甲基二硫代氨基甲酸钾（KDD；福美钾）	128-03-0 ［204-875-1］	++	++	++		60～4000		BUSAN 85；Aquatreat KM；Paxgard PDC
N-甲基二硫代氨基甲酸钾（威百亩钾）	137-41-7 ［205-292-5］	++	++			100		Caswell No. 696
3-碘代-2-丙炔醇-丁基甲氨酸酯（IPBC）	55406-53-6 ［259-627-5］		++		0.1%～1%	30～150	150	Troyshield FX40；Nipacide IPBC；万立净 M-788

续表

中文名称（缩写/别称）	CAS号［EC编码］	用途			活性物质典型使用浓度/(mg/L)			含有该活性物质的商品
		细菌	真菌	藻类	加入浓缩液	配液时添加	冲击处理	
4-甲苯基-二碘甲基砜	20018-09-1［243-468-3］	+	++		0.1%～0.3%			Amical 48；Intace Fungicide B-6773
2，2-二溴-3-次氮基丙酰胺(DBNPA)	10222-01-2［233-539-7］	++	++	++	×	100～400	200～400	万立净DB20；Mergal 530；Dowicil QK-20
2-溴-2-硝基-1，3-丙二醇(BNPD；Bronopol；溴硝醇；布罗波尔)	52-51-7［200-143-0］	++	+	+	×	200～1000		Preventol P91；万立净5100
1，2-二溴-2，4-二氰基丁烷(DBDCB；溴菌腈)	35691-65-7［252-681-0］	++	++	+	40～160			Euxyl K 400 Merquat 2200 Tektamer 38
二环己胺(DCHA)	101-83-7［202-980-7］	+	++		1%～6%			
月桂胺二亚丙基二胺(BDA)	2372-82-9［219-145-8］	++	++	+	1%～4%	500～2000	×	Grotan A12；Triameen Y12D-30；Vancide 12.100
二氧化氯(ClO_2)	10049-04-4［233-162-8］	++	++	++	×	×	20～30(余氯0.5～2.0)	
次氯酸钠(NaClO)	7681-52-9［231-668-3］	++	++	++	×	×	可能为10	
亚氯酸钠($NaClO_2$)	7758-19-2［231-836-6］	++	++	++	×	×	可能为10	
硼酸	10043-35-3［234-343-4］	+	+	+	0.5%～5.5%			
四硼酸钠(硼砂)	1330-43-4［215-540-4］	+	+	+	2%～5.5%			
乙二醇苯醚(EGPhE，苯氧基乙醇)	122-99-6［204-589-7］	++			5%～10%	0.5～1%		Protectol PE；Elestab 388；Liposerve PP
1-苯氧基-2-丙醇(苯氧基丙醇)	770-35-4［212-222-7］	++			5%～10%	0.5～1%		

续表

中文名称（缩写/别称）	CAS号［EC编码］	用途			活性物质典型使用浓度/(mg/L)			含有该活性物质的商品
		细菌	真菌	藻类	加入浓缩液	配液时添加	冲击处理	
亚硝酸钠	7632-00-0［231-555-9］	＋＋			1%～5%	200～1000		
氯化银	7783-90-6［232-033-3］	＋＋	＋＋		×	C_{Ag^+} = 0.01～0.1mg/L	×	

注：＋＋主要用途；＋次要用途；×不可使用。

吡啶硫酮类杀菌剂（如SPT和ZPT）是细菌和真菌膜转运过程的一般抑制剂，具有很宽的杀真菌谱，有报道称ZPT具有独特的杀菌机制，在杀死细菌的同时本身并不消耗。

福美类杀菌剂（如SDD和KDD）和威百亩钾是一类广谱性杀菌剂，对细菌、真菌、藻类以及原生动物都有较好的杀灭效果，特别对硫酸盐还原菌效果最好。

IPBC和4-甲苯基-二碘甲基砜是含卤素碘的有机杀菌剂。其中，IPBC是一种环保、高效的杀真菌剂，通常在酶的活性部位与巯基或羟基反应，使酶失去活性，造成细胞死亡；该化合物具有广谱抗菌活性，尤其是对霉菌、酵母菌有很强的抑杀作用。4-甲苯基-二碘甲基砜是广谱杀菌剂，具有优良的杀菌、抑菌、灭藻、分散性能，尤其对霉菌、酵母菌活性更强。

有机溴类杀菌剂有DBNPA、BNPD、DBDCB等品种。DBNPA通过与细胞膜的硫醇（R—SH）反应而杀灭细菌，该类杀菌剂对微生物黏液具有很好的剥离作用，药效高且杀菌迅速、半衰期短，是世界上公认的对环境危害最小的杀菌剂。BNPD是一种具有广谱特性的有机溴类杀菌剂，适用pH区间为4～9，在酸性条件下非常稳定（pH为4、6、8时，半衰期分别为5年以上、1.5年、2个月），在碱性条件下逐渐分解，释放出微量甲醛，但其杀菌机理不依赖甲醛，故不属于“甲醛释放体”类杀菌剂。DBDCB是一种广谱、高效、低毒的杀菌剂，能抑制和铲除真菌、细菌、藻类的生长，在农业领域用于防治各种果树、蔬菜以及经济作物的炭疽病，在金属加工液中也有良好效果。

DCHA在金属加工液行业用作防腐剂，此外也有一定的气相防锈和酸中和能力，并可提高乳液稳定性，应用较为广泛。BDA为具有氨气味的碱性物质，对革兰氏阳性菌、革兰氏阴性菌、藻类均具有良好的抑杀效果，亦体现出一定的杀病毒活性。

氯剂是重要的氧化型杀菌剂，主要品种有氯气、次氯酸、二氧化氯、次氯酸钠、亚氯酸钠等，主要用于自来水、废水的消毒杀菌，目前二氧化氯已取代氯气成为主要品种。氯剂通过与细菌体内的代谢酶发生氧化作用，将细菌完全分解为 CO_2 和水以杀死细菌，具有杀菌力强、作用迅速、价格低廉、来源广泛等优点，但有的品种会释放毒性气体，能与有机物及胺反应引起二次污染，施用效果受 pH（一般在 $pH<8$ 的条件下使用）、有机物及还原性物质影响较大，会增强水的腐蚀性以及连续使用会使硫酸盐还原菌产生耐药性。

此外，还有一些化学品在金属加工液行业并不主要用作杀菌剂，但也具有一定抗菌作用，在此简要介绍。硼类化合物（硼酸、硼砂）在极低剂量下即具有一定的抑菌效力，对产品的防腐蚀性能也有良好贡献。苯氧基乙醇、苯氧基丙醇在 20 世纪 90 年代引入水基金属加工液中（主要是切削加工液），对细菌特别是对铜绿假单胞菌具有高效抑制作用，在不含硼和胺的产品中发挥了重要功能，可依其独特的气味辨别出来。亚硝酸钠多用于防锈和防腐用途，由于它能与多种氨基化合物反应生成强致癌物 *N*-亚硝基化合物（如亚硝胺），在欧盟和美国已禁止用于金属加工液，我国目前仍有使用。氯化银为不溶于水的粉末状广谱杀菌剂，主要应用于自来水消毒和设备消毒。

7.3 杀菌剂在水基金属加工液中的应用技术

7.3.1 杀菌剂选型的考虑要素

对于绝大多数金属加工液产品而言，选择适宜的杀菌剂是从源头上确保产品免于微生物侵蚀的有力措施，其选型要素主要是基于法规层面和技术应用层面考虑。

7.3.1.1 法律法规限制

随着社会经济的发展，滥用化学物质对环境的危害已经有目共睹，因此出于对大气、水体和生态系统的保护，许多国家的政府机构公布了危险化学品清单，对相关化学品实施禁止生产、进口、使用及处置的严厉措施，另外有一些化学品被列入高度关注物质清单，在将来可能被禁止。杀菌剂品种的选择应确保符合产品使用所在国家或地区的法律要求和行业标准。

美国市场上销售的金属加工液用杀菌剂必须是在美国环保署发布的《农药注册与分类程序》[Pesticide Registration and Classification Procedures (40 CFR 152)] 中注册的产品。21世纪初，批准用于金属加工液的杀菌剂活性成分约有80种，但美国材料与试验协会在2017年发布的标准文件ASTM E2169-17中仅保留了51种，苯酚、苯酚钠、硼砂、多果定、2-(羟甲基氨基）乙醇等曾在金属加工液中使用的物质已不在许可列表中。

在欧盟区域，欧洲化学品管理局根据2013年9月生效的BPR法规对杀菌剂的使用做出了限制，监管的生物杀灭剂产品分为四大类共22个产品类型，其中产品类型PT13为金属加工液防腐剂。截至2021年8月，批准使用的杀菌剂有PCMC、Kathon、IPBC、MBM、MIT、OPP；而HHT、HPT、BIT、BBIT、MBO、EDHO、SPT、TMAD、EGForm、CTAC、*cis*-CTAC、DBNPA、DMDMH等尚在审核中，故现阶段仍可以使用；不再支持OPP-Na、PCMC-Na、氯化银和*O*-苯基苯酚钾等的申请；GA、MBIT则明确禁止使用。需要注意的是，德国境内禁止在金属加工液中使用MBM（因可能形成强致癌物亚硝基吗啉）。

中国尚无专门针对金属加工液行业做出杀菌剂成分限制的相关法律法规和标准文件（目前执行有毒有害物质管控相关规定），但随着改革开放和市场准入的不断深化，对生态环境保护越来越重视，最终将与国际接轨，进一步规范杀菌剂的应用。

7.3.1.2 顾客要求

基于环保和符合法律法规的目的，金属加工液的用户往往会对供应商提供的产品提出具体的成分限制要求，且通常比所在国的法律法规要求更为严格。这种要求一般通过《环境负荷物质一览表》(environmental load substance list) 等形式的文件传递给金属加工液制造商，以禁止 (prohibited substances)、削减 (reduced substances)、管理 (control substances) 三种类别的措施对供货商品的成分做出限制，促使金属加工液研发和生产企业实施更安全的化学品策略，寻找更安全且有效的替代化学品。

在杀菌剂领域，近年来甲醛释放体杀菌剂的使用受到广泛关注，进而被部分用户强烈排斥。HHT于1924年首次推出，它是一种水溶性、甲醛释放体杀菌剂，用于乳化油、半合成和合成金属加工液，以及池边处理。由于其低成本、高效性，目前仍是使用最广泛的金属加工液用杀菌剂，但它存在几个缺点使业界心存顾虑。首先是对其致癌性的担忧，其次是产生微生物抗性如对分枝杆菌属（*Mycobacterium*，一类会引起呼吸系统疾病、过敏性肺炎的病原体）的功效下降的问题。不仅是HHT，吗啉类、噁唑烷类、海因类和其他甲醛缩合物杀菌剂的使用均受到一定阻力，进而促使甲醛释放体杀菌剂的替代品市场开始繁荣起来。

7.3.1.3 目标微生物

杀菌剂应对尽可能多的微生物有效，即广谱的抗菌谱。这里包含两层意义，一是对不同种类的微生物，如细菌、霉菌、酵母菌等都有效，二是对每一类微生物中多个属、种的菌有效。

杀细菌剂主要针对细菌有效，杀真菌剂用于控制酵母菌和霉菌，广谱杀菌剂对细菌和真菌都有效。使用对系统内微生物控制无效的杀菌剂可能会增加金属加工液的毒理学负担，因此应预先评估金属加工液在使用过程中可能面临的微生物污染形势，针对性选择杀菌剂品种。微生物污染形势取决于产品自身腐败难易度、使用环境条件等因素，营养物质多、使用环境恶劣的产品，需要更复杂的杀菌剂技术方案，而一些配方结构相对简单的产品，甚至在配方研发阶段不引入杀菌剂。

7.3.1.4 稳定性与配方相容性

杀菌剂自身应能够在金属加工液成品库存期间保持化学性质稳定，克服环境条件的负面影响。杀菌剂中的活性物质应在热载体中表现出足够的抗菌效力，也不易受到光、氧、水、酸、碱等物理化学因素的破坏。其次是有适当的化学相容性，能耐受成品中有机物和酸碱度等环境条件的影响，与成品中的组分如润滑剂、表面活性剂、碱、酸、酯、抗氧化剂、消泡剂等不能发生互相干扰而降低药效或影响其他产品成分自身功能的发挥。

杀菌剂与金属加工液中的其他组分之间的物理相容性应满足使用要求。有些杀菌剂如BBIT不溶于水，如果用于保持溶液或悬浮液中的活性物质浓度所需的溶剂（助剂）耗尽，则活性物质可能会从工作液中分离出来而无法发挥作用；IPBC难溶于水而不太适用于无油的配方体系，同样地，难溶于油、易溶于水的杀菌剂也很难加入无水或水含量少的乳化型配方中；OPP对油的亲和力高，在导轨油等杂油进入水性系统后被萃取，并通过撇油器排出而损失。

因此，基于与配方不相容性而认为不适用的杀菌剂无需做进一步试验。

7.3.1.5 安全风险

在选择杀菌剂时，必须在有效性、稳定性和潜在危害之间进行权衡，即使是顾客没有明确提出具体要求，也必须确保杀菌剂应用的安全性（影响安全性的另一个因素是劳动防护执行力度）。杀菌剂的选型应对水基金属加工液性能的发挥起到正向作用，并兼顾生态与环境效益。

① 杀菌剂对产品性状无负面影响。例如，对于乳化型的产品，使用季铵盐等阳离子杀菌剂会与阴离子成分发生反应引起乳化状态的破坏，使产品报废、过滤系统失效。在产品中使用 OPP 会与铁离子形成红色的络合物，影响性能的发挥，改变液体外观颜色。

② 杀菌剂应对设备和工件无腐蚀或低腐蚀，容易操作，性质稳定，便于运输和储存。对于有色金属加工，如加工铜合金、镁合金等金属的加工液应慎用 BK 或其他有较强碱性的杀菌剂，以免成分中的伯胺、无机碱等组分加剧金属腐蚀，另外含卤素的杀菌剂也应尽量避免。BNPD 分子中的溴取代基在碱性水溶液会缓慢分解，腐蚀铝合金等有色金属。KDD、威百亩钾等与重金属接触可能会发生着色反应。

③ 杀菌剂的选型应考虑用户方的人员安全风险。a. 剂型合理。杀菌剂商品一般是含有一定浓度原药（活性成分）的制剂，常见剂型有干制剂（粉剂、颗粒剂、片剂等)、液体制剂（水或有机溶剂为载体的分散制剂）等，其中粉末制剂在金属加工液成品制造工艺中容易飞散，对人体健康有极大风险，且造成污染和浪费，因而应优先选用不易产生粉尘问题的液体制剂、颗粒剂、片剂等剂型的产品。b. 毒性低。应优先选用低毒性的杀菌剂或采取稀释状态供货，降低含杀菌剂的液体通过皮肤、呼吸或吞咽喷溅液进入人体后的毒性作用或皮肤炎症的风险。c. 无臭味公害。杀菌剂本身可能有臭气成分，与微生物或其代谢产物反应亦可能产生臭味，这将会导致臭味公害，恶化车间的工作环境。d. 在已经出现人员过敏的场所，应谨慎使用 BK 等三嗪类、异噻唑啉酮、酚类等刺激性强的杀菌剂，以免加重病情。

④ 杀菌剂成分对生态环境影响尽量小。应尽可能选用残余物或副产物 LD_{50} 值高、低毒、容易在自然环境中分解或易被降解的杀菌剂。抗微生物剂的种类很多，某些品类在某个历史时期内起到了重要作用，但随着环保要求的提高逐渐被抛弃，至今广泛在金属加工液中使用的仅十几种。曾经使用过的苯酚衍生物，如多氯化苯酚，特别是五氯苯酚对水体的严重污染导致对这一类产品的负面评价。此外，一种名为 oxcedot 的技术使用金属络合物如铜的络合物来控制微生物，由于对废水中重金属的限制而难以推广。

关于杀菌剂的安全性，必须有一个清醒的、全面的、正确的认识。一方面，必须承认绝大多数的杀菌剂不可避免地对人类和其他生物存在着直接的或潜在的、较大的或较小的毒副作用，因此对杀菌剂的使用种类、使用范围、使用方法、使用剂量、使用时间等都务必要严格控制，防止杀菌剂的滥用（滥用杀菌剂是微生物抗逆性产生和发展的重要外部诱导因素）；另一方面，由于杀菌剂对预防微生物灾害造成的经济损失、消除微生物及其毒素对人类健康的威胁还起着难以替代的作用，所以目前完全放弃使用也是不现实的。

7.3.1.6 经济性和供货稳定性

水基金属加工液产品所需杀菌剂的成本取决于商品采购价格和原药含量、使用剂量等，总体上倾向于选择性价比高的品种。对于高附加值产品，使用杀菌剂的成本问题并不突出，其原因在于杀菌剂在工作液中的使用剂量很少，且不需要或极少地增加生产工序，相比因阻止微生物污染而获得的收益，杀菌剂的投入成本非常低。但是对一些低价值产品，就只能接受廉价的杀菌剂了。

供货稳定性则要求必须有两套或更多的杀菌剂方案作为备选，这样做的意义不仅仅是为了供应链风险管理，也有利于定期更换产品中的杀菌剂，强化微生物控制效果。

7.3.2 杀菌剂的使用方法

杀菌剂的用途有三个方面，分别是保护浓缩液在储存期内不变质、预防工作液腐败、系统消毒，分别针对金属加工液产品和系统设施。为充分发挥杀菌剂的性能，必须遵循正确的使用方法。

应用杀菌剂的三个基本原则——安全、高效、经济。安全是前提，高效是关键，经济是目标。安全是指杀菌剂本身对人体、环境、工作液、设备系统无害或危害轻微，还应在应用层面做到合理选用杀菌剂、尽量少用杀菌剂、尽量使用低毒杀菌剂、尽量低剂量使用杀菌剂；高效是指能以尽可能少的杀菌剂投放量、恰当的使用时机、环境条件的控制来达到有效控制微生物密度的效果，使工作液免受危害；经济指的是成本可控，技术方案的经济可行性强。

7.3.2.1 杀菌剂的使用时机

用于保护金属加工液产品时，杀菌剂的使用有内添加和外添加两种方式。实际上，大多数水基金属加工液产品在生命周期内同时采用了这两种方法以获得全面且持续的保护。

① 内添加。在产品配方设计环节即加入杀菌剂组分。内添加方式确保了产品在储运过程中不生菌，能保证杀菌剂按照正确的比例（通过产品稀释倍率控制）进入到工作液中去，还可以免去配制工作液时做池边添加的烦琐，劳动安全性也更高。内添加要求使用药效作用较慢、半衰期较长（$T_{1/2}$以月为单位计）的杀菌剂，以防止浓缩液中的杀菌剂在长期储存后，对微生

物的杀伤效力大大降低。BK、MBM、OPP 等品种在浓缩液中稳定性很好，耐储存。应注意内添加的杀菌剂浓度应足以在配方稀释到最终使用浓度后提供足够数量的活性成分，或者说浓缩液不应被过度稀释。此外，当工作液已经存在较严重的微生物污染时，浓缩液中含有的杀菌剂将迅速耗尽而失去保护能力。

② 外添加。在产品初次配液或使用过程中施以杀菌剂。相较于内添加方式，外添加可以较为准确地控制杀菌剂在工作液中的浓度，快速对产生的微生物问题进行反馈，还可以根据微生物检测数据提高靶向性，减少耐药性，是现场管理的常用手段。有观点认为，外添加是业内未来微生物控制的发展趋势。外添加应根据微生物形势和目的不同选择半衰期不同的杀菌剂，例如用于初次配液时选用 BIT、MBM、BK、噁唑烷等药效期长的品种，用于池边冲击处理时选用 Kathon、有机溴等快速起效的品种，日常维护亦可补充含杀菌剂的浓缩液。需要注意的是，冲击处理时一般不推荐使用作用速度慢、半衰期长的杀菌剂，不仅起效慢、还可能对后续的废水生化处理造成不利影响。

杀菌剂用于系统消毒时，投放杀菌剂的品种与外添加方法基本相同，但其目的是在清洗系统时杀灭系统内残留的微生物，强调高效和快速杀菌，并在清洗工作结束后随清洗剂排出系统。其对杀菌剂的要求是作用速度快（微生物量在 30min 内降低 2 个数量级）、半衰期短（$T_{1/2}<96h$）为好，在满足体系相容性的前提下，戊二醛、Kathon、有机溴类杀菌剂等品种是比较理想的选择。

7.3.2.2 杀菌剂的投放剂量

确定杀菌剂投放剂量的基本原则是确保在工作液中有足够浓度的杀菌活性成分，并确保其处于安全的浓度范围。杀菌活性成分和生物体之间均为接触性杀伤，可以把杀菌剂比作“子弹”，在保护工业产品免于微生物侵蚀的同时，随着微生物不断被消灭或控制，“子弹”亦在不断消耗，正所谓“伤敌一千自损八百”，如图 7-3 所示。因此，高生物负荷亦将以异常高的速度消耗杀菌剂中的活性成分，考虑杀菌剂的稳定性和残效期就十分重要了。

水基金属加工液产品用途的不同决定了每种工作液都可能有不同的使用浓度，浓缩液中杀菌剂添加量不足可能导致其在最终使用浓度下无效，但无论是何种金属加工液产品，过量使用杀菌剂都会对最终用户产生负面影响。例如，将杀菌剂以 2%的比例加入配方中，假设杀菌剂最终使用的目标浓度为 1000mg/L。当金属加工液稀释到 5%时，将得到所需要的 1000mg/L 活

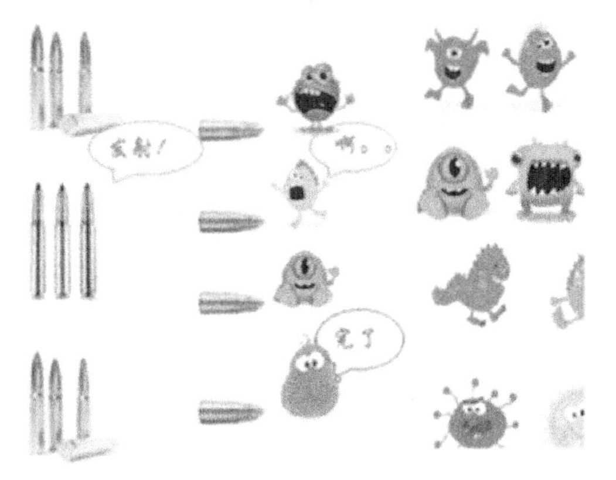

图 7-3 “子弹”杀菌示意图

性物质；当金属加工液稀释到10%时，则会达到2000mg/L，后一种浓度可能超过杀菌剂的浓度安全上限，引起皮肤过敏等刺激现象。

杀菌剂投放剂量可依据其技术说明（制造商通常会提供一个推荐含量范围），并结合经验而定。可采用适当的安全系数，但功能严重过剩或过度追求高生物杀伤力则会导致成本的增加和诸多副作用。微生物百分之百被杀死所需要的杀菌剂剂量，比将它们大部分杀死时所需剂量往往要大得多，为了在经济上更为合理，以及考虑安全性，实际过程中并不需要加大剂量以谋求完全消灭或彻底清除系统内的微生物。

7.3.2.3 杀菌剂的投放频率

杀菌剂使用过程中，应当根据工作液的微生物数量、pH、碱度、温度、循环强度等环境指标，确定杀菌剂的投放频率。投放频率并非越密集越好，而是与投放浓度密切相关。实践表明，较高浓度和较低频率的杀菌剂施加效果比低剂量、高频率投放的有效性更好（图 7-4）。对该现象的原因进行了

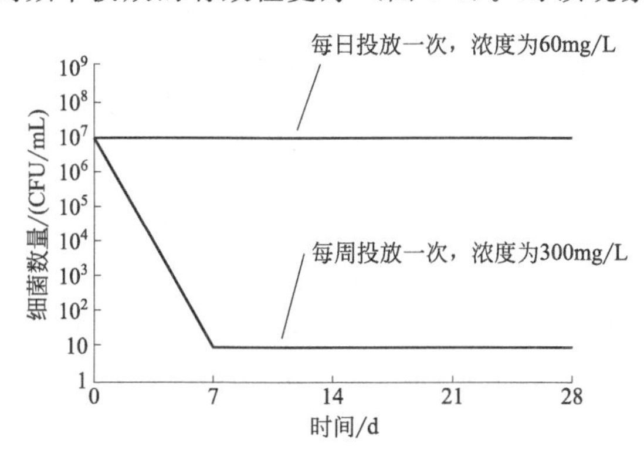

图 7-4 不同的杀菌剂投放次数对抗菌性能的影响

调查，发现与杀菌剂残留浓度、微生物对杀菌剂的消耗以及流体中优势菌种的变化有关。

7.3.2.4 杀菌剂的联用

杀菌剂联用是目前很流行的用法。系统内微生物种类往往多达几十种，无法使用一种杀菌活性物质达到杀灭或抑制全部微生物的目的。多种杀菌剂联合使用具有一系列优势：①拓宽抗菌谱。某种杀菌剂对一些微生物效果好而对另一些微生物效果差，而另一种杀菌剂正好相反，复配则可达到广谱抗菌效果。②提高抗菌药效。两种或多种不同作用机制的杀菌剂共用，可发挥相乘效应，增强微生物控制效果，通常在降低使用量的情况下仍能保持足够的杀菌效力。③提高抗菌可靠性。有些杀菌剂的杀灭效果好但残效期较短，而有些杀菌剂不具备快速杀灭作用却具有显著的长效抑制作用，二者复配使用则可使微生物控制有效且持久。④预防抗逆性的产生。某种微生物可能对一种杀菌剂容易产生抗性，但它对两种或多种杀菌剂同时产生抗性的概率要小得多。

杀菌剂联用的主要类型有以下两种：

① 将不同类型或不同作用机理的杀菌剂联用。如“MBM＋BIT＋BBIT”方案。其中的BIT持久防腐能力强，但杀菌谱有缺陷，同时杀菌速度比较慢；MBM属于甲醛释放体杀菌剂，可对BIT防腐性能做有益补充；BBIT用于控制真菌。通过杀菌剂组合使用，既能有效控制细菌和真菌滋生，又能以最少的添加量发挥最大的功效。

② 将在作用速度和持久性上具有不同优势的杀菌剂联用。如“BIT＋Kathon”方案。长效型杀菌剂BIT需要较长时间才能起到控菌作用，加入量可相对较高，时间间隔较长，投放频次较低；快杀型杀菌剂Kathon可在较短时间起到灭菌作用，加入量可相对较低，时间间隔较短，投放频次较高。这两种类型的杀菌剂搭配使用，弥补各自的不足，用于池边添加和冲击处理，应用效果良好且可以有效降低使用成本。

正因杀菌剂的联用效益显著，杀菌剂制造商也会提供含有两种或多种杀菌活性物质的复配制剂，具有极好的广谱特性，且针对成品和池边添加有不同的最优方案，对于金属加工液制造商而言降低了产品开发成本，简化了成品生产和池边处理流程。目前市售杀菌剂成品用于浓缩液的组合方案有EG-Form＋OIT、HPT/BK/OIT＋SPT、MBO＋SPT、BIT＋BDA、BIT/DM-DMH＋IPBC、OIT＋BIT＋TMAD、OIT＋SPT（真菌）等，用于池边添加的组合方案有BK/EGForm/TMAD＋Kathon、BIT＋MIT、MBO＋OIT等，用于系统清洗的组合方案有SPT＋BDA＋BIT、GA＋Kathon、MBO/

EGForm＋IPBC、Kathon＋WSCP 等。

7.3.2.5 杀菌剂与环境的相互作用

杀菌剂的作用效能与所处的环境密切相关，酸碱度与温度、有机物、金属离子等环境因素对杀菌效力的发挥既有正面的也有负面的影响。

① pH 与温度。当工作液的 pH 和温度条件与杀菌剂匹配且处于微生物代谢不适区间，则杀菌剂与 pH 和温度之间可发挥协同效应，对微生物的控制极为有利。这也是为何在用户现场进行冲击处理时，不仅需要投放杀菌剂，往往也需要同步投放 pH 调整剂等功能添加剂的原因。反之则会造成抗菌活性成分的分解、失效。例如，Kathon 适宜的 pH 范围为 4～8，使用温度不宜长时间高于 40℃，高于 50℃则会分解。BIT 适宜的 pH 范围为 4～12，耐温可达 150℃左右。三（羟甲基）硝基甲烷作为一种快速杀菌剂，在高 pH 范围会快速分解而缺少了在浓缩液中的稳定性和长效性，所以仅推荐用于池边添加。IPBC 在 pH＞9 时会快速分解，而 BBIT 更为稳定。KDD、威百亩钾等杀菌剂在酸性介质中会分解失效。

② 有机物。异噻唑啉酮类杀菌剂在含硫醇类化合物存在时会失去活性。实践中，有证据表明强还原性的物质（如亚硫酸钠和漂白剂等）或具有强氧化性的物质（如过硫酸盐等）会使 MIT、CMIT、OIT 等失活；BIT 类杀菌剂耐还原能力强而耐氧化能力弱；硝酸镁和硝酸钠可增强 Kathon 的稳定性。其他类别的杀菌剂，如 MMDHM 会与配方组分中的氨基官能团发生化学反应而失效；大多数 *N*-甲醛不得与 CMIT/MIT 混合，这是因为不同的 pH 条件将导致中和作用与强烈的化学结合反应。

③ 金属离子。对于黑色金属加工，尤其是铸铁，因其容易腐蚀而生成大量铁离子，如使用 GA 为杀菌剂，会因铁离子的影响而失效，此时尽管活性物质仍保持其原始浓度，但重组分子不再具有生物活性。与此类似，杀菌成分 SPT 会与铁离子形成黑色沉淀，与锌离子形成白色沉淀，沉淀反应会导致 SPT 失去杀菌效力，且生成物可能引起过滤器堵塞。有些酚类化合物对水的硬度敏感，并可能导致失活，因而应使用去离子水或蒸馏水进行稀释。

鉴于上述环境条件对杀菌剂效能的显著影响，在设计水基金属加工液的杀菌剂方案时，必须与配方设计方案整体考虑，否则即使是相同的杀菌剂方案，仍可能会出现一个产品防腐表现很好、另一个产品却效果极差的现象。此外，杀菌剂应对防腐并不是万能的，添加了杀菌剂的水基金属加工液产品也并非就是万无一失了。某杀菌剂方案在通常情况下防腐效果很好，但在用户现场卫生管理水平很差或者环境条件很恶劣时却一点效果都没有的现象并不奇怪，这是由于环境的影响，多可归因于酸碱度、温度、金属离子、有机物污染、微生物消耗等，需要引起重视。

7.3.2.6 作业安全与防护

绝大多数杀菌剂都有一定生物毒性，而且为危险化学品，它们对人体的危害主要表现为三种形式：急性中毒、慢性中毒和“三致”危害。其主要是经口、呼吸道，或接触皮肤、伤口而进入人体，危害源头是杀菌剂或含杀菌剂的产品，尤其是用于水基金属加工液池边添加的杀菌剂相比浓缩液具有更大的健康和安全风险，容易引起刺激反应（图 7-5）；此外，与金属加工液浓缩液相比，杀菌剂和其他添加剂不太可能自动投放或使用特殊的输送设备，因此需要更加注意降低暴露风险。

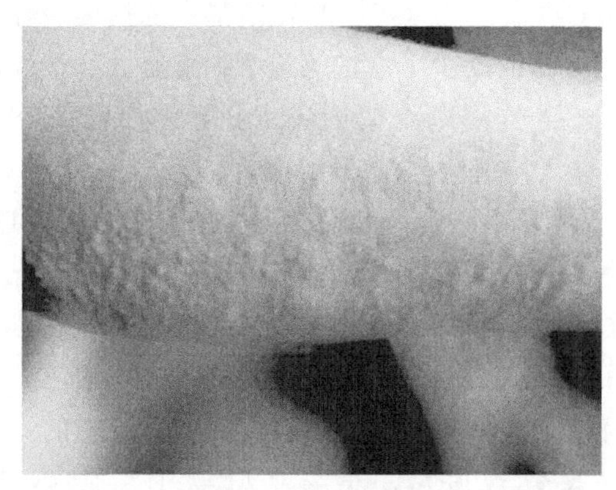

图 7-5　因手臂部位接触杀菌剂引起的皮疹

为此，在处理和使用杀菌剂或含杀菌剂的产品时需非常小心，特别注意防止皮肤、黏膜、眼睛和呼吸系统等受到伤害。为了操作人员的安全，应向员工提供信息、指导和培训，在选用每种杀菌剂之前必须参考供应商提供的产品《安全数据表》，了解杀菌剂的毒害性能及其风险对策，并获取有关个人防护用品（PPE）使用要求的建议，使用符合 GB 24539、GB 24540、GB 28881 等标准技术要求的个人防护用品及保护设施（如穿着遮盖手臂、腿部的化学品防护服，使用防尘口罩或呼吸设备，戴工作帽、防化学品护目镜及手套，穿戴防化学品鞋等），制定并严格遵循适用于现场作业的程序文件，采取措施减少皮肤或眼睛等接触的可能性。实践证明，在做好准备工作的情况下，安全防护是有保障的，这些保护措施同时也防护了工作液和烟雾的伤害。另外，在操作杀菌剂或含杀菌剂的产品时要注意预防对工作环境的污染。

7.3.3 微生物的抗逆性及其应对措施

7.3.3.1 抗逆性的概念

抗逆性（stress resistance）是指微生物对其生存繁殖不利的各种环境因素的抵抗和忍耐能力的总称，简称为抗性。当微生物处于逆境（杀菌剂、抑菌剂、不利的酸碱和温度条件、重金属离子、高渗透压等）中时，由于不能通过远距离运动逃离，微生物的抗逆主要通过自身生理和遗传适应机制来实现。微生物对杀菌剂的抗逆性包括抗药性和耐药性。抗药性是指由于某一类（种）杀菌剂长期连续使用而引起靶标菌群对杀菌剂的敏感性降低，从而造成杀菌防腐效力下降，其最本质的特性是微生物个体为了适应或抵抗环境的变化而发生的可遗传变异。耐药性是指原来的工业杀菌剂使用剂量不再能有效杀死或抑制微生物的生长。

微生物对杀菌剂的抗性归因于微生物自身的变化，而不是杀菌活性成分的变化或水基金属加工液的变化。杀菌剂在工业领域的广泛应用，为微生物抗逆性的产生提供了有利条件，目前已发现微生物对氯、GA、HTT、DB-DCB、Kathon、BIT、氯酚、DMDMH、季铵盐（QAC）、Bronopol、苯氧乙醇等多种杀菌剂会产生抗性，其中不乏在金属加工液行业广泛应用的品种。当微生物具有抗性特征后，表现为驯化状态，最终将造就一类对工作液环境具有较高耐受性和代谢活性的微生物群落，可以快速降解工作液中的有机物，如图 7-6 所示。

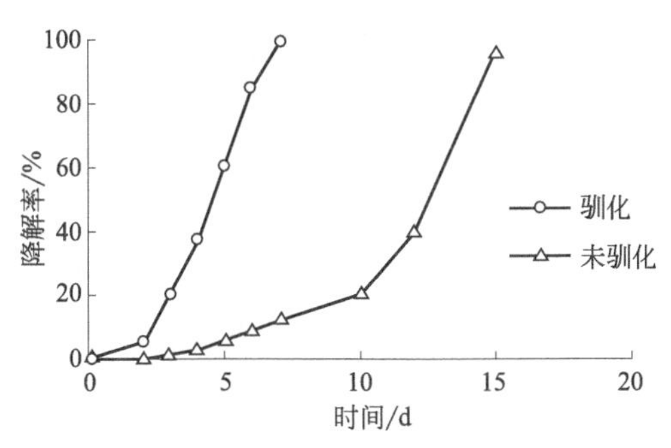

图 7-6 微生物驯化前后对聚乙烯醇的降解性对比

微生物控制失败在遇到下列两种情况时应归因于抗性的发展：①在实际情况下虽然按杀菌剂产品标签正确使用产品，但是仍观察到防腐效果显著降低；②对杀菌剂敏感性减小的微生物种群的存在使防止工作液腐败能力显著降低。

7.3.3.2 微生物抗逆性的作用机制

微生物对工业杀菌剂的抗逆性机制主要有以下四个方面：

① 微生物产生一种或几种水解酶或钝化酶来水解或修饰进入细胞内的杀菌剂，使之失去生物活性。在微生物正常的生理活动中，甲醛（FA）是碳水化合物代谢的中间产物，细胞内生成的 FA 可被甲醛脱氢酶（FD）降解生成甲酸盐和可降解的辅酶Ⅰ。过量的甲醛脱氢酶可导致实验室分离的假单胞菌对许多金属加工液中使用的甲醛类杀菌剂产生抗药性。也有研究证明铜绿假单胞菌、恶臭假单胞菌（*Pseudomonas putida*）、洋葱伯克霍尔德氏菌（*Burkholderia cepacia*）、肠杆菌属（*Enterobacter*）等因高水平的甲醛脱氢酶而获得了对甲醛释放类杀菌剂的抗药性。一些微生物还可直接代谢某类工业杀菌剂，从而获得抗药性，如杆状假单胞菌属、棒杆菌属、微球菌属（*Micrococcus*）、曲霉菌属可以通过 β-酮烷基化途径降解苯甲酸成为琥珀酸和乙酰辅酶 A。

② 微生物细胞膜渗透性的改变或其他有关特性的改变。微生物的外膜除了限制胞浆分子渗透到细胞外，也限制环境中的分子进入细胞内。长期使用同一类杀菌剂后，细菌的外膜蛋白会发生改变，外膜的通透性下降使杀菌剂进入细胞内膜受到阻碍。不少研究还表明了微生物细胞膜的脂质成分与微生物的敏感性存在联系。此外，许多具有表面黏附固着群落特性的细菌能够形成有保护作用的生物膜，此类细菌往往对杀菌剂具有较高的抗药性和耐药性，是金属加工液、水处理和造纸工业中杀菌或消毒失败的潜在危险因素。

③ 微生物具有一种依赖于能量的主动外排系统。有些细菌依靠能量和细胞膜上的一种蛋白，把药物排出细菌细胞外，使到达作用靶位的药物浓度明显降低从而产生耐药性，这种情况导致的细菌耐药过程称为主动外排系统亢进。主动外排泵存在于所有的生活细胞内，包括革兰氏阳性菌、革兰氏阴性菌、真菌、原生动物以及癌细胞。

④ 微生物的杀菌剂作用靶位（蛋白和 DNA）发生突变而使杀菌剂无法发挥作用。大多数工业杀菌剂都是多位点抑菌剂，因此微生物改变工业杀菌剂的作用位点获得抗药性不是其主要抗药性机制。

需要指出的是，由于一种工业杀菌剂对不同的微生物的杀菌机理不同，因而不同微生物对同一种工业杀菌剂的抗逆性机理也不相同。如果微生物群落在持续繁殖过程中发生了可遗传的变异，则其后代群体将获得对该杀菌活性成分的持久抗逆性。

7.3.3.3 微生物抗逆性的应对措施

抗逆性治理策略的实质是以科学的方法最大限度地阻止或延缓抗性群体

的形成、发展。针对杀菌剂抗逆性的预防，亟待研究人员和生产技术人员加强研究。

在杀菌剂制造商层面，在了解杀菌剂的生物活性、作用机理和抗逆性发生状况及其机理的基础上，研发不同作用机制的新型杀菌剂，开发和生产不同类型的高效专化性抗菌活性成分，储备较多的有效品种，有利于提高微生物的控制效率。此外，还应积极研究具有负交互抗药性的杀菌剂，或利用现有药剂混配，选用科学的混剂配方。尽管用于水基金属加工液行业的抗菌活性成分数量有限，但目前已经有多种高效的复配方案可供用户选择。

在水基金属加工液制造商层面，需要对杀菌剂的作用机理、应用技术有充分的认知，合理使用杀菌剂。像抗生素抗性一样，微生物对工业杀菌剂也存在交叉抗药性，即微生物对某种杀菌剂产生抗性后，对于结构近似或作用性质相同的杀菌活性成分也可显示抗性。有研究表明，铜绿假单胞菌对GA、ClO_2 和 QAC 具有交叉抗药性；一些对甲醛和 Kathon 具抗药性的微生物对过氧化氢也具有交叉抗药性。因此，在产品投入市场时，宜混合或交替使用不同作用机制的杀菌剂，降低对微生物的敏感性。目前在水基金属加工液供应链内交替使用技术相对比较难执行，混用更加切实可行。

在水基金属加工液用户层面，首要工作就是在更换工作液时做到彻底清洁系统，避免残留废弃工作液中的微生物对新配制工作液的污染，降低微生物对杀菌剂的遗传适应和对杀菌剂的敏感性。非必要不使用杀菌剂，如需投放池边杀菌剂时务必就其品类、剂量和投放程序等信息向供应商咨询，使杀菌活性物质浓度准确，杜绝滥用。有些工厂为了减少霉腐微生物的危害，盲目加大杀菌剂的使用量，不仅给霉腐微生物形成很强的选择压力，而且容易对人类生产生活环境造成很大污染和破坏自然生态平衡。前文中已述及，在杀菌剂总剂量相等的情况下，少次大剂量的使用方法与多次小剂量的使用方法相比较，多次小剂量的使用方法更有可能导致微生物选择性的抗逆性。

第8章

水基金属加工液产品采购与选型

8.1 采购环节对防腐工作的重要性

采购职能位于企业的内外结合点，起到连接供应商和企业生产部门的关键作用，是供应链管理中非常重要的一环。采购质量的好坏直接影响到供应商交付的货品（如水基金属加工液）在生产环节的表现是否令人满意以及生产部门防腐管理工作的效率。因而从用户角度来看，采购环节也是防腐工作的重要组成部分，如果产品品质不良，在应用环节谈防腐就是无根之木。

企业购买金属加工液产品一般通过采购部进行集中采购，也有的会实行分散采购，如各分厂、各车间、各部门独立采购所需物料，这取决于企业的经营管理模式。采购模式有询价采购（根据报价选定供应商）、即时采购（追求准时性和零库存的理想状态）、招标采购（公开招标、邀请招标、议价招标）以及电子商务采购。虽然采购模式多种多样，但采购工作的服务对象是一致的，企业供应链有效性、信息畅通程度、采购战略的建立和实施，从根本上影响了对供应商和产品的决策。

富有成效的采购部门（采购人员）应具有足够的专业素养，执行确保供应交付、实现总成本最低、建立共赢关系、完善采购能力、动态管理供应链等核心任务，服务于本企业的市场竞争战略。另外，采购工作还需其他部门的需求汇总和业务协助，例如技术部门与供应商的技术对接、产品考核，生产部门对数量、质量、交期和服务的需求以及使用信息反馈，销售部门获取的市场反馈信息等，从战略层面出发架构采购运营管理系统，实现采购货品满足生产所需并物有所值。

然而在金属加工液及其上下游行业组成的供应链中，甲方企业可能会无节制压低单价，从而使采购原则变成单纯的比价，忽视产品全寿命周期成本；重视监管审核而忽视系统管理；一味拖欠货款，甚至“鸡蛋里挑骨头”；供应商仅被看作货源，频繁更换供应商等。之所以会出现这些现象，一方面是迫于原材料涨价、劳动力成本上升的压力，另一方面是踏入了采购成本控制的误区，但本质上还是因为企业仅停留在关注采购价格降低的单一战术层面，缺乏战略眼光。如果企业一味追求物美价廉、多快好省，那么就很容易陷入短期收益的陷阱，最终引发各种供应商开发乱象，其产品采购决策很可能带来质量风险，影响到生产加工和后期交付环节，造成运营成本的增加。物美价廉和多快好省之间存在天然的矛盾，如图 8-1 所示，价格低、质量好、交付快的产品是不存在的。优质、忠诚的供应商，作为重要角色参与到供应链中，不仅能够为企业提供优质产品，还能与企业站在同一战线上，以稳固、双赢的合作关系为企业带来竞争优势。

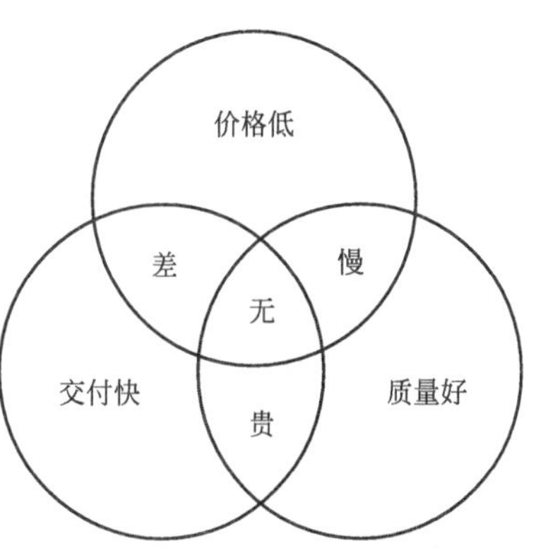

图 8-1　物美价廉与多快好省之间的矛盾

因此，对作为甲方的用户企业而言，水基金属加工液的防腐工作一定是从产品采购开始的，如果选购的产品品质或防腐性能不佳，后续的维护工作就会事倍功半，乃至导致生产事故。但是用户企业面对市场上品类繁多的金属加工液产品，选购正确而适宜的产品往往是困难的，以至于有关品质的初次决策往往以金属加工液产品供应商的产品推荐或品质保证为依据。这里涉及供应商评估和产品选型的问题，尤其以产品选型最容易暴露问题。

8.2　产品选型的考虑要素

采购产品的选型过程需要考虑技术需求、经济性、环保属性、商务等各方面的要素，是采购工作的核心内容，事关企业运营成本、生产效益和安全，故应引起重视。本节对产品选型需要考虑的技术要素、经济要素、法规符合性三个方面的内容做简要介绍。

8.2.1　技术要素

无论何时，计划选购一款水基金属加工液产品，必须考虑有哪些技术要素需要纳入评估体系。以水基切削液为例，其选型技术要素见表 8-1。根据要素的基本内容，可以获得对产品的性能定位，进而为选择一款合适的产品做好信息准备。选择水基切削液的首要目的是满足材料加工过程的要求，如润滑、冷却等性能；其次是一些在长期使用过程中才能得出评价结果的指标，如耐腐败性、耐硬水性、清洁性、防锈和缓蚀性、消泡性，以及致敏性、生理毒性等。如果是更换目前有问题的产品，那么首先需要确认新的选择可以解决现有的问题。表 8-1 同时列出了各选型要素对工作液寿命的潜在影响。

表 8-1　水基切削液选型的技术要素及其对腐败的潜在影响

项目	基本内容	对工作液腐败的潜在影响
加工过程	工件材质、工件力学性质、工艺类型、加工用量、工具、砂轮、刀架、供液方式等	根据加工过程选择适合的产品，可在产品功能和使用寿命上取得最佳平衡
加工设备	机床特性、机床的使用年限、涂层类型、使用的润滑油类别、漏油情况、密封状态、机器部件、储液箱、流体压力、功率、过滤装置等	杂油的数量和分离难度、储液箱和循环系统设计是否容易进行彻底的清洁操作、过滤方式与精度对微生物污染的控制效果有显著影响
工艺用水	外观、气味、pH 值、菌落总数、总硬度、氯化物离子、硫酸根离子、磷酸根离子、无机盐含量等	水质对工作液的使用寿命和性能至关重要，建议提供稀释用水给潜在供应商进行评估
废水处理	产品使用寿命、可用成分回收难度、废液处理成本等	废水处理的成本在总使用成本中的占比越来越高；使用高品质产品可获得更长的使用寿命
信息源	供应商、经销商/代理商、互联网、新闻传播媒体（期刊、杂志、广告等）、展会/订货会/产品发布会、行业协会、商会、推荐/证明、客户、竞争对手等	选择一款在其他用户现场具有良好表现的产品可以大大降低以后的风险

如何针对产品的技术符合性要求来选定一款产品，在很多专著或指南中都有详细论述，另外有一些标准文本（JB/T 7453、GB/T 6144、SH/T 0692、JB/T 4323、SH/T 0564、JIS K2241、JIS K2242、JIS K2246、ASTM E1497 等）可供参考。对于尚未标准化的产品，可由水基金属加工液的用户和制造商约定各项控制指标及控制范围。其中，对于使用液寿命的要求，受环保政策影响非常大，排放管控严格的地方，废水处理价格高，对使用液的寿命要求就高；管控宽松的地方，甚至不处理废水，对使用液寿命要求就低。因此，总体来说还是根据用户所处的环境提出合理的使用寿命要求。

8.2.2 经济要素

水基金属加工液的经济性不单要考虑购入价格，它与企业的运营费用、生产质量、生产效率、耗材数量、维护要求、使用寿命、环境卫生、人员健康等都有密切联系，尤其是越来越严格的环保要求引起的废液处理费用的增加不容忽视。因此，近年来越来越多的用户开始站在全寿命周期的综合经济性立场上评估产品的适用性。

表 8-2 以水基切削液为例，列举了系统运行的成本要素。有些要素（如刀具寿命）具有隐匿性，需要长期记录和分析才能判别优劣，因而常被忽视，而这些要素恰恰体现了产品价值的持续性和潜力。

表 8-2 水基切削液运行的成本要素

类别		典型成本项
直接费用	材料费	初次灌装费;后续补充费;稀释水费
	管理费	工作液管理费;额外添加剂费;检验试验费;更换工作液费;供液系统维护费;废液处理费
间接费用	人工费	人员工资;五险一金;津贴奖金等
	设备费	机床折旧费;机床维护费等
	刀具费	刀具购置费;刀具修磨费
	管理费	质量管理费及其他管理费(其他管理费主要为零部件清洗、切屑处理等)
可能发生的费用		操作人员医疗费、瑕疵品返工费

8.2.3 法规符合性

企业列入采购计划的水基金属加工液产品必须符合所在国法律、法规要求，尤其是遵守有毒有害物质的管控要求。详细内容见本书第 2 章相关内容。

另外，企业的直接客户也可能会对产品生产过程中使用的工艺介质提出成分限制等规范要求，该需求将向上传递至水基金属加工液制造商层面。

8.3 产品选优方法

产品选优即企业确定最适合本公司需求的供应商和产品的过程，涉及质量、交期、成本等各个方面。对产品的优选可以从不同的角度进行分析和评价，这取决于用户选择产品的着眼点。如果侧重于经济角度考虑，可采用最小费用法或最大效益法，选择可以使用但成本最低的产品；如果侧重于技术角度考虑，可采用综合评分法或加权打分法，选择技术指标较高的产品（必须兼顾性价比）；如果从技术与经济相结合的角度进行分析与评价，则可采用功能指数法或费用效率法等，选择综合使用成本最低的产品；如果侧重于管理方便，则根据企业车间、生产线的共性特点，选择通用性强的产品；如果侧重于卫生环保，则可选择对工人健康和环境危害小、废液容易处理的产品。

本节从技术与经济相结合的角度，采用功能指数法为例介绍产品选优的方法。其原理是：首先评定产品各功能项的重要程度，用功能指数来表示其功能程度的大小，然后将评价对象的功能指数与相对应的成本指数进行比较，得出该评价对象的价值指数。功能指数法的特点是，用归一化数值来表达功能程度的大小，以便使产品的功能与成本具有可比性，由于评价对象的功能水平和成本水平都用它们在总体中所占的比例来表示，这样就可以方便地利用式(8-1) 来定量地表达评价对象价值的大小。功能指数的数值越大，表明单位采购成本获得的效益越大。

$$V_i = \frac{F_i}{C_i} \tag{8-1}$$

式中，V_i 为第 i 个评价对象的价值指数；F_i 为第 i 个评价对象的功能评价指数；C_i 为第 i 个评价对象的成本指数。

以下是某机加工企业产品选型过程。该企业主要生产工程机械用零部件，材质为球墨铸铁、中碳合金钢等。企业共有各型机床 200 余台，年采购水基切削液 600 余桶（包装规格为 180kg/铁桶）。现用水基切削液工作液腐败变质现象较为严重，一般使用 4～6 个月即需更换，每年需委外处理的废水量高达 150 余吨，废水处理直接成本约为 30 万元。为降低水基切削液使用成本，延长使用寿命，该企业拟对现有水基切削液供应商予以调整，对外公开招标选择新供应商。

该企业在招标公告中对潜在投标人提出了明确的资质和业绩要求，并规定投标人需提供满足如下条件的水基切削液产品：①满足现有加工需求（生产线上线测试为主要评价手段）；②正常维护条件下，工作液使用寿命不低于 12 个月（以考评期内排名作为选择依据）；③不得含有相关法律法规禁止使用的环境风险物质（另附文件说明）；④货物交接要求等。同时，该企业采购部门编制的招标文件中对产品技术性能做出了更为详细的规定，生产考评时长定为 3 个月，重点考察综合成本、使用性能两个方面，以综合使用成本最低者为中标人。截至投标截止日期，潜在投标人提交资格预审文件，经过资格评审选择了 A、C、M、S 四家公司作为合格投标人，并组织该 4 家供应商一同参加投标预备会并对生产现场进行了调研。随后 4 家供应商在招标截止时间前分别提交了投标文件，并依约定分别交付了 AP、CP、MP、SP 四款产品用于测试，产品单价（不含税）分别为 18.8 元/kg、25.2 元/kg、15.5 元/kg、17.2 元/kg。该企业历时 4 个多月，顺利从参与投标的 4 家供应商中选择了综合排名第一的候选产品。

主要工作流程和评价过程如下所示。

(1) 组建工作组及主要工作内容

由采购部门牵头，技术、生产、质量三部门组建专家小组，编制招标技术要求，由采购部门编制招标文件并报主管领导批准发布。

由企业采购、技术、生产、质量部门联合成立评标委员会，共计 7 人（采购 1 名，技术 2 名，生产 2 名，质量 2 名）。

评标委员会组织、监督产品测试过程，对测试结果进行评价。在确定投标人排序及确定中标人后，由主管生产工作的副总经理批准后执行。

(2) 确定产品主要指标和评价方法

① 成本指标。以实现功能要求且所需支出成本最低者为最优方案。

② 功能指标。对水基切削液的主要性能提出具体要求和制定相应的评分规则，如表 8-3 所示。

表 8-3 功能指标评分规则（10 分制）

功能指标	评分规则
抗腐败性能	考察期间微生物检测结果始终低于 10^3CFU/mL 者得 10 分；每出现一次超标，菌落总数在 10^3CFU/mL 至 10^5CFU/mL 范围内扣 1 分；如菌落总数达到 10^6CFU/mL 及以上时，该项得分为 0 分
润滑性能	使用攻丝扭矩进行对比，排名第一得 10 分，第二得 9 分，第三得 8 分，第四得 7 分。此外，如果加工中心出现因润滑不足导致断刀、加工面粗糙等，该项得分为 0 分
防锈性能	考察期间始终没有出现因水基切削液性能缺陷导致的零部件和机床生锈现象者得 10 分。出现一次生锈现象扣 1 分；出现 3 批次及以上生锈事件，该项得分为 0 分
清洁性能	考察期间对机床内部和工件表面进行观察，无黏附油污、无析皂现象者得 10 分，轻微污染者得 8 分，中等程度污染者得 5 分，严重污染者得 0 分
抑泡性能	考察期间根据泡沫现象严重程度评分，无或轻微泡沫累积者得 10 分，中等程度泡沫累积者得 8 分，严重泡沫累积者得 5 分，泡沫失控导致溢出者得 0 分
气味	考察期间工作液气味温和者得 10 分，臭气明显者得 8 分，中等程度刺激臭气者得 5 分，有严重刺激臭气者得 0 分

续表

功能指标	评分规则
皮肤刺激性	考察期间无皮肤刺激现象者得10分，每出现一名工人产生皮肤过敏现象扣1分，出现2人及以上过敏事件，该项得分为0分

（3）功能指标重要性评价

运用0～4评分法确定每个功能的重要性系数。0～4评分法适合于被评价对象在功能重要程度上差异性不太大，并且评价对象功能指标数目不太多的情况。功能重要性系数越大，表明该功能越重要，相应地权重也就越高。其评分规则如下：

功能A比功能B重要很多：A得4分；B得0分。

功能A比功能B重要：A得3分；B得1分。

功能A比功能B同等重要：A得2分；B得2分。

功能A不如功能B重要：A得1分；B得3分。

功能A远不如比功能B重要：A得0分；B得4分。

专家小组结合历史应用经验，对各功能指标打分并计算功能重要性系数，如表8-4所示。各功能的重要性排序为：抗腐败性能>皮肤刺激性>润滑性能=防锈性能>清洁性能>气味>抑泡性能。从评分结果可知，0～4评分法很好地体现了用户的核心诉求并同时关注了其他基本需求，即最为关注的指标是抗腐败性能（功能重要性系数最大），关注度小的指标是抑泡性能（功能重要性系数最小）。

表8-4　功能评分与重要性系数

功能指标	抗腐败性能	润滑性能	防锈性能	清洁性能	抑泡性能	气味	皮肤刺激性	功能总分	功能重要性系数
抗腐败性能		4	4	4	4	4	2	22	0.262
润滑性能	0		2	2	3	3	2	12	0.143
防锈性能	0	2		2	3	3	2	12	0.143
清洁性能	0	2	2		4	2	1	11	0.131
抑泡性能	0	1	1	0		1	1	4	0.048
气味	0	1	1	2	3		2	9	0.107
皮肤刺激性	2	2	2	3	3	2		14	0.167
合计	—							84	1.000

（4）产品测试评分

符合要求的投标人分别提供了水基切削液产品试样，经采购部门对产品型号做保密处理后，在同一车间选定 4 台技术性能相近、加工零件和工艺均相同的数控机床上进行为期 3 个月的试用并定期跟踪记录、打分，试用结束后由评标委员会评分并确定候选中标人。

产品试用评价结果如表 8-5 所示。四家产品功能得分总和排序为 CP＞SP＞AP＞MP，表明 C 公司产品综合性能最优。其中，M 公司提供的产品，由于导致现场白班和晚班 2 名操作工人全部产生较严重过敏现象，人体刺激性指标评分值为 0 分，对产品试用评价结果极为不利。

表 8-5　产品性能测试评分结果

功能指标	产品功能得分			
	AP	CP	MP	SP
抗腐败性能	8	10	10	10
润滑性能	10	10	7	8
防锈性能	10	10	10	10
清洁性能	8	10	5	8
抑泡性能	10	10	8	8
气味	5	10	8	10
皮肤刺激性	10	10	0	10
合计	61	70	48	64

(5) 计算功能指数 F_i

根据产品的功能重要性系数和测试评分计算各产品功能指标评价的综合得分 φ：

$\varphi_{AP}=0.262\times8+0.143\times10+0.143\times10+0.131\times8+0.048\times10+0.107\times5+0.167\times10=8.689$

$\varphi_{CP}=0.262\times10+0.143\times10+0.143\times10+0.131\times10+0.048\times10+0.107\times10+0.167\times10=10.010$

$\varphi_{MP}=0.262\times10+0.143\times7+0.143\times10+0.131\times5+0.048\times8+0.107\times8+0.167\times0=6.946$

$\varphi_{SP}=0.262\times10+0.143\times8+0.143\times10+0.131\times8+0.048\times8+0.107\times10+0.167\times10=9.366$

功能指标合计得分$=8.689+10.010+6.946+9.366=35.011$

计算功能指数 F_i：

$F_{AP}=8.689/35.011=0.248$　$F_{CP}=10.010/35.011=0.286$

$F_{MP}=6.946/35.011=0.198$　$F_{SP}=9.366/35.011=0.268$

（6）计算成本指数 C_i

各产品单位成本之和＝18.8＋25.2＋15.5＋17.2＝76.7

$C_{AP}=18.8/76.7=0.245$　　　$C_{CP}=25.2/76.7=0.329$

$C_{MP}=15.5/76.7=0.202$　　　$C_{SP}=17.2/76.7=0.224$

（7）计算价值指数 V_i

$V_{AP}=F_{AP}/C_{AP}=0.248/0.245=1.012$

$V_{CP}=F_{CP}/C_{CP}=0.286/0.329=0.869$

$V_{MP}=F_{MP}/C_{MP}=0.198/0.202=0.980$

$V_{SP}=F_{SP}/C_{SP}=0.268/0.224=1.196$

（8）确定最佳供应商

从价值指数 V_i 的计算结果可知，A、C、M、S 四家供应商提供的产品，以 S 公司产品 SP 的价值指数最高，表明其以较低的成本获得了较好的性能，故 SP 的经济性最优。因此，该企业与 S 公司达成了长期合作协议。在后续几年的合作过程中，该企业各条生产线使用产品 SP，工作液寿命普遍在一年以上，综合表现令人满意，表明该企业实现了优化供应链的目的。

以上案例介绍了产品选优的一种常用方法。如果企业侧重于从技术角度考虑，则因 C 公司产品 CP 测试评分和功能指数计算值最高［见第（4）、（5）两部分计算结果］，宜作为首选。如进一步对价格进行谈判，C 公司能将所提供的产品 CP 单价合理下调，则其价值指数将上升。

第9章

水基金属加工液应用阶段的防腐管理

9.1 水基金属加工液防腐管理的特点

微生物、水基金属加工液和环境控制水平是决定防腐管理结果的三个要素。水基金属加工液应用阶段的重要任务就是通过控制环境水平来防治微生物污染。

针对微生物污染的防治，首要目标绝非杀灭系统内的全部微生物，而是将微生物群落数量控制在“安全”的范围内。这里的“安全”是指微生物对工作液的负面影响处于可控状态，多数微生物处于生物静止状态。相对于其他技术指标而言，微生物污染的控制指标有其独特性，主要体现在以下几个方面：

① 微生物来源广泛。微生物无处不在，即使在高温、低温、强酸、强碱、高盐、高压等极端环境中，都能发现微生物的踪迹。机械加工厂内绝大多数的水、空气、固体表面都是微生物的富集地，并存在于工作液循环系统的各个部位（尤其以生物膜最为顽固）。在一些特殊生境中营养物质浓度极低，不足以支持微生物的正常生长代谢，大多数微生物处于休眠状态，待到条件合适，又会重新活跃起来。

② 微生物破坏性大且无法复原。微生物一旦发生大规模污染，对产品的破坏是不可逆的，即使是采用应急处理手段也无法恢复工作液的良好性状。相比之下，润滑、防锈、消泡等性能的衰减大多可以通过补充专用调整剂予以强化，极少产生不可控的后果。

③ 微生物管理涉及环节多。做好微生物污染的预防，必须从产品选型

与采购、产品入库储存、生产日常监控等各个环节入手，任何一个环节的疏忽都可能导致微生物管理失败。

④ 微生物发展涉及众多指标。微生物指标与浓度、pH 值、外观、溶解氧、杂油、水质硬度、温度等诸多指标联系紧密，存在因果关系，或互相促进发展，这决定了微生物活动有其特殊性与复杂性，与其他技术指标在管理上无法割裂开来，必须全面考虑。

⑤ 微生物指标检测具有滞后性。通常微生物检测方法具有滞后性（如菌落培养时间需要 2～3 天），因而倾向于利用关联性状的变化来表征微生物发展态势。现场加强对工作液相关指标（浓度、pH 值、外观、气味等）的监控、做好维护管理是最迫切、最有效、最经济的微生物污染预防措施，如果在微生物已经造成危害之后再采取措施，往往事倍功半还要耗费大量的时间和金钱。

因此，微生物管理是水基金属加工液现场管理中最重要的一环。基于微生物污染对产品寿命和使用功能的巨大影响，在大多数情况下，水基金属加工液的应用管理就是针对微生物的管理。

9.2 管理实施责任主体

水基金属加工液防腐管理的第一步是人员的到岗和教育培训。用户应当设立专门岗位，配备与生产规模和内部需求相适应的专业人员，负责生产过程中工艺介质的管理、维护工作。

对于小规模企业，可能仅需指定一名人员（或许还是兼职）来管理水基金属加工液，该人员将负责执行工作液管理计划、公布测试结果和沟通解决问题，还将决定何时向机器储液箱补充工作液、何时添加调整剂以及何时清空储液箱并清洁系统。建议根据班次，为每一个班次配备至少一名管理人员。

对于中大规模企业，就需要组建一个管理团队来管理水基金属加工液运行系统。这个管理团队一般由企业高层授意组建，其成员可能来自制造、采购、质量、环境与安全、管理等部门，他们将在自己职责范围内保障产品使用性能稳定、使生产效益最大化。

无论是何种规模的管理团队，包括以下内容在内的培训是必不可少的：①岗位职责与权力；②劳动保护与人身安全规定；③金属加工液产品种类、品牌、型号和应用工位；④金属加工液的使用方法、检验方法；⑤金属加工液的日常维护管理要求，相关记录；⑥杀菌剂等性能调整剂的使用方法与效果检验；⑦废弃物处理要求与方法；⑧故障应对方法，投诉与反馈机制，紧急事态的处理，相关信息传递渠道；⑨仓储地点和环境要求；⑩其他与金属加工液应用有关的内容。水基金属加工液的供应商可提供相应的技术培训。

9.3 水基金属加工液的储存

水基金属加工液的储存包括了浓缩液和预先制作好的稀释液的储存。储存环境条件对于保持水基金属加工液的质量和性能（往设备中加入控菌效力缺失的浓缩液，对防腐是没有意义乃至有害的），以及成本控制都是非常重要的。

水基金属加工液浓缩液（包括用于现场补充的添加剂）应储存在室内（5～40℃）的包装桶或中型散货集装箱（IBC）中，并遵循“先进先出”原则，在供应商标明的保质期内使用。应当避免浓缩液和添加剂靠近热源、明火以及阳光直射等温差变化较大的地方，并防止其冻结导致成分分离或凝胶化，还应与不相容的材料（比如酸和氧化剂）分开存放。如果因现场条件所限只可存放在室外，必须采取覆盖遮蔽物的防雨措施，并可靠密封且直立存放或侧放，防止出口周围积水。必须采取措施防止标签损坏和容器生锈。此外，为了作业安全，应确保所有包装容器上都有危险警告标签，并在储存区域设置指示牌。

水基金属加工液也可预先配制好稀释液，储存在特定容器内（图 9-1）。这种模式主要应用在小型和中等规模企业，可称之为“集中配液”。当机床需要补充工作液时，由操作人员或指定人员到储存点领取后加入设备。这种管理模式最大限度地避免了操作人员随意调整工作液浓度、引起加工质量变差或成本增加的风险，具有工作液浓度稳定性好、节约劳动力、减轻劳动强度、对场所污染小、节约生产成本等优点。需要确保稀释液的储存容器是洁

图 9-1　某水基切削液用户现场的预配稀释液池

净的且只用于储存一个型号的产品，视现场条件采取搅拌、曝气、遮盖、密封等措施，并在醒目位置张贴标识牌。

9.4 工艺用水

工业生产中，用于制造、加工产品及与制造加工工艺过程有关的用水，统称为工艺用水。在水基金属加工液产品中，工艺用水是产品的重要组成部分，起到载体、增溶、调节油水比例等作用。在水基金属加工液用户处，工艺用水用于稀释浓缩液至设计浓度，此时工作液中水的占比可达 90%以上。工艺用水的品质保障了产品有效地实现其设计功能，如润滑、抗腐败、防锈、过滤特性，甚至工具寿命和光洁度都受到水质的影响。图 9-2 是水质各项指标对防腐败和防锈性能的影响。

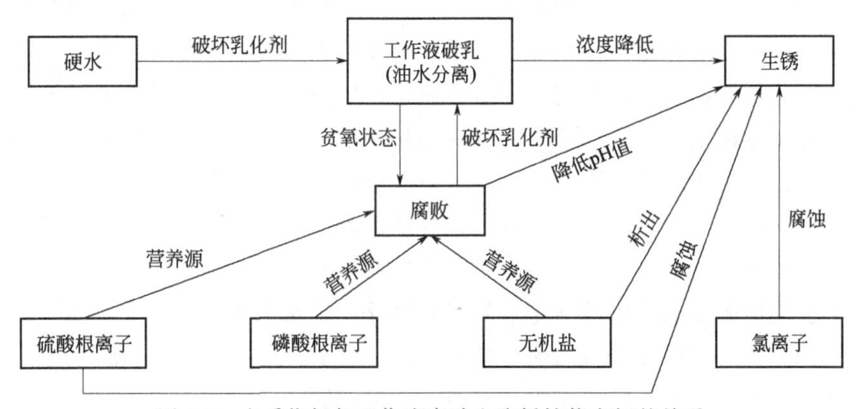

图 9-2 水质指标与工作液腐败和防锈性能之间的关系

大量实践表明，工艺用水的水质对工作液性能、介质寿命、生产效率等至关重要。不同的细分行业基于其特定目的或用途，有不同的水质标准，对水中所含杂质或污染物的种类与浓度做出了限制与要求。以水基切削液为例，理想的水质应满足表 9-1 中的技术要求。一般来说，在切削加工和清洗加工领域常用自来水或纯化水，轧制加工和表面处理领域必须用纯化水；越是重要工序，越是终端工序，对水质要求越高；介质系统容量越大，对水质要求越高。

表 9-1 水基切削液稀释用水技术要求

项目	理想范围	指标说明	超出理想范围可能产生的负面影响
外观	无色透明，无可见悬浮物	水质混浊表示其受到污染	被污染的水，相关理化指标可能超出范围，使用风险增大

续表

项目	理想范围	指标说明	超出理想范围可能产生的负面影响
气味	无异味	水源有异味表示其受到污染	被污染的水，相关理化指标可能超出范围，使用风险增大
pH 值	6.5～7.5	酸性、碱性的度量，偏离中性表明水质被污染	过低：液体不稳定，引起腐败、腐蚀 过高：液体不稳定，引起结垢、泡沫、黏液等现象
菌落总数/(CFU/mL)	0	容易被环境微生物污染，该值越低越好	过高：增加腐败风险
总硬度/(mg/L)	80～125	Ca、Mg 离子含量的度量	过低：起泡性大，引起皮肤粗糙；对防腐有利 过高：导致析皂、破乳等，并引起污染、腐败
氯离子/(mg/L)	<50	多来自水中的消毒剂残留，该值越低越好	过高：促进腐蚀，引发盐析作用
硫酸根离子/(mg/L)	<100	多来自大气污染，该值越低越好	过高：促进腐蚀、增加腐败风险
磷酸根离子/(mg/L)	<1	多来自生活污水（灰水）、土壤污染，该值越低越好	过高：富营养化作用，产生黏液或生物膜，增加腐败风险
无机盐含量/(mg/L)	<200	无机盐在水蒸发后留下白色或茶色的水垢残留物	过高：产生结垢、浮渣，促进腐蚀、破乳和腐败

工艺用水的水源有原水、自来水、软化水、纯水和超纯水、再生水等几类。

9.4.1 原水

原水是未经任何人工净化处理、直接采集于自然界中的天然水，如地下水、地表水（包括江河水、湖库水）等。原水中含有的杂质主要包括五类，分别是电解质、有机物、颗粒物、微生物和溶解气体，由于其水质不可控，不建议直接用于水基金属加工液的稀释，否则容易引起破乳、腐败、生锈等故障，最终增加了产品综合使用成本。

原水是自来水等生活、生产用水的水源，常见原水类别的基本性质如下所示：

① 地下水。是埋藏在地表以下岩层或土层空隙（包括孔隙、裂隙和空洞等）中的水，主要是由大气降水和地表水渗入地下形成的。在干旱地区，水蒸气也可直接在岩石的空隙中凝成少量的地下水。根据埋藏条件，可将地

下水分为包气带水、潜水、承压水三大类。曾经广泛用于生活饮用水的深井水通常来自承压水，承压水位于上下两个隔水层之间，与地表水联系较弱，受气候影响小，不易受到污染，有机物和微生物含量较少，浑浊度较低，故可作为一般工业用水源。但地下水在水流的渗滤过程中溶解进了土壤和岩石中的可溶性矿物质，含盐量一般在300～600mg/L，个别地区的地下水含铁、锰较多，或由于人类活动和地下水过度开采等原因受到一定程度的污染。因此，如用户条件所限只能使用地下水作为工艺用水，则需要添加软水剂以降低Ca、Mg等离子对产品性能的影响，或采用能耐受地下水影响的特殊型号产品，但存在一定风险。

② 江河水。由冰雪融化、大气降水、地下水排泄等途径补给，受到土壤、空气、动植物残体及分泌排泄物、工业生产废物与废水、市政生活污水等污染源的影响，随地表径流带入了大量的杂质和污染物。水中悬浮物和胶体颗粒物较多，存在一定的浑浊度，含有一定量的有机物（天然的腐殖质类有机物和人类活动产生的污染物），并含有一定种类和数量的微生物，包括病原微生物，尤其以人口密集地区更甚。江河水的含盐量和硬度一般低于地下水，我国大部分水系的含盐量在100～200mg/L，东南沿海地区小于100mg/L，西北地区为300～500mg/L，个别地区高达上千mg/L。

③ 湖泊水、水库水。主要由河流补给形成，其水质与补给水的水质、气候、地质、生物和湖库中水的更换周期有关。湖库水的特点是流动极为缓慢，水的储存时间长，浑浊度低，浮游生物（如藻类）含量较高。如已经富营养化，则藻类、腐殖质等污染物将严重超标。由于水的蒸发浓缩作用，湖库水的含盐量一般高于其补给水的含盐量。

9.4.2 自来水

自来水是指通过自来水处理厂净化、消毒后生产出来的符合相应标准的供人们生活、生产使用的水。水厂的取水泵站汲取江河湖泊及地下水、地表水，然后按照国家生活饮用水相关卫生标准，经过沉淀、消毒、过滤等工艺流程的处理，最后通过配水泵站输送到各个用户。《生活饮用水卫生标准》（GB 5749—2006）中对水质常规指标及限值做了规定，现将与水基金属加工液相关性较大的指标摘录于表9-2。生活饮用水卫生标准主要从人体健康的角度来确定规格参数，并不一定是最适合的金属加工液稀释用水，其品质取决于具体取水口的水质指标和处理工艺以及输送过程中受污染的程度。

表 9-2　生活饮用水水质常规指标及限值（GB 5749—2006 摘录）

指标		限值	指标		限值
生物指标	菌落总数/(CFU/mL)	100	一般化学指标	pH 值	6.5(含)～8.5(含)
	总大肠杆菌/(CFU/100mL)	不得检出			
	耐热大肠杆菌/(CFU/100mL)	不得检出		氯化物/(mg/L)	250
	大肠埃希氏菌/(CFU/100mL)	不得检出		硫酸盐/(mg/L)	250
感官性状	色度/铂钴色度单位	15		钠/(mg/L)	200
	浑浊度/NTU	1		氨氮(以 N 计)/(mg/L)	0.5
	臭和味	无异臭，无异味		硫化物/(mg/L)	0.02
				溶解性总固体/(mg/L)	1000
	肉眼可见物	无		总硬度(以 $CaCO_3$ 计)/(mg/L)	450

全国各地的自来水指标相差很大，主要体现在水质硬度等方面。一般来说，北方地区自来水硬度较高，南方地区自来水硬度较低。如果水基金属加工液的乳化稳定性不能与稀释用水指标相匹配，就会使表面活性剂、脂肪酸等功能添加剂与水中的钙镁离子反应生成不溶于水的金属皂，引起破坏和污染。因此水基金属加工液制造厂家宜事先测定用户方用水的硬度，确认是否有生成金属皂的危险性，必要的时候用软水剂先降低水硬度后再使用，或者采取耐高硬度水质的金属加工液产品。当然，用户方工艺用水的其他指标也非常重要，必须予以重视。

9.4.3　软化水

水的软化是指去除水中的部分硬度（Ca^{2+} 和 Mg^{2+}），甚至把硬度全部去除的方法。软化水质的主要目的是防止锅炉、冷却水系统等出现水垢等沉积物。软化后的水质变化有 3 种情况，分别是：

① 随着水中 Ca^{2+} 和 Mg^{2+} 含量的降低，HCO_3^- 的含量也随之降低，因此水中的含盐量也降低了。此类软化技术主要是加热法（热力软化法）、化学沉淀法（石灰-纯碱软化法等）。加热法是将水加热到 100℃以上使碳酸盐硬度受热分解，形成沉淀从而降低硬度，但此时残余硬度仍然较高，且沉淀产物并没有与水分离，因此不作为一种独立的软化方法，多与其他方法结合使用。石灰-纯碱软化法虽然能使水中的钙、镁碳酸盐硬度以 $CaCO_3$ 和 $Mg(OH)_2$ 的形式沉淀出来，但由于这两种化合物仍有一定的溶解度，故经软化后的水中仍保留一定浓度的 $CaCO_3$ 和 $Mg(OH)_2$。

② Ca^{2+} 和 Mg^{2+} 含量降低，换成了等当量的 Na^+，但是 HCO_3^-、

SO_4^{2-} 和 Cl^- 这些阴离子含量没有变化。常用方法为离子交换法（DI），使用的离子交换剂有天然沸石、海绿砂、铝硅酸钠、磺化煤、离子交换树脂等，目前以离子交换树脂应用最为广泛。用钠型阳离子交换树脂（RNa）把水中钙、镁盐转化为钠盐，而钠盐溶解度很大且随温度升高而增加，不会沉淀出来，就达到了软化的目的，此时阴离子成分不发生变化，软化后水的碱度不会发生变化。钠离子交换软化处理留下来的氯化钠、硫酸钠比原先所含的钙盐、镁盐更具腐蚀性，此外还会在金属加工液中不断累积，导致更多腐蚀、盐斑沉积等问题出现。

③ Ca^{2+} 和 Mg^{2+} 换成了等当量的 H^+（或 NH_4^+），但阴离子没有变化，因此水中产生了和 Ca^{2+} 和 Mg^{2+} 等当量的酸（NH_4^+ 的情形则产生铵盐）。该工艺亦可通过离子交换法实现，例如氢离子交换脱碱软化法，该工艺使用氢型树脂（RH），水中钙、镁盐经交换后变成 R_2Ca、R_2Mg，同时水中的 Na^+ 也参与了交换过程而生成 RNa。交换后的 H^+ 与水中原有的阴离子结合变成酸，当碳酸盐硬度产生的 H_2CO_3 分解被去除后，相当于除掉原水中的碳酸盐成分，因此软化后的水实际上是稀酸溶液，其酸度与原水中的 SO_4^{2-} 和 Cl^- 浓度之和相当，具有腐蚀性，需经中和等处理后方可使用。采用 H-Na 离子交换软化法可同时除去水的硬度和碱度。

由此可见，仅通过软化工艺处理的水不宜作为水基金属加工液的工艺用水使用。

9.4.4 纯水和超纯水

纯水有去离子水（去矿化水）、反渗透水、蒸馏水、脱盐水（除盐水）等不同的称呼，多是依据其制水工艺、目的等形成的习惯性名称。主要的纯水制备方法有以下几种。

① 离子交换法。离子交换法用于除去水中的全部成盐离子时，同时使用强酸性阳离子交换树脂和强碱性阴离子交换树脂，可将水中含有的离子几乎全部除去，出水含盐量在 1mg/L 以下。离子交换法已成为制备纯水不可或缺的处理方法，使用离子交换法获得的纯水通常称为去离子水。

② 膜分离法。简称膜法，是以人造膜为隔断，并利用在膜两侧形成的在水和水中成分之间或水中各类成分之间的运输推动力差异（电位差、压力差、浓度差、化学位差），把有关成分分离出来的方法。常见膜分离法的对比见表 9-3。利用压力差的膜分离法为反渗透（RO）、纳滤（NF）、超滤（UF）、微滤（MF），他们的适用范围可参阅图 9-3，反渗透水是典型的膜分

离法制水。电渗析（ED）适用于水的脱盐处理，将电渗析和离子交换两项技术结合起来的深度脱盐技术称为电去离子技术（EDI）。反渗透、纳滤和电渗析等方法可以起到脱盐、去除水硬度的作用，超滤和微滤则无法去除水中的 Ca^{2+} 和 Mg^{2+}，用户宜根据工艺用水需求选择经济性适宜的水处理方法。

表 9-3　用于净水处理的典型膜分离法对比

项目	微滤	超滤	纳滤	反渗透	电渗析
净化原理	机械筛分	筛分及表面作用	筛分作用，溶解-扩散作用	水优先吸附毛细管流动溶解-扩散	反离子经离子交换膜的定向迁移
传质驱动力	净水压力差(0.01～0.2MPa)	净水压力差(0.1～0.5MPa)	净水压力差(0.5～2.5MPa)	净水压力差(1.0～10.0MPa)	电位差
分离目的	去除悬浮物(SS)、高分子物质	脱除大分子	筛除水中离子和低分子量溶质	水脱盐、溶质浓缩	水脱盐、离子浓缩
膜构造	均质膜、非对称膜	非对称膜	非对称膜、复合膜	非对称膜、复合膜	离子交换膜
膜孔径/nm	20～1000	5～20	2～5	≤2	—

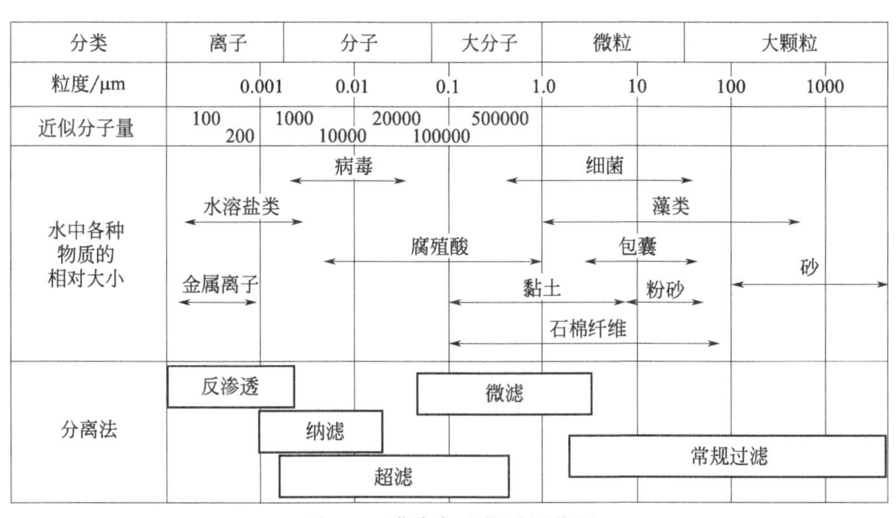

图 9-3　膜分离法的适用范围

③ 蒸馏法。有单效蒸馏、多效蒸馏、多级闪蒸、压气蒸馏、减压蒸馏、太阳能蒸馏等，是利用液体混合物中各组分挥发度的差别，使 H_2O 汽化并随之使蒸汽部分冷凝分离使水净化的方法，获得的水称为蒸馏水。蒸馏工艺能去除大部分杂质，水质纯度较高，但无法去除挥发性的杂质，部分工艺能

耗较大、经济性较差，但特别适合高浓度废水的再生和浓缩处理。

纯水的含盐量小于1mg/L，电导率为0.1～1.0μS/cm，电阻率（25℃）为（1.0～10.0）$\times 10^6\Omega \cdot cm$。许多制造业都用纯水作为清洗剂、切削液、轧制液或表面处理剂的稀释用水等。对于水基切削液和轧制液来说，纯水由于去除了电解质、有机物、颗粒物、微生物和溶解气体等杂质，水质较为纯净，不会对工作液除抑泡性以外的其他性能产生负面影响，因此大流量系统通常会配备纯化水装置。如果因水质硬度低导致水基切削液或轧制液的工作液起泡性过高时，可补充消泡剂，或在水中加入乙酸钙使水硬化［向100L水中加入3g无水乙酸钙可使硬度提高1°dH（1°dH＝0.18mmol/L）或19mg/L］，或选用低泡沫倾向的产品；某些情况下也可交替使用优质自来水和纯水作为稀释用水和日常补充水。

一般的纯水制备方法会残留微量的杂质，还会混入微量的设备材质成分，如铜离子、钠离子、硅酸根离子、树脂分子等，显然还不能满足半导体行业等更高标准的用水要求。超纯水在净化工艺中除使用常规的反渗透、电渗析、离子交换等纯化工艺外，还会采用活性炭吸附、紫外线消解、光氧化等技术，彻底消除纯水中的小分子有机化合物、热原、胶体微粒、病毒、细菌等，含盐量在0.1mg/L以下，电导率一般为0.055～0.1μS/cm，电阻率（25℃）大于$10\times 10^6\Omega \cdot cm$，非常接近理想纯水。

纯水和超纯水的水质标准是根据水质参数在用水过程中的不利影响制定的，故即使是同一类型的用途，在不同工业领域的水质标准也必然不同。在对水质要求极高的行业，水的纯度标准也会随着用水工艺的不断发展而改变。目前纯水标准有GB/T 6682、ISO 3696、ASTM D1191等，超纯水标准有GB/T 33087、GB/T 11446.1等，注射用无菌纯水标准有中国药典（CP)、美国药典（USP)、欧洲药典（EP）等，饮用纯净水标准有GB 17323、GB 19298等。

9.4.5 再生水

再生水又称中水，一般指工业排水等来源的废水经一级处理、二级处理和深度处理后供作回用的水，其水质介于饮用水（上水）和污水（下水）之间，可以在一定范围内重复使用。再生水是一类比较特殊的工艺用水，对于工业节水、减少废液处理成本有着重要价值，是循环经济的重要实践。以水基切削液为例，当浓度为5%时，1000L废水理论上可以回收约950L的水（余下浓缩液按照固体废物进行处置）。

选择再生水制备工艺时要注意再生回用水的目的、用途以及处理前后的水质要求，结合建设投资和运行费用来确定。水再生处理工艺一般包括预处理（除油、除杂、生化等）、水的回收两部分，其中水的回收工艺有热蒸发法、减压蒸馏法、过滤法、混凝法等，回收得到的水可视其用途决定是直接作为工艺用水使用还是更进一步处理。当对再生水质有更高要求时，还可在后续深度处理过程中增加活性炭吸附、臭氧-活性炭、脱氮、离子交换、纳滤、反渗透等单元技术中的一种或几种组合。目前，工业领域中水回用处理技术的发展趋势是采用集成膜系统（integrated membrane system，IMS），即将微滤、超滤、纳滤和反渗透等组合起来，系统具有可靠性高、对原水的水质变化不敏感、操作费用低且均为商品化组件的特点，已在不同行业的中水制造中得到了广泛的应用。

再生水非常重要的一项指标是菌落总数。含有较多微生物的水不适宜用作工艺用水，例如再生水中含氨氮成分不会直接对水基切削液性能造成明显影响，但微生物超标却可增加工作液腐败风险。有很多方法可以杀灭水中的细菌等微生物，如采用臭氧、氯气、次氯酸钠、二氧化氯、有机溴类杀菌剂、Kathon、紫外线等处理措施，可根据工厂实际条件选用。

9.5 工作液的配制程序

一个即将投入使用的水基金属加工液产品，其寿命起点应该从清除旧液、配制新液开始计算。新建的冷却循环系统在运行前的处理工作较为简单，主要是清除防锈油脂、杂物和灰尘等污染物即可，但已经在使用中的旧系统就要复杂得多。如果只把要废弃的腐败工作液泵出储液箱，就立即将新的稀释液加入进去，可最大限度地减少生产停机时间。然而，这是一个因小失大的做法，将使新鲜的工作液暴露于废弃工作液同样的环境中，等同于为微生物提供营养物，不久之后又会面临同样的腐败问题。因此，如果是在使用中的设备需要更换工作液，需按如下规范操作程序进行作业。

(1) 确认更换工作液的原因

本书第1.2节介绍了工作液失效的诸多原因，但在长期使用的情况下，主要是由于微生物污染导致严重腐败、工作液使用性能劣化显著、需要彻底清理储液箱内固体杂质等三个原因需要进行工作液整体更换。确认更换工作液的原因是非常重要的，为了进一步延长新工作液的使用寿命，有必要对其原因充分讨论并提出对策。但无论系统内旧的工作液出于何种原因被废弃，在新的工作液加注进系统之前，如何预防旧液的污染是首先需要考虑的。

(2) 确定更换日期和液体数量

预先制定好更换工作计划，提前有针对性地减少水和浓缩液的补充量，直至在更换前一天将系统内的工作液数量减少到可循环的最少量。这样做可将废水产生量控制在最小限度。根据系统内的工作液数量，准备好足够多的回收容器和辅助物品。

(3) 在更换前一天添加杀菌剂

如果工作液已经产生明显腐败臭气、菌皮黏附物等现象，需要添加杀菌剂。为了完全去除系统内残留的微生物、孢子，在更换工作液的前一天工作结束后，添加由供应商推荐的杀菌剂，使之循环数小时，充分杀灭储液箱和管道内的微生物。

(4) 液体的抽取作业

大流量集中供液系统和分散的单台设备的使用液提取工作有少许不同。

在集中供液的情况下，首先要进行各副供液池的抽取工作，使用真空泵抽出液体，将其回收到油桶等容器中，或者转移到主工作液池中。之后，在除去副供液池内的切磨屑和油泥等污物的同时，也尽量除去过滤器等分离装置内的残留物。其次，大流量集中供液系统的主工作液池因为液体数量庞大，通常委托外处理厂家的真空泵车进行抽取，可以同步抽取切磨屑和油泥等污物，但是残留的固体废物要像副工作液池一样完全清理干净。

单台设备储液箱按照大流量集中供液系统的副工作液池一样的清理流程进行。另一方面，即使是一个单独的工作液池，大部分数控机床的工作液池都内置在机器本体下方，在抽取液体、除去污物的作业中非常困难，因此相当多的设备并没有在更换工作液时清理干净。当频繁出现切磨屑大量堆积和因霉菌而生成的胶状黏结物大量产生的情况时，即使花费更多时间也应彻底清洁。

(5) 储液池内、管道内的清洗

一般来说，当可见的废弃工作液和固体废弃物被清除后，通常有5%～15%的液体仍残留在循环系统中，需要进一步清理。此时应使用专用清洗剂将储液箱和管路等部位冲洗干净，或使用低浓度的新鲜工作液进行冲洗，视情况决定是否需要同时加入杀菌剂。需要注意的是，谨慎使用清水进行冲洗，以免造成设备生锈。排放掉系统内的液体后，彻底检查液箱底部、挠性软管和接头等部位，确保没有碎屑/残渣，并清除所有的污泥。此外，特别注意清理掉储液箱周边和管道内的杂油，这对维持新配制工作液的清洁性能非常重要。

清洗作业务求干净、彻底。假定在换液前，系统微生物单位数量为10^8CFU/mL，如果清理不彻底，即使是残留了1%的旧液，更换之后新液中就会存在10^6CFU/mL的微生物。尽管新液中的杀菌剂能对其进行一定的控制，但仍然增加了腐败风险，尤其是在有大量生物膜的场合，其负面影响更甚。

（6）注入稀释用水和浓缩液

将供液池内彻底清理后即可注入稀释用水和浓缩液。制备乳化型产品的工作液时，务必注意需将浓缩液加入大量的水中并迅速搅拌分散，而不可将水加入浓缩液中进行搅拌，否则可能会导致产品乳化形态发生破坏。制备水溶液型产品的工作液时，则两种制备方法都可以。通常在操作时，首先注入储液箱约一半容积的水，然后加入浓缩液。浓缩液的数量根据加工工艺所需浓度和工作液体积计算而得，可以预配成高浓度稀释液加入系统，有的产品也可直接将浓缩液加入系统内混合条件较好的部位。最后对系统进行充分的循环以确保稀释液的均匀性，补充水分、浓缩液调整浓度至规定值。

配制工作液时，必须密切监视浓度指标。工作液浓度（%）可由下式进行计算：

$$工作液浓度=折光仪读数\times产品折光系数 \tag{9-1}$$

一般使用折光仪检测新配制工作液的浓度，产品的折光系数由供应商提供。如没有此数据，也可以自行测得，方法如下：使用现场稀释用水配制三个不同浓度的稀释液（如5%、10%、15%），分别读取折光仪读数，然后以折光读数为横轴、浓度为纵轴作图，拟合直线的斜率就是产品的折光系数。

配制指定浓度的稀释液时，使用工作液自动稀释装置（图9-4）是非常便利的选择。文丘里型自动混液器［图9-4(a)］使用进水压力为驱动力，运用负压原理，可按照设定浓度稳定制作品质恒定的稀释液，其优点是操作便利、效率高和成本低，但实际浓度会受到进水压力、流体温度等条件的影响。使用配比泵［图9-4(b)］配制工作液时，浓度则不会受到上述变量的影响。

(a) 文丘里型自动混液器

(b) 配比泵

图9-4　工作液自动稀释装置

（图片来源：www.coolantconsultants.com）

（7）工作液检测

工作液配制完成后，应立即确认工作液的浓度、pH 值、泡沫、浮油等指标，针对异常情况进行处理。建议在工作系统运行大约一周后进行微生物检测试验，确认微生物污染态势；如微生物菌落总量达到或超过 10^3CFU/mL 时，必须进行紧急处理。

在进行上述工作液投放作业时，应该对相关步骤进行详细记录，包括作业时间、循环时长、投料数量、废水数量等。还应做到全程佩戴防护用具，防止发生人身伤害事故，废弃物的回收应合乎规范，制定有应急预案等。

9.6 水基切削加工液的日常管理

水基金属加工液需要的管理工作内容比纯油性产品要多得多，其核心关注点在防腐败、防腐蚀和润滑性等几个方面。当一个加工系统内的工作液已经投入运行，那么影响其防腐败寿命的可控因素主要就是现场的管理水平了。

9.6.1 现场防腐相关的管理项目

以防治微生物污染为目标的水基金属加工液管理，是通过监测工作液的状态和指标实现的。测试项目有四类，分别是：感官指标、物理指标、化学指标和微生物指标。对于乳化型金属加工液，根据各指标与微生物污染之间的逻辑关系（图 9-5）可将指标分为“因”与“果”两类，不含油的全合成

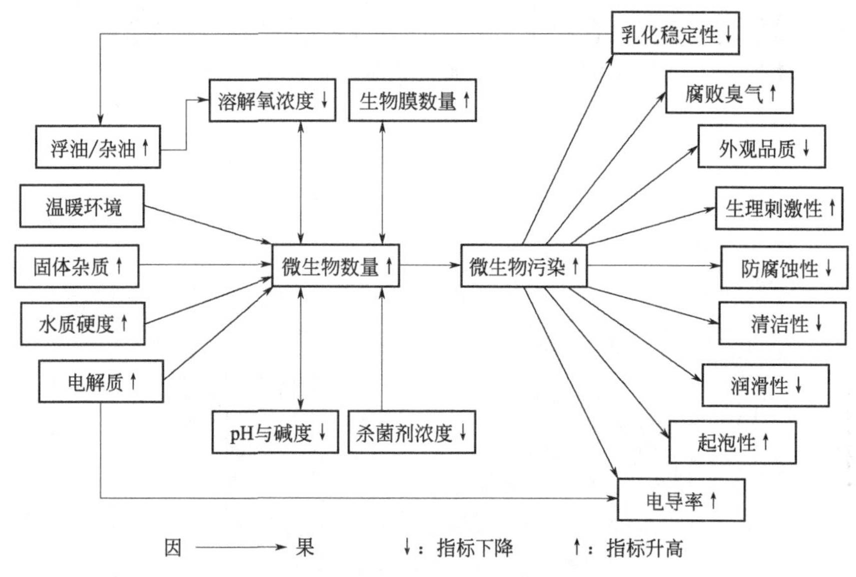

图 9-5 乳化液技术指标与微生物污染之间的关系

型产品可以借鉴其中的大多数指标。图 9-5 中，“因”是促进微生物繁殖的环境条件，控制这些环境条件可以预防微生物污染的发生；“果”是微生物污染的后果，监测到这些指标的变化可以发现和评估微生物污染形势以便采取相应的措施；某些指标与微生物污染之间互为因果关系，应该予以充分重视。

以下对其中与微生物污染关联较为紧密的指标进行详细说明，它们的变化规律是进行有效现场管理的依据，管理人员应当对每次检测获得的数据予以记录并进行统计分析。

9.6.1.1 工作液浓度

（1）指标含义

浓度代表了工作液中各功能添加剂的含量，是确保产品满足润滑、防锈、抗菌等功能要求的重要保证。大多数工作液每天因为蒸发或携带而造成的损失量大致在 2%～10%，这将会造成有效成分浓度的改变。工作液浓度过低将无法确保产品稳定实现所需功能，容易发生腐败、腐蚀、润滑不良等问题；工作液浓度过高则会增加人体刺激性，并使泡沫增多、介质成本增加。无论是何种产品，保证工作液浓度位于合理区间是首要的维护手段，对于防腐目标而言，保证工作液浓度即保证了杀菌活性成分的含量，同时也有利于避免其他应用问题。

（2）检测原理

浓度的检测可采用物理方法或者化学方法。

① 物理方法。主要检测仪器有手持式折光仪、便携式电子折光仪、在线浓度检测感应器等（图 9-6）。

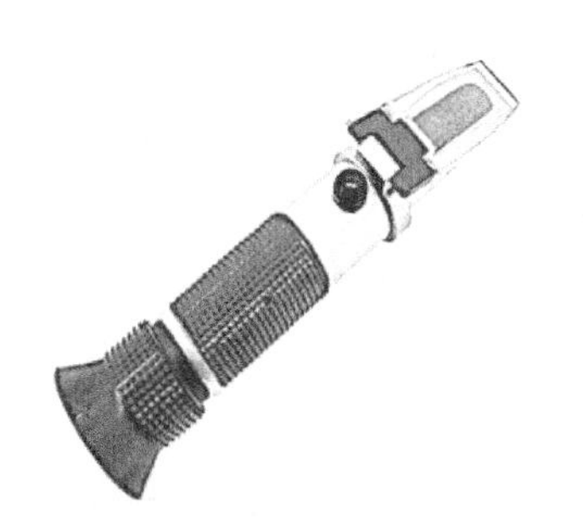

(a) 手持式折光仪

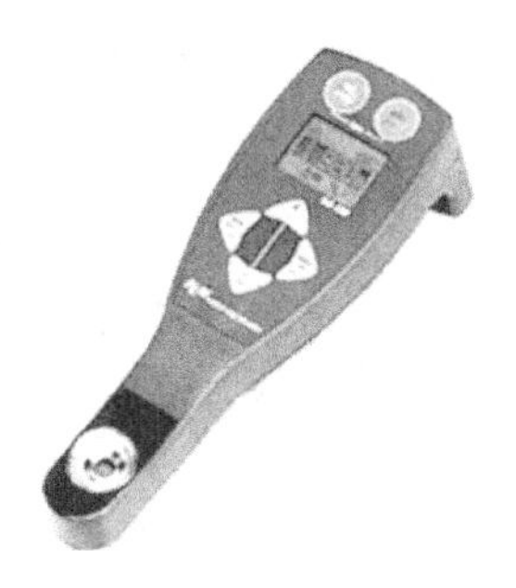

(b) 便携式电子折光仪

(c) 在线浓度检测感应器

图 9-6　浓度检测仪器

手持式折光仪［图 9-6(a)］是一种基于折射率测量工作液浓度的小型手持光学仪器，在检测时把一滴工作液滴在玻璃棱镜上，对准亮光，透过目镜即可看到一个光带落在某个刻度线上，光带边缘与刻度的交界就是折光仪读数，浓度越高，交界线位置就越高。将折光仪读数与产品的折光系数相乘即可得到产品的浓度值。便携式电子折光仪［图 9-6(b)］的操作方法与手持式折光仪类似，不过是将光信号转化为电信号，通过芯片内预设折光系数值可直接显示浓度数值。使用折光仪检测浓度方便快捷，但缺点也很明显。一是不能区分金属加工液组分和杂油等污染物，将工作液中的所有物质均当作产品的组成部分进行检测；二是随着体系老化和污染物的增加，光带边缘与刻度的交界变得模糊不清，肉眼难以读出准确数值。因此，该方法对新鲜配制的、状态较好的工作液是可靠的，但其精确度会随着使用时间的延长逐步降低。

在线浓度检测感应器［图 9-6(c)］用于实时在线监控液体的浓度、密度、波美度、温度等参数，并可与加液泵、储料罐等组成控制系统，根据用户设定的上、下限范围值，实时控制加液泵的开关，实现自动加液，动态调配混合液的浓度、密度、波美度等参数始终处在预先设定的范围内。

② 化学方法。主要检测方法有酸解破乳法（含油量法）、化学滴定法等。

酸解破乳法是利用盐酸、硫酸等无机酸破坏工作液的乳化组分，然后静置或用离心机使油相上浮到液面，通过油相组分的比例推算工作液的浓度。该法需要用到具有强酸试剂和专门设备的实验室，不适合于池边检测，且检测数据极易受到混入系统的杂油的影响。

化学滴定法可用于分析工作液中的碱性物质、表面活性剂、杀菌剂或其他特征组分的含量，据此推算工作液的浓度。所使用的化学滴定程序取决于所使用的金属加工液，金属加工液供应商是获得该化学滴定实验程序的唯一来源。化学滴定法操作简便，数据可靠性较折光仪法和含油量法更好，但污染成分和运行龄期（尤其是水中碳酸盐的累积）会导致数据不准确。水基金属加工液产品中各组分在使用中的浓度变化规律是不同且复杂的，这决定了化学滴定法测试结果无法反映工作液各组分含量的全貌，因此在实际工作中常通过检测与工作液功能密切相关的成分（通常是碱性添加剂和阴离子表面活性剂）来推定工作液的有效浓度。

检测工作液浓度还可使用特殊离子电极、自动滴定仪、气相色谱仪等仪器分析方法，由于目前在用户现场罕有应用，在此不做介绍。

(3) 检测频率

每日（每班）检测并记录。

（4）维护方法

采用供应商推荐的工作液浓度，并明确产品的折光系数。特殊情况下，需要用户自行试验确定稀释倍率，此时需要与供应商确认该产品的安全浓度区间，以免造成人体刺激、泡沫异常等故障。根据浓度测试结果，使用较高或较低浓度的预混合稀释液调整工作液浓度，使配方中各功能成分的消耗得到及时补充且保持在合理范围内。

9.6.1.2 外观

（1）指标含义

外观是重要的感官指标。外观品质良好的工作液可以是乳白色（乳化油）、透明的（全合成液）或透明到乳白色的（微乳化液）。工作液颜色发生显著变化（如变灰色或黑色）乃至出现油水分离现象，设备工作室内壁、盖板侧壁和顶部等位置出现黏液质生物膜，是微生物失控的表现。工作液颜色变成灰色或黑色也可能是由于磨屑或金属微粒的混入，这可以用简单的过滤试验来甄别。全合成液和微乳化液颜色呈逐渐增加的乳白色，表明是夹带或乳化的杂油。

（2）检测原理

外观一般采用目视检查即可，特殊情况也可借助化学分析或显微镜等仪器分析手段。夹杂金属颗粒或砂轮灰的生物膜，通常具有黏滑感和柔韧性，而固体颗粒和工作液残渣的混合物是较为干燥和具有沙砾感的，因此通过触摸可将两者区分开来。

（3）检测频率

每班检测。应随时关注该指标，且该指标的劣化极易被察觉。

（4）维护方法

微生物污染是引起工作液外观异常的主要原因之一，因而所有预防微生物污染的措施均有利于维持良好的工作液外观。

9.6.1.3 气味

（1）指标含义

气味是重要的感官指标。水基金属加工液产品通常具有温和的气味（来自添加剂组分的特有气味），当工作液散发出霉味、腐败味、臭鸡蛋味和其他非典型气味表明微生物污染已经发生，这是由厌氧微生物降解过程释放出 H_2S 等挥发性组分导致的。但是早期没有臭气、外观呈新液状态时，微生物也可能是超标的。

（2）检测原理

气味的测定可采用感官测定法或仪器测定法。感官测定法分为臭气浓度法和臭气强度法两种，其中臭气强度法（表 9-4）采用 6 级分级制评价臭气的强度级别，在我国和日本应用较多。该法快捷简便，能定性地说明臭气强弱程度，可作为一种现场简便判断污染程度的检测方法。仪器分析法采用气相色谱法、气相色谱法-质谱法等分析方法对恶臭成分进行单一组分的定性、定量分析，多用于科研领域。

表 9-4　6 级臭气强度等级法

等级	强度	说明
0	无	无任何气味
1	微弱	勉强闻到有气味，嗅觉不敏感者甚难察觉（感觉阈值）
2	弱	能确定气味性质的较弱的气味，嗅觉不敏感者刚能察觉（识别阈值）
3	明显	能明显察觉
4	强	已有很明显的臭气
5	很强	有强烈的恶臭

（3）检测频率

每班检测。应随时关注该指标，且该指标的劣化极易被察觉。

（4）维护方法

腐败臭气是微生物活动的结果，通过控制浓度、pH、杂油等指标，抑制微生物活动即可避免臭气产生。避免工作液长期静止，否则会在内部形成缺氧环境，为厌氧菌的大量繁殖创造有利条件，从而引起腐败。

9.6.1.4　微生物数量

（1）指标含义

以水为基础的工作液非常有利于微生物的生长，菌落总数测试结果直观地反映了工作液中的微生物群落数量。不同用途的水基金属加工液在微生物控制指标上会有所不同。对于水基切削液来说，现场微生物控制标准和相应的措施见表 9-5。

表 9-5　水基切削液的细菌数量控制标准及对应措施

控制效果	菌落总数/(CFU/mL)	对应措施
良好范围	$<10^3$	细菌数量维持在低水平，控制良好，无需采取措施
合理范围	$10^3\sim10^5$	需要检查控制措施，确保细菌水平保持在控制之下。进行风险评估，确定采用补充新液、杀菌剂或其他性能调整剂（如 pH 提升剂）
控制不良	$>10^5$	使用杀菌剂做紧急处理，通常应彻底更换工作液和清洁系统

（2）检测原理

微生物检测方法及其原理见本书第 4.6 节内容。目前在金属加工液行业广泛使用的是一种浸片（dip slide 测菌片），该测试片为一塑料薄板，薄板两侧各固定有一种培养基，分别用于检测细菌和真菌数量；也可通过调整培养基组分使之只适应某一类微生物生长，如用于检测硫酸盐还原菌的专用测菌片。这类微生物测试片是一种预先制备好的培养基系统，培养基中一般含有胰蛋白、葡萄糖、酵母提取物、琼脂、卵磷脂、氨基酸、表面活性剂、TTC（2,3,5-三苯基氯化四氮唑）等，pH 呈中性，通过调整组分，可分别用于总菌落、细菌、真菌的培养计数。其中，TTC 会被微生物生理活动产生的脱氢酶还原成亮红色的甲臜，以便于观察。在 30℃ 的环境中，经过 24～72h 的培养即可对照标准图谱得到测试数据，细菌的检测结果以液体的菌落数量（CFU/mL）表示，真菌以“＋、＋＋、＋＋＋”表示数量多少。图 9-7 是使用 dip slide 测菌片检测某乳化液中微生物数量的测试结果，培养基表面清晰地显示了微生物生长情况。值得注意的是，dip slide 测菌片检测方法虽然方便快捷，但在精确度上不如活菌计数法，即使在细菌污染＞10^3CFU/mL 的样品中，使用浸片法也可能检测不出细菌的生长。

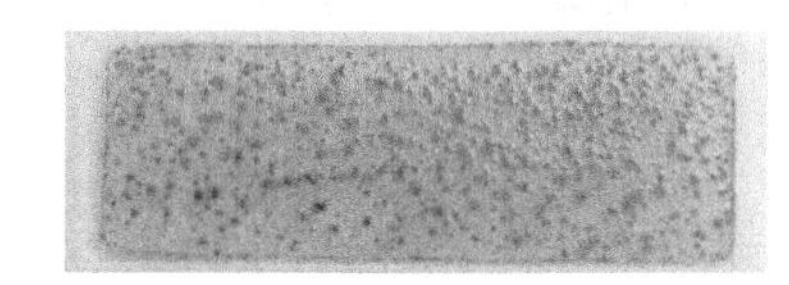

(a) A面：细菌，10^5CFU/mL

(b) B面：真菌，++

图 9-7　dip slide 测菌片检测结果

（图片来源：上海森帝润滑技术有限公司）

溶解氧和杀菌剂成分浓度是测量微生物指标的替代方法。

（3）检测频率

建议每月检测一次。在特殊时期（如制定管理计划的早期阶段、高温季节、有腐败征兆时）应相应提高检测频率。

（4）维护方法

控制工作液浓度处于正常范围，监测外观、气味、pH 等关联性指标和过滤净化效果是否异常，检查机器、机器外壳和工作液池表面是否有可见的真菌生长迹象。必要时，往系统内添加杀菌剂及其他必需添加剂。

9.6.1.5 溶解氧浓度

（1）指标含义

溶解氧（DO）是溶解于水中的游离氧，其浓度大小（mg/L）与空气中氧的分压、大气压、水温、水质、微生物活跃程度有密切的关系。工作液中的溶解氧参与微生物新陈代谢过程，同时抑制厌氧微生物的繁殖。较高水平的溶解氧（6～8mg/L）表明细菌活性相对较小，通常发生腐败的工作液溶解氧可降低至 2mg/L 以下。藻类滋生可能导致水体溶解氧含量大幅下降，但这种现象在金属加工液中较为罕见。

（2）检测原理

使用便携式溶解氧测定仪进行检测。其原理有覆膜电极法（电流式和极谱式）和荧光法两种，详细原理见标准文件 HJ 925—2017 和 HJ 506—2009。该类仪器一般测量范围为 0～20mg/L，最小分度值≤0.1mg/L，仅需数分钟即可得到测试数据，在生产现场快速检测方面具有很大优势。

（3）检测频率

建议每日检测一次。或视用户需求和实际条件而定。

（4）维护方法

在一个循环系统中，相对于实际的微生物活动，氧分消耗是相对滞后的表现。因此，应维持工作液浓度在推荐范围内，通过机械搅拌等方法使液体与空气充分交换氧分，节假日亦需要保持工作液的定期循环。有条件的用户可配备符合 HJ/T 99—2003 标准要求的水质自动分析仪在线监测工作液的 DO 指标，当 DO 指标开始下降但还未造成更大破坏以前即人为干预，可避免微生物造成更大破坏。

9.6.1.6 杀菌剂活性成分浓度

（1）指标含义

工作液中的杀菌活性成分必须达到一定的剂量，该数值通常超出微生物的最低抑制浓度（MIC）数十倍才能起到抑制或杀灭微生物的作用。在实际应用时，还受到使用对象、环境条件、目标微生物种类和数量差异的影响，因而必须根据实际情况和使用经验确定合适的浓度范围。

（2）检测原理

利用在高效液相色谱固定相上吸附和解吸速度的差异对其进行分离，经紫外检测器检测，确定其含量。水基金属加工液供应商可提供测试杀菌活性成分含量的方法。

（3）检测频率

建议每周检测一次。或视用户需求和实际条件而定。

（4）维护方法

按照标准操作规程定期补充浓缩液和水，确保工作液浓度在设计范围内。工作液外观、气味、浓度、pH、碱度、生物膜等指标的显著变化指示了其中的杀菌剂活性成分数量可能不足，必要时投放含杀菌活性成分的池边添加剂。

9.6.1.7 pH

(1) 指标含义

pH 表示工作液的酸碱度，它的数值等于水中氢离子浓度（以 mol/L 计）的负对数。当 pH＝7 时，工作液呈中性；pH<7 时，工作液为酸性，数值越小，酸性越强；pH>7 时，工作液为碱性，数值越大，碱性越强。pH 测量结果表明工作液的质量变化情况。以水基切削液为例，pH 急剧下降表明微生物水平较高或与某些金属发生了反应，金属腐蚀和生锈风险升高，杀菌剂作用效率也会受到影响；pH 的急剧上升表明可能存在化学污染（如碱性清洗剂），较高的 pH 水平有助于抑制微生物的繁殖，黑色金属生锈风险减小，但有色金属腐蚀风险增大、对人体皮肤刺激性增强。因此，从防止腐败、抑制腐蚀和人体健康安全的角度来看，保持工作液的 pH 在 8.5～10.0 之间为宜。

(2) 检测原理

工作液的 pH 可使用 pH 测试条、电子 pH 计进行检测（图 9-8）。

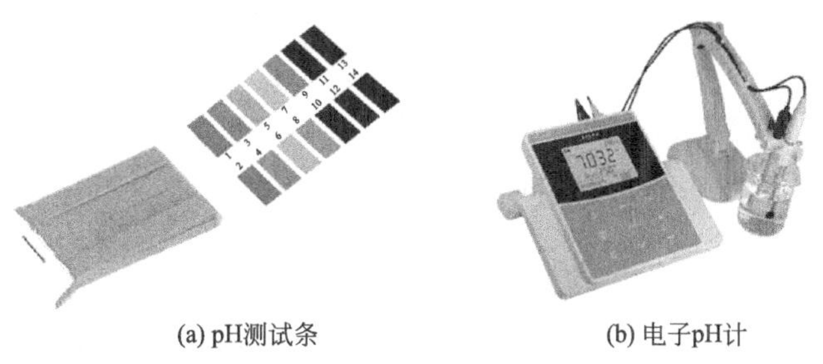

(a) pH测试条　　(b) 电子pH计

图 9-8　pH 测试用品和仪器

① pH 测试条。纸质基材上融合有甲基红、溴甲酚绿、百里酚蓝三种指示剂，在不同 pH 的溶液中会按一定规律变色。使用时将测试条浸入待测样品中几秒钟，然后取出并将其颜色与标准色卡对比即可获得检测液体的 pH 数据。pH 试纸的精度有 1.0 级、0.2 级、0.1 级、0.01 级等。

② 电子 pH 计。使用电极法检测水溶液的 pH，相关标准有 ASTM E70、HJ 1147 等。电极法测量 pH 是由测量电池的电动势而得，该电池通常由参比电极和氢离子指示电极组成，当溶液每变化 1 个 pH 单位，在同一温度下电位差的改变是常数，据此可在仪器上直接以 pH 的读数表示。电子 pH 计的精度有 0.1 级、0.01 级等。

在线 pH 计广泛用于生产现场及工艺条件下连续监测水质 pH，通常由 pH 电计系统（二次仪表系统）和 pH 电极系统（传感器系统）两部分组成，其中仪器的电极系统有浸入式和流通式两种基本设计。配合自动化的调节反馈装置，非常利于维持系统 pH 条件的稳定。

(3) 检测频率

每班或每日检测。

(4) 维护方法

确保工作液的 pH 保持在供应商建议的范围内，并记录 pH 数据，分析其变化和趋势，必要时通过添加浓缩液或供应商推荐的 pH 提升剂，调整至合理的 pH。必须充分考虑 pH 与其他指标之间的关系，注意统筹兼顾，合理确定控制范围，防止发生盲目追求单一目标而冲击或干扰其他目标的现象。

9.6.1.8 碱度

(1) 指标含义

碱度是指水中能与强酸发生中和作用的全部物质，即能接受 H^+ 的物质总量。工作液的碱度代表了产品预防腐败、生锈、酸中和等风险的潜力。微生物活动会分解碱性组分，碱度降低又会有利于微生物繁殖，形成恶性循环。碱度较高时，即使系统内产生或者自外部混入了酸性物质，也能在较大范围内维持工作液的 pH 水平，显著降低了腐败和生锈等风险。过高的碱度会对人体皮肤健康、有色金属保护不利。

(2) 检测原理

工作液的碱度可通过滴定法检测。受试样品水溶液中加入指示剂，然后用规定浓度的酸标准溶液滴定，通过内部指示剂的颜色变化确定终点，最后根据酸的消耗量等效换算为 KOH 的量来表征样品碱度。也可以使用预设 pH 作为滴定终点，计算方法见式(6-3)。

(3) 检测频率

建议每周检测一次。至少每月应检测一次。

(4) 维护方法

确保工作液的碱度保持在供应商建议的范围内，记录碱度数据并分析其变化和趋势。必要时通过添加新工作液或供应商推荐的碱性添加剂，调整至所需的碱度值。调整工作液碱度时，应与 pH 相协调，并充分考虑对有色金属的影响。

9.6.1.9 杂油数量

(1) 指标含义

杂油是不希望出现在工作液中的外来油品。工作液在运行过程中，难免会混入设备用油（液压油、齿轮油、主轴油、导轨油等）、工件携带油或其他途径进入的油品，它们可能漂浮在液面或者被乳化分散，但不是浓缩液原本配方中的一部分。大多数情况下，杂油一部分会被乳化进入工作液内部，使乳化油滴增大，增加破乳倾向、干扰浓度的测定准确性、降低工作液的清洁性；另一部分漂浮在工作液表面，增加了腐败风险，且带走工作液中的某些油溶性有效成分、增加加工区的油雾浓度、影响碎屑的沉降、降低冷却性能以及引起皮肤刺激。从上一道工序携带进入的含氯油品还会因脱盐酸效应增加工作液中的氯离子浓度并降低其 pH，进而恶化防腐蚀性能。

对于水基切削液而言，通常工作液中的杂油含量应控制在 0.5%或更低水平，以期获得最佳的工作液性能和寿命。低含量的杂油实际上还能改进加工液的某些性能，但高含量的杂油几乎总是使性能变差。若因环境条件所限难以实现良好控制，也应始终将杂油污染控制在最低水平（建议低于 2%）。

（2）检测原理

杂油污染可能表现为液体表面出现局部或连续的油层、工作液乳化杂油而变色两种现象。通过离心分离法分离样品或简单静置数小时后测得液面的漂浮油量，然后通过酸解破乳后得到的总含油量，即可计算杂油总量[式(9-2)]、被乳化的杂油量［式(9-3)］。该法的数据准确度受到取样方法和浓度检测准确性的影响。

$$\text{杂油总量}=\text{总含油量}-\text{清洁产品中的油相数量} \tag{9-2}$$

$$\text{被乳化的杂油量}=\text{杂油总量}-\text{漂浮油量} \tag{9-3}$$

（3）检测频率

建议每日检查一次。该指标变化情况极易通过目视察觉。

（4）维护方法

绝对禁止出现储液箱液面大部或完全被杂油覆盖的情形（图 9-9）。经常检查设备润滑油加油记录，及时发现消耗量异常的油品，维护机器和相关

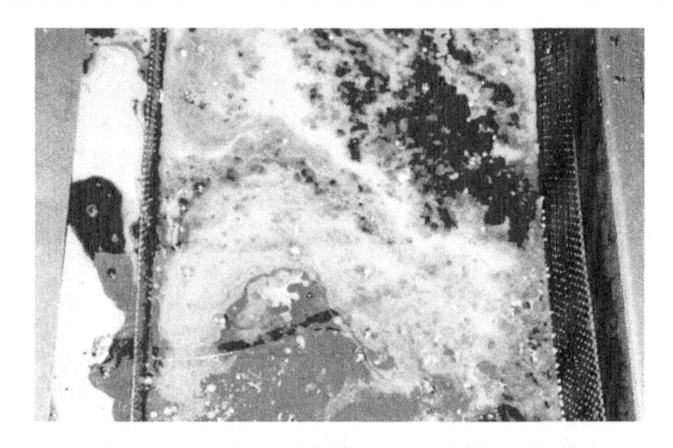

图 9-9　被杂油覆盖的水基切削液工作液

设备以尽量减少泄漏。当发生设备用油不定期泄漏时，使用机械撇油器、移动聚结器或离心系统、真空系统清除这些泄漏物。控制工件带油量，阻断工序间交叉污染。

9.6.1.10 工作液温度

(1) 指标含义

温度表征了工作液的冷热程度。多数微生物最适宜的温度范围为30～35℃，温暖的工作液环境可加快微生物新陈代谢，因而夏季更加容易出现工作液腐败现象；工作液温度过高还会对乳化稳定性产生影响，加速乳化液的破坏和水分蒸发损失，间接促进微生物生理活动。但是在产品配方体系合适的前提下，适度加热也可以抑制微生物的生长繁殖。

(2) 检测原理

测量温度的仪器主要有玻璃温度计、电子温度计、机械式温度计等类型。

① 玻璃温度计。利用煤油、酒精、水银或汞基合金等液体显示介质在感温泡和毛细管内的热胀冷缩原理来测量温度，按结构可分为棒式温度计和内标式温度计两类，使用成本低，应用广泛。

② 电子温度计。有热电偶温度计、电阻温度计等类型，在工业生产中应用广泛。其中，热电偶温度计利用铂铑/铂、铁/康铜、镍铬/镍硅等热电极组件的热电效应，将温度变化转换为电量变化，通过灵敏电测仪表来显示温度数值；电阻温度计利用金属（如铂丝）或半导体的电阻随温度单值变化的特性，经相应电路转换信号后来表征测量的温度数值。

③ 机械式温度计。有转动式温度计、压力式温度计等类型。转动式温度计以双金属片为温度感应元件，利用其挠度随温度而改变的特性，通过机械的传动放大机构，带动记录笔尖在记录纸上画出温度记录曲线；压力式温度计（气体温度计）利用封闭系统内部气体的体积或压力随温度变化的原理，借助弹性元件和传动机构带动指针在刻度盘上指示出温度数值。

④ 其他测温方法。有颜色测温法（比色测温法）、红外测温法、液晶测温法等。其中，红外测温法在工业中应用较多，其原理是利用光学机械系统对被测目标的红外辐射进行线扫描检测，由光电探测器接收红外辐射，经光电转换、信号放大和处理后输出被测物表面温度信息，是一种便捷、安全、精确的测温手段。

(3) 检测频率

建议每班或每日检测一次，有条件可配备在线液位/温度监测仪器。

(4) 维护方法

针对水基切削液，建议控制稀释液的工作温度不超过30℃，除非因工作液的性能需要。可使用热交换器来管理流体温度，不仅能预防腐败，还可减弱温度对设备精度的影响。工作液的数量不仅应满足循环所需的最低量，还应满足散热的需要，防止热量过度累积。通常工作液的数量必须位于储液箱上下液位线之间，且至少为每分钟供液量的3～5倍。

9.6.1.11 水质硬度

(1) 指标含义

水质硬度是反映水中钙盐、镁盐特性的质量指标。配制工作液用的水中含有碱金属、钙、镁、铁、铝、锌、锰等金属离子，皆能构成水的硬度。钙、镁重碳酸盐可经煮沸而沉淀，称为暂时硬度（碳酸盐硬度），钙、镁的氯化物，硫酸盐及硝酸盐等煮沸不能沉淀的部分称为永久硬度（非碳酸盐硬度）。在天然水中，钙、镁离子的含量，相对来说远远大于构成硬度的其他金属离子，故硬度通常以钙、镁的含量计算，并以每升水含碳酸钙的质量(mg/L，以碳酸钙计）来表示水的硬度。根据水质硬度的数值大小，可将水粗略分为软水（碳酸钙含量为0～120mg/L）和硬水（碳酸钙含量为>120mg/L）两大类，不同行业对水质硬度的划分标准不尽相同。在生产环境下，水的硬度具有累积性（锅炉效应），例如某机加工企业工艺用水硬度约为12mg/L，半年后工作液硬度高达312mg/L。

水中的无机盐为微生物代谢提供了丰富的矿物质、微量元素等营养物质，高硬度的水中往往也含有更多的有机质，会促进微生物繁殖。表9-6是不同硬度的水对水基切削液中细菌繁殖的影响。结果表明，无论是合成切削液还是乳化切削液，稀释水的硬度越高，微生物繁殖越快。此外，如果水质硬度指标超过工作液耐受能力，则会导致油水分离、生锈、胶状沉积物等异常现象，间接促进了腐败的发生；硬水中的无机盐亦可形成盐斑引起工件污染和腐蚀。

表9-6 水的硬度对水基切削液中细菌繁殖的影响

切削液种类	稀释水	细菌数量/(10^6个/mL)				
		0d	1d	2d	3d	4d
合成切削液	蒸馏水	0.1	1.2	1.5	2.2	4.8
	软水(72mg/L)	0.1	3.4	5.5	6.1	6.7
	硬水(700mg/L)	0.1	3.1	8.1	9.8	9.1
乳化切削液	蒸馏水	0.1	2.8	4.5	8.6	9.1

续表

切削液种类	稀释水	细菌数量/(10^6 个/mL)				
		0d	1d	2d	3d	4d
乳化切削液	软水(72mg/L)	0.1	14.7	10.2	13.2	15.9
	硬水(700mg/L)	0.1	10.5	16.3	21.0	33.4

(2) 检测原理

水质硬度的检测方法有滴定法、试纸法、蒸干法等。

① 滴定法。在 pH＝10 的氨性缓冲溶液中，使钙、镁离子与指示剂(酸性铬蓝 K) 作用，生成酒红色的络合物。滴入乙二胺四乙酸二钠溶液后，乙二胺四乙酸二钠从指示剂络合物中夺取钙、镁，形成无色络合物，溶液呈现游离指示剂本身的颜色。根据乙二胺四乙酸二钠溶液所消耗的体积，便可计算出水的总硬度。

② 试纸法。使用硬度试纸进行检测，待测液体中的钙、镁离子与预先涂在试纸条上的有机显色剂生成螯合物，发生显色反应指示样品的水质硬度(图 9-10)。

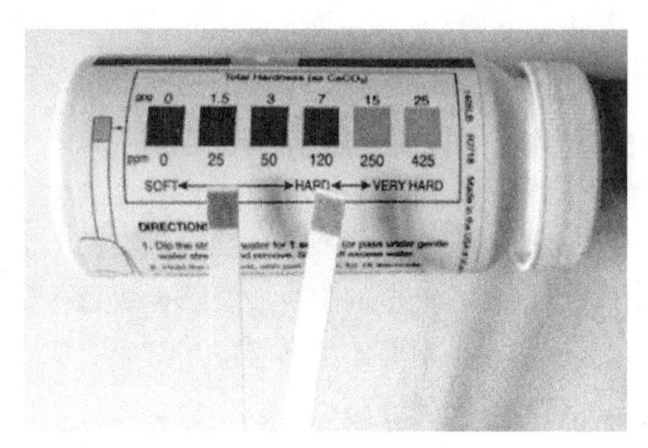

图 9-10　使用试纸法检测样品水质硬度

③ 蒸干法。一种操作简便的定性试验。将水样品放入一个 13mm×51mm 的培养皿中，然后将其放入 104℃的烘箱中，烘干后观察残留物。这个过程可以用另一个培养皿重复四次 (每次蒸发后补充水样)，以评估每月稀释用水的硬度累积效果。

(3) 检测频率

建议每月检测一次。或根据具体需求而定。

(4) 维护方法

遵守产品供应商对水质的要求，杜绝使用地下水等劣质水源、硬度较高的自来水作为工作液稀释用水。必要时，可使用电渗析法或反渗透法等净化工艺生产符合产品工艺质量要求的高纯度水，但不建议使用软化水。

9.6.1.12 固体杂质

(1) 指标含义

固体杂质包括金属屑、砂轮灰、油泥和灰尘及其他固体污染物，通常以金属屑/金属粉末为主（图 9-11）。固体杂质的大部分会在设备运行时通过栅格、链板式输送机、推杆输送机、滤布过滤器等收集、去除，但仍会有部分杂质，尤其是非常细小的杂质会残留在储液箱和管道内。残留的固体杂质过多会带来一系列问题：新鲜的金属屑表面起到催化作用加速工作液的氧化；固体颗粒形成生物膜的组成部分；堆积形成局部缺氧空间促进厌氧菌繁殖；微生物可利用溶出的金属离子进行生理代谢活动；进入循环系统对泵和喷射系统造成危害；影响零部件加工质量和增加工具损耗；占用工作液储存空间导致散热变差；加工不锈钢、钴合金、钨合金、铍合金、镍合金、铬合金等材质部件留下的金属屑可能会对健康造成不利影响等。

图 9-11　某 CNC 机床底部液箱沉积的铝屑和油泥混合物

(2) 检测原理

通过目视观察，借助工具移出储液箱或盖板进行检查。

(3) 检测频率

建议每天检查一次。至少每周应检查一次。

(4) 维护方法

固体杂质通常沉淀在储液池底部，且被混浊的工作液和机器、盖板等遮蔽，仅有堆积高出液面的部分可通过目视察觉。推荐定期人工清理或运用净化设备进行处理，确保系统内的固体杂质数量保持在较低水平。完全避免大型储液池中的碎屑累积几乎是不可能的，现场的历史管理数据会为净化决策提供宝贵建议。

9.6.1.13 电导率

（1）指标含义

电导率可以提供关于工艺用水或工作液质量的一些信息，尤其是在水质硬度较高的地区。溶解于水的酸、碱、盐等污染物在溶液中解离成正、负离子，使溶液具有导电能力，其导电能力的大小用电导率 σ（μS/cm）表示，其数值是溶液电阻率 ρ（Ω・cm）的倒数。电导率可作为水样中可电离溶质的浓度量度，其中溶质可来源于工艺用水等途径带入或微生物污染增加的溶解固体总量（TDS），对于含盐量极低的水或工作液，通常用电导性能或电阻来表征其纯度（或受污染程度）较为方便。氯化物和硫酸盐是危害较大的电解质，会导致生锈，硫酸盐还能促进硫酸盐还原菌的生长，产生一种“臭鸡蛋”气味。

（2）检测原理

使用符合 JJG 376—2007 标准要求的电导率仪直接测得数据。电导率仪的测量原理是基于电导率和电导、电导池常数的关系式，在电导池的电极间施加稳定的交流电信号，测量电极间溶液电导，根据输入的电导池常数得到电导率数据。

（3）检测频率

根据实际需求而定。

（4）维护方法

使用优质自来水或纯净度高的工艺用水稀释浓缩液，防止电解质污染。

9.6.1.14 防腐蚀性

（1）指标含义

腐蚀是指金属在环境介质（主要是水、酸、碱）的作用下，由于化学反应、电化学反应或物理溶解而产生的破坏现象，如钢铁的生锈、铝合金的点蚀等。腐蚀与生锈是同义语，习惯上把防止腐蚀因素对有色金属产生破坏的措施称为防腐蚀，把防止腐蚀因素对黑色金属产生破坏的措施称为防锈蚀。金属的腐蚀现象是电极电位、腐蚀因子、环境暴露等因素共同作用的结果，微生物主要通过分解工作液中的防锈成分、排出代谢产物增强腐蚀性等途径对金属造成破坏。

（2）检测原理

实验室防腐蚀试验主要有铸铁粉末防锈试验（JB/T 9189、ASTM D4627、DIN 51360、IP 287 等）、单片和叠片试验（GB/T 6144、JB/T 4323 等）、浸泡试验（GB/T 6144、JB/T 4323、SH/T 0080、JIS K 2241

等）。以防锈为主要功能的产品，亦可采用盐雾试验（GB/T 10125、SH/T 0081、ASTM B117、DIN 50012、JIS Z 2371 等）、湿热试验（GB/T 2361、ASTM D1748、DIN 51359、JIS K 2246 等）、耐候试验（SH/T 0083、JIS Z 2381 等）等试验方法。

（3）检测频率

建议每周检测一次。至少每月应检测一次。

（4）维护方法

保持工作液浓度、pH 处于正常范围。必要时池边投放防腐蚀添加剂。

9.6.2 工作液防腐管理的关键要素

任何一款水基金属加工液产品，即使品质优良，如果在使用过程中操作不当，也无法发挥产品本来的效能，极易造成腐败等负面问题，严重情况下会导致产品报废。对于水基切削液而言，在有效贯彻防腐措施的前提下，小型系统的工作液寿命可达一年以上，大型中央系统可达到五年或更长使用周期。

微生物污染可通过不同的指标变量来体现，在不同阶段对各种指标的影响程度也不相同，因此仅依靠单一指标的监测来表征微生物污染形势是不恰当的。然而在现场管理中，一个有效、便利、具备可操作性的现场维护程序也是必要的，这就要求检测项目足够精简和有效。

表 9-7 是水基切削液防腐管理的关键因素。从表中可以看出，在所有关键监测指标中，外观、气味、杂油、固体杂质等项目通过感官即可做出判断，这一点对于现场管理非常有利。现场管理应着重关注诱发腐败的因素，强调从源头管理，例如维持正确的浓度、pH 水平即可避免大多数问题的发生。其后随着生化反应过程的进行，各种负面影响都会表现出来，有经验的管理人员通过观察使用液的外观和臭气变化，测量 pH，检查防锈性等指标，就能够定性判断使用液的腐败程度，并采取相应的对策。

表 9-7　水基切削液防腐管理的关键因素

<table>
<tr><th colspan="2">因素</th><th>内容</th><th>主要措施</th></tr>
<tr><td rowspan="2">监测关键指标</td><td>高频检测指标</td><td>浓度、外观、气味、pH、杂油、菌落总数等</td><td rowspan="2">制定标准作业流程和质量控制标准；
制定日常管理记录表格（优先推荐纸质的，电子式的亦可）；
重视软硬件投资，组织自行检测或委托外部检测；
记录观察结果和测试数据，并进行统计分析；
针对异常情况进行处理，维护各项指标位于规定范围之内</td></tr>
<tr><td>按需检测指标</td><td>水质硬度、工作液温度、固体杂质、防锈性、清洁性等</td></tr>
</table>

续表

因素		内容	主要措施
隔离污染物	内部污染物	内源微生物、杂油、金属屑、砂轮屑等产生自加工系统及工艺过程之内的污染物	严格执行工作液换液程序； 保持工作液中功能组分的浓度处于正常范围； 防止设备油泄漏，确保过滤除杂系统正常运行； 在设计配方时针对性预防内部污染物的影响
	外部污染物	外源微生物、工序间污染物、溶剂、垃圾、人体排泄物、食物等来自系统外的污染物	使用清洁度高的水源作为工艺用水； 尽可能减少工件携带污染物； 维护工作场所良好的内务管理水平； 重视员工行为教育和卫生投资
节假日或周末停机的应对		维持内部环境条件的相对稳定	在遇长期停工时，可采取以下措施之一或其组合：①临时提高工作液浓度2%～5%；②提高工作液pH在9.0以上；③在系统内投放杀菌剂，如Kathon、有机溴类杀菌剂、三(羟甲基)硝基甲烷等；④每日开启泵循环系统1～2h或曝气处理，避免工作液内部处于缺氧状态

考虑到水基金属加工液的类型、加工工况等，不同用途的产品对各项指标检查的侧重点和频率可能不同。所监测的指标、目标和频率需要历史记录的支持，科学管理，以确保工作液的质量始终保持一致。常见的管理不科学现象有如下几种情况：人员未经培训并考核即上岗；不按控制指标范围添加、不按规定时限补充浓缩液或添加剂，误将不同类型产品混加；人员防护条件差或不防护；产品保管环境不规范、不严密，产品标签污损、缺失；无配套管理记录、无责任人签章确认；检测仪器和设备精度不足、维护不到位；不注重现场卫生条件，污染工作液；未及时处理泄漏的工作液或其废液；未将所有的废弃物视为“危险废物”进行回收或处置；未经风险评估即将不同性质的废液混合；随意丢弃包装和沾染污染物的清洁用品等。

9.6.3 工作液微生物控制能力的恢复

当工作液出现腐败征兆，即菌落总数超出控制范围或散发出明显腐败特征臭味时，表明工作液中抑制微生物活动的成分含量下降、环境条件趋于对微生物有利，此时必须及时对其进行干预。

首先需要评估腐败严重程度，这可通过菌落总数测量或根据工作液表现结合经验判定；然后调查引起微生物数量增加的原因，针对性采取纠正措施。对于大多数用户而言，工作液发生腐败的原因可能是浓度不足、温度过高、pH趋中性、杂油过多、固体杂质堆积、缺乏搅拌和流动等，但无论是何种原因，首要任务都是控制微生物数量，通过决策树（图 9-12）可以获悉需要采取哪些措施。

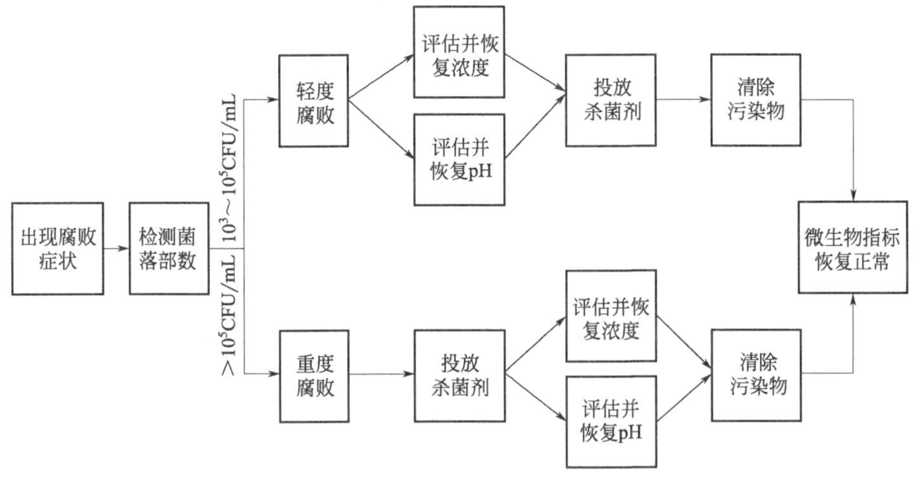

图 9-12　工作液腐败应对措施决策树

微生物污染形势并不太严重时（菌落总数为 $10^3 \sim 10^5$ CFU/mL），尽管工作液状态尚可，但存在很大的腐败加剧风险，同时也是转为良好状态较为容易的阶段。此种情况下恢复工作液的微生物控制能力，只有在采取了其他纠正措施但微生物仍在继续生长的情况下才向工作液池内投放杀菌剂，其种类剂量根据供应商提供的指南进行操作，既要实现控制微生物发展的目的，又要最大限度地降低引起微生物抗性的风险。

微生物污染形势较为严重时（菌落总数＞10^5 CFU/mL），工作液已经出现显著的腐败症状，使用杀菌剂就成为了最迫切的应急手段，并视情况采用恢复工作液浓度或 pH 等手段，防止微生物污染继续恶化导致工作液报废。

9.6.4　严重腐败的应对措施

水基金属加工液严重腐败且应急处理无效的情况下，意味着产品丧失了使用价值，就产生了废弃物。水基金属加工液的废弃物以废水为主，通常也含有一定量的固体杂质和挥发性有机物。严重腐败事件的发生是一种紧急状态，需要应急采取超出正常工作程序的行动，最重要的是针对性地采取组织管理、弥补损害、消除污染危害的工作制度和行动安排。

水基金属加工液的废水分属于《国家危险废物名录（2021 年版）》中的 HW06、HW07、HW08、HW09 等类别，必须按照国家有关规定申报登记，建设符合标准的专门设施和场所妥善保存并设立危险废物标示牌，按有关规定自行处理处置或交由持有危险废物经营许可证的单位收集、运输、贮存和处理处置。在处理处置过程中，应采取措施减少危险废物的体积、质量和危险程度，规范废弃物的处理和排放，杜绝人为过失造成环境污染。《危险废物污染防治技术政策》（环发［2001］199 号）中对危险废物的收集、运输、转移、贮存做出了具体规定；GB 18599、GB 18597、GB 18598、GB 18484 等国标规定了危险废物的污染控制标准。

作为直接使用金属加工液的企业，必须充分研究本地区的危险废弃物处理规则，妥善处理废弃物。实际作业者和操作员必须充分接受废弃物处理的培训，正确分类处理废弃物，做好“三分”（不同类的危险废物须分区贮存；危险废物必须和生活垃圾分开；危险废物必须和一般固废分开贮存）和“四防”（防风；防雨；防晒及防渗漏）工作。此外，还应防止废水中含有的致病性微生物对人体的感染等危害，掌握废弃物减量的方法。

9.7 工作液净化技术

为了保障工作液状态和性能在长期使用过程中始终处于可接受范围内，需采取两种手段：①定期向工作液中补充浓缩液或功能添加剂；②使用净化设施将污染物尽可能多地移除。对于杂油和固体杂质而言，人工清理效率极低，采用净化设施是最优选项。

工作液净化技术是针对介质循环系统中含有的污染物的清除技术，在防止工作液微生物污染、保障加工系统效率方面具有举足轻重的作用。净化技术的选用需要考虑如下因素：工件的材质、加工工艺类型、切屑形状、材料的去除量、生产效率、机床功率、金属加工液的类型、工作液需求量、场地平面布置等。针对不同的场合，可以选择过滤分离法、重力分离法、离心分离法、磁性分离法、吸附分离法的一种或它们的组合。净化设施有如下几类：

① 传送装置。用于将加工过程中产生的金属屑输送到分离系统或过滤系统，同时实现切屑与工作液的分离。典型的传送装置有推杆式输送机、链板式输送机、螺旋输送机、带式输送机、磁性输送机等，以及引水槽系统。

② 净化装置。用于分离和过滤掉工作液中的污染物。起分离作用的装置可运用沉降、浮选、离心、磁力、吸附、压力差等原理完成初步的净化过程，其本质上是将污染物富集后通过某种手段清除出系统。起过滤作用的装

置有很多种，最简单的过滤装置仅仅是一块多孔栅格，用于阻挡粗大的金属屑，如果要实现更高清洁度的净化效果，必须采用袋式过滤器、筒式过滤器、重力式过滤系统、板框式过滤系统、真空过滤系统、楔形丝筛筒系统等装置，但过滤精度极高的超滤、纳滤、反渗透等膜分离技术通常不会运用到切削和成型等类型加工介质的净化处理，这是因为膜过滤技术会滤掉工作液中的消泡剂、高分子物质等成分，对工作液性能造成负面影响。

上述净化设施通常都是组合使用的。例如，一台数控加工中心可能同时使用了如下净化方式：完成加工过程后，链板式过滤器将粗大的切屑与工作液分离，并将切屑输送至废料车；废料车内设置有多孔金属板，过滤并回收切屑上黏附的少量工作液；储液箱设计成沉降箱（内部设置有数道隔板），运用重力分离法使密度较大的金属碎屑迅速沉淀在底部；在储液箱上方安装有撇油器，使用亲油吸附材料持续地将浮油带出并收集到集油盒内；供液泵吸入口安装有过滤网阻止细小的固体杂质到达切削部位。这些措施可实现基本的净化需求，为加工过程提供满足要求的工作液。磨削、珩磨、轧制等加工需要更高清洁度标准的工作液，则需要进一步提高过滤精度。

目前大量正在运行的加工设备都没有配备足够合理的净化设施。长期以来，机械加工企业等水基金属加工液用户往往只重视磨削、轧制等高精密加工的工作液净化，忽略了一般加工场所，或是对工作液清洁度的判断偏向主观，低估了肉眼看不见的微细颗粒对加工过程和使用寿命的影响。即使是运行非常好的循环系统，也不能避免储液箱内部的固体污染物沉积，这些固体杂质是无法通过加工设备自带的净化设施去除的。而很多机床在设计时，储液箱的位置通常位于机床底部，空间狭小，对污染物的清理、工作液的更换作业并不友好，因此可移动式净化设备在近些年逐渐得到运用，为提高日常净化效率提供了可能。

可移动式净化设备集合了除渣、除油、杀菌等功能，其中除渣运用了梯度等级过滤方法，除油运用了布朗运动、油滴聚结、气浮、吸附、过滤等方法，杀菌运用了臭氧、紫外线等方法，单台净化设备每小时处理量可达 $0.3 \sim 1.0m^3$，不仅净化效果好，还可减轻人员劳动强度、避免停机待产，尤其适用于一些没有完备净化设施的机床，可以有效地延长工作液使用寿命。水基金属加工液用户可将可移动式净化设备作为间歇性工作液净化系统依次为每一台机床内的工作液进行净化处理，亦可将被污染的工作液集中后统一进行净化处理。图 9-13 为一种集成式水基切削液净化机外观和工作参数，使用该设备对被污染的水基切削液进行处理后，液面无可见浮油，固体杂质含量小于 400mg/L（$5\mu m$ 孔径滤布），微生物少于 10^3CFU/mL，同时不改变原工作液的各项性能。

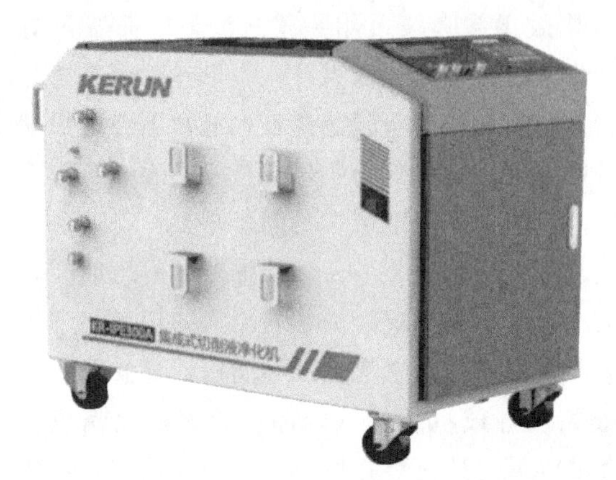

处理对象：被污染的切削液

工作流量：300L/h

处理精度：最高可达5.0μm

气源：压缩空气(0.4～0.5MPa)

电源：220V AC

外形尺寸：1350mm×700mm×1200mm

设备质量：300kg

图 9-13　集成式水基切削液净化机

（图片来源：南京科润工业介质股份有限公司）

任何时候采取净化措施对工作液的防腐都是有利的。如果工作液中的菌落总数超标，应首先进行工作液净化处理，最低限度也应去除可见的固体杂质、浮油、生物膜等。在去除工作液中的污染物后，还需同步进行控菌处置，补充消耗的添加剂，方可使工作液保持良好的状态。

9.8　化学品管理承包模式

机械加工行业涉及的化学品种类众多，如用于加工环节的各类切削油液、轧制油液、防锈油脂、清洗剂、抛光液、热处理介质、表面处理剂、脱漆剂、漆雾凝聚剂等；用于设备运行所需的液压油、导轨油、主轴油、导热油、链条油、齿轮油、压缩机油、真空泵油、润滑脂等；以及去离子水、油漆、涂料、密封胶等物料。每一种化学品都需要专业知识和理论的指导，而消费它们的企业往往不具备这样的专业能力和资源投入。从成本角度来看，尽管金属加工液等化学品采购费用在制造成本中占比不到5%，但对于大型、特大型企业而言仍然是一笔不菲的支出，本着“节约出来的都是利润”的原则，也是企业成本管理的重要一环。为此，企业必须投入资源来应对专业和成本控制方面的内部需求，以满足自身发展与市场竞争的需要。

为了突出核心竞争力，总装厂及其零配件制造企业等必须将有限的资源集中在实现高附加值的核心业务的专业化运作上，把那些不属于核心业务的职能进行外包。在这种需求的刺激下，化学品管理承包（chemical management contract，CMC）作为一种先进、高效的企业管理模式应运而生。作为一种合同制管理模式，化学品管理承包模式在供应商和用户之间建立了资源共享、互惠互利的新型合作关系。

化学品管理承包模式下，水基金属加工液能否采取有效的防腐技术、能否延长使用寿命，对承包商的利益影响极大，因此，防腐技术的贯彻在承包商的工作内容中占有举足轻重的作用，化学品管理承包模式的工作内容涵盖了防腐技术的所有项目。本节对化学品管理承包模式进行简要介绍。

9.8.1 化学品管理承包相关概念

化学品管理承包模式是指企业（金属加工液等油品的用户企业，化学品管理项目发包方，以下称为“业主企业”）与专业的化学品供应商或管理咨询公司签订化学品管理外包合同，由承包商代表业主企业在项目实施全过程或其中若干阶段进行项目管理。被聘请的化学品供应商或咨询公司被称为化学品项目管理承包商，负责提供相关的专业知识、服务和管理系统，如派驻专业人员为业主企业提供采购、运输、库存管理、产品使用与维护、废水处理等全方位的介质使用解决方案，为业主企业提高生产效率和产品质量、控制成本、加强安全环保等方面做出贡献。在采用项目管理承包模式时，业主企业可专注于自身核心业务和高利润业务，仅需保留很少部分的项目管理力量对一些关键问题进行决策和对项目管理承包商进行适当授权与考核，绝大部分项目运行和管理工作均由项目管理承包商承担，使业主企业效益最大化。

成功的化学品管理必然是对各项因素整体综合优化的结果。根据化学品管理承包的定义，可知其成功的基础是：化学品管理承包商帮助客户先取得经营的成功，而后再实现自身的收益。以为水基切削液产品提供化学品管理承包服务为例，仅仅通过切削液产品本身来实现业主企业和化学品管理承包商在经营利润上达成双赢局面是非常困难的，因为产品价格永远是双方争议的焦点；考虑到作为关键原料的基础油价格并不稳定，简单地依靠降低产品成本也很难保持长期的共赢。因此，化学品管理承包商必须引导客户将目光注视到与切削液使用相关的其他因素上来，如：生产能力（由于切削液的换液周期较短造成停产的损失）、刀具使用寿命、机床设备的开动率、废水处理的成本、劳动力成本、工作场地的管理成本、仓储管理的成本，以及健康、安全和环保成本等。其中，刀具消耗的成本又是受使用的切削液影响最大的因素。通过化学品管理承包服务，可对上述因素进行全面、科学、系统的管理和控制，从而在为客户带来可观的成本节省和效益提升的同时，实现化学品管理承包商在服务层面上的收益，这就是化学品承包管理中著名的

"冰山理论"，水基切削液的采购成本仅仅是"庞大冰山露出水面的那一小部分"。

化学品管理承包模式在国外已有40多年的发展历史，目前在我国的汽车及零部件制造企业、钢铁企业被广泛采用，是否具备化学品管理的能力已逐步成为大型机械制造企业评价化学品供应商的重要指标。对于项目管理承包商而言，具有化学品管理承包能力是自身实力的体现和拓展市场的重要资源。

9.8.2 化学品管理承包项目运行模式

业主企业可视自身经营管理需求决定将所有化学品及其他耗材的相关管理工作交给一家承包商或分别发包。按照工作范围的不同，化学品管理承包模式可分为四种类型。

① 整体承包。项目管理承包商代表企业进行项目管理，同时还承担项目所需的设备用油液、工艺用油液等工业介质、刀具、夹具、耗材等采购工作乃至保洁等基础性工作，承包商的主要经济效益来自管理水平的提高和消耗的降低而形成的总成本下降。合同双方可采用"成本＋酬金""保证最大费用＋酬金"等结算方式。这种方式对于项目承包商而言，风险高，相应的利润、回报也较高，适合于自身实力较强、具备综合管理能力的承包商，通常所说的化学品管理模式主要指的就是这种合作模式。

② 服务承包。项目管理承包商取代业主企业方的库管和维护等人员，对合同约定区域内的化学品应用进行管理，帮助客户降低化学品的消耗量和管理成本，以及优化工艺环节。合同双方按照约定降本比例结算费用。这对于项目管理承包商而言，风险较大，收益不高，因而采用不多。

③ 采购承包。项目管理承包商作为业主企业供应链管理的延伸，对各供应商进行管理，自身较少承担供应工作。项目管理承包商运用自身的专业优势和市场网络，优化业主企业的采购质量，最终有效降低化学品采购和管理成本，合同双方按照约定方式结算费用。承包商对非自供材料的采购谈判时，会努力降低合同价，经谈判而降低合同价的节约部分全部归业主企业所有，承包商可获得部分奖励，有利于调动承包商的积极性。这对于项目管理承包商而言，风险和收益均较低，因而采用不多。

④ 咨询承包。项目管理承包商作为企业顾问，对现场工业介质的采购、使用、维护进行监督和检查，针对化学品相关的使用问题进行诊断并提供解决方案，规范车间、仓库、物流、实验室检测等现场管理，以及建立数据库和规范工作流程等。合同双方根据项目规模与周期、投入资源、提报内容、

工作绩效等结算咨询费用。这对于项目管理承包商而言，风险最低，接近于零，但收益也低，因而极少采用。

9.8.3 化学品管理团队及其主要工作内容

在化学品管理整体承包模式下，项目管理承包商派出的项目管理人员与企业代表组成一个完整的管理组织进行项目管理，该项目管理组织也被称为一体化项目管理团队（IPMT），主要人员包括一名现场经理和若干名相关技术支持人员。其典型组织结构如图 9-14 所示。

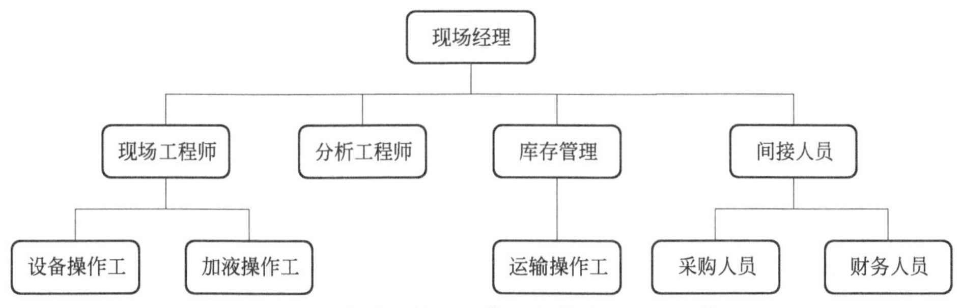

图 9-14　化学品管理整体承包模式的组织机构

该团队在执行化学品管理合同的过程中，主要工作内容有以下几项。

① 质量控制。主要包括贯彻质量管理体系要求；现场实验室管理；制作相关作业指导书并实施；按业主企业要求实施每日的检查、测定、确认、整理和整顿；现场检查结果和化学品添加记录的目视化、规范化管理。

② 安全教育。主要包括将所有化学品的 SDS（化学品安全技术说明书）资料统一标准化；确定所有化学品突发事故的安全应对措施；制作全部化学品的安全作业指导书（SUI）及紧急应对方案；确保化学品的使用符合法律法规要求；定期举行关于化学品安全知识和应用知识的培训；对减少危险化学品使用、延长化学品使用寿命、废弃物排放等提出规范化意见；制作并张贴环境保护标识、安全标识、警告标识、指示标识、作业规范；制定仓储区域的最大、最小库存量。

③ 产品采购。主要包括制定化学品和服务需求清单；编制采购计划文件；对己方供应效率的保障工作；对二级供应商的管理；对产品进行质量检查和入库管理；妥善保存产品合格证、检查报告书及入库品的备件样品。

④ 化学品库存管理。主要包括指定存储区域并进行日常管理和定期检查；制定最大、最小及安全库存量，并根据业主企业生产情况进行动态库存调整；按照安全作业规定和 SDS 要求进行作业；建立安全保障措施和应急

预案；危险化学品的保存、使用及回收，按规定回收危险品。

⑤ 化学品消耗管理。主要包括规范化学品出库管理流程；新增化学品的管理；记录、分析化学品的异常消耗和使用情况并提出改进方案；对回收再利用的化学品进行检查和状态确认；每月统计报告各化学品的消耗成本；统计全年的化学品消耗量。

⑥ 化学品使用中的管理。主要包括编制日常管理计划和工作液整体更换计划；制定和管理化学品质控标准；规范所有化学品的使用方法；制作设备润滑表；按照规定频率对现场化学品进行理化指标检测；将无法在现场实验室检测的指标项提交外部实验室检测；根据检测结果对消耗的化学品进行补充和必要的技术维护工作；针对异常情况提出整改措施并在规定时限内实施；根据计划对设备进行清洗和换液等工作；大流量系统的换液、清洁；管理废水的收集、储存、处理；统计每年必须消耗的各种工具和用品。

⑦ 化学品成本统计及管理。主要包括建立信息化管理系统对化学品的采购、库存、发货、使用等过程进行管理；制定工艺消耗量定额；按照固定周期汇总化学品使用量，分析异常原因，提出 PDCA 整改计划；编制月度、季度、年度化学品成本统计报告；积极协助业主企业进行化学品种类的整合；对化学品管理标准及其他资料进行更新和完善；根据业主企业的要求提供化学品管理技术、质量、预算、效率、成本、对策等分析报告；每月定期报告上月化学品管理月报总结；针对生产技术和质量问题，根据业主企业的要求定期报告相关分析结果；针对技术、管理等改良点上交提案。

⑧ 化学品资料和信息安全。合同期内产生的化学品技术文件、管理文件、作业指导书、管理记录、培训记录等资料的所有权归业主企业所有，承包商除非得到业主企业书面授权，否则应对业主企业相关的全部信息（制造、商务、技术、成本和管理等）进行严格保密，并在合同期结束后将相关数据和资料完整地返回给业主企业。

9.8.4 化学品管理服务的技术要求

（1）安全指标

人员轻伤以上事故 FAI（急救伤害事故）、LWD（损失工时事故）目标：0 起；

化学品事故：0 起；

设备损坏事故：0 起；

火灾事故：0 起；

厂区交通事故：0 起。

(2) 业务指标

业务计划（周计划、月计划、季度计划及年计划）完成率：100%；

由化学品导致产品质量事故：0 起；

化学品单位成本（CPU）管理指标完成率：100%；

化学品单位成本比上一年度下降百分率：具体按照业主企业年 BPD（业务计划实施）的要求实施。

根据具体项目内容，业主企业亦可与化学品管理承包商约定其他考核项目及其指标。

9.8.5 化学品管理承包模式的优越性和局限

对于业主企业而言，化学品管理承包模式的优越性主要体现在以下几个方面。

① 企业采购业务单元仅与化学品管理承包方（一级供应商）签订合同，合同结构简单，数量少，有利于对供应商组织管理，也有利于控制运营成本和管理成本。

② 作业可充分发挥承包商在工业介质及相关物料的技术和市场方面的专业性优势，通过优化供应链管理来控制采购商品质量和降低商品采购成本。

③ 全球性的化学品管理承包商随时掌握着他们管理范围内的最新行业技术动向，也有能力了解到同行们的先进管理经验。这些经验有利于业主企业优化制造工艺，实现过程的标准化，以及促进安全生产。

④ 基于其盈利模式，化学品管理承包商有十足的动力对生产过程中使用的化学品进行优化，并竭力延长使用寿命，从而减少化学品资源的消耗和废水排放数量，创造最佳的环境效益。

⑤ 专业的化学品管理承包商对各种环保法规十分了解，在废水收集和处理方面具有丰富的经验，因而既能使各种废弃物的处理、排放符合环保法规要求，又能高效地与环保机构沟通。

化学品管理承包模式在推广方面仍存在一些局限，主要是以下两个方面。

① 对于小规模企业难以体现优势。合作双方企业有足够的经济体量是化学品管理承包模式高效运行的基础。对于业主企业而言，自身需达到一定生产规模方能充分体现出项目管理承包模式的优势，达到降本增效的目的。对于项目管理承包商而言，要承揽此类项目，需要有高度的专业化水平、高素质的管理人才、先进的管理理念、科学的管理方法，以及完整的研发、制

造、销售团队和大量的历史数据积累，一般的中小型公司难以满足上述要求。

② 不利于业主企业信息的保密。由于化学品管理承包商深入业主企业生产一线，可参与或接触到业主企业在制造、商务、技术、成本和管理等多方面的工作，使业主企业的商业和技术机密存在泄密风险。因此，国防、军工、高新技术等行业的重点企业出于保密等原因，通常不采用化学品管理承包模式。

第10章

防腐技术对废水处理环节的影响

10.1 水基金属加工液废水的特点

水基金属加工液属于消耗品，一旦废弃，就面临废物处理的问题。废弃的工作液主要包含挥发性有机物、废水和固体杂质等三类物质。其中，挥发性有机物主要是一些低分子量的胺、醇、醛等；废水是以有机物、无机盐、重金属离子、酸、碱、化学毒物、微生物、病原体等成分为内容物，水为分散介质的分散体系；固体杂质有金属屑、砂轮黏合剂、生物膜等。其中，废水是数量最多、危害最大的废弃物，具有如下特点：

(1) 排放量大，污染范围广

由于水基金属加工液需要用水稀释后使用，因而各工序潜在的废水产生量是产品采购量的 10～30 倍。据统计，我国工业废水污染物排放量中，石油类占比高达 90%（以质量计）。1L 废矿物油可污染 100×10^4L 水，一标准桶废矿物油能污染近 3.5km^2 水面，含油废水的非法排放和泄漏不仅污染局部地区的水体、土壤和空气，且极难控制其环境迁移。

(2) 水质和水量变化大

废水往往间歇产生，需集中储存、批量处理。由于水基金属加工液种类众多，在多个行业中应用，从而导致不同行业之间的工业废水在成分和性质方面存在显著差异。特别值得注意的是，同一行业的不同企业之间由于所用原料、生产工艺、设备条件、管理水平的差别，废水的性质差别也很大；即使是同一企业或车间，不同生产工艺间的废水组分也存在较大差异；同一生产线在不同的时期或产量条件下，废水的水质、水量变化幅度仍较大。对于废水处理厂来说，汇集的废水性质随水基金属加工液用户选用的产品种类和使用状况的不同，差异较大，难以标准化处理。

(3) *污染物种类多，浓度波动幅度大*

机械加工行业废水中COD高达几千甚至上万（生活污水一般多为几百左右），部分来源的废水可生化性较差，重金属和其他有害物质的浓度较生活污水高很多。水基金属加工液废水的组成极为复杂，主要原因有：①水基金属加工液在配方设计环节即不可能杜绝化学品的使用，这些功能化学品在废弃时成为了污染物的一部分。根据工艺对象的不同，废水可能是偏酸性的，也可能是偏碱性的，大多数含有一定数量的矿物油类和营养性物质，甚至含有重金属离子和有机毒物。②设备用油的混入和上下游工序介质之间的交叉污染使其成分趋于复杂。③发生腐败的工作液富含各种微生物及其代谢产物，具有致病性并带有颜色和气味。④废水中往往会混合有较多金属屑、油泥、污泥、砂轮灰、废渣、砂粒、生物膜等固体杂质。

(4) *难生物降解性和毒性污染物种类多且危害大*

出于控制微生物污染的目的，水基金属加工液中往往含有杀菌剂和一些难以被微生物分解的添加剂，或含有强酸、强碱类物质。尽管它们使工作液因腐败而废弃的概率大为降低，但当工作液最终废弃时又转而成为具有毒性、刺激性、腐蚀性的有害物质。

10.2 工业废水的处理系统及其原理

工业废水处理的任务是对用过的水进行处理，使之符合排入水体或其他处置方法，以及再利用的水质要求。工业废水处理系统采用的工艺方法可分为物理法、物理化学法、化学法、生物化学法和电化学法等5大类，其基本原理和典型工艺见表10-1。

表10-1 废水处理方法的类别

分类	基本原理	典型工艺
物理法	物理或机械的分离过程	格栅；过滤；重力分离；机械分离；离心分离；磁分离
物理化学法	物理化学的分离过程	水质调节；气浮；吹脱；汽提；萃取；吸附；离子交换；膜分离；蒸发；结晶
化学法	加入化学物质使废水中有害物质发生化学反应的转化过程	中和；混凝；破乳；还原；氧化；高级氧化；化学沉淀

续表

分类	基本原理	典型工艺
生物化学法	微生物在废水中对有机物进行氧化、分解的新陈代谢过程	好氧生物处理[活性污泥法、生物接触氧化法、曝气生物滤池(BAF)、生物膜法(MBR)等]; 厌氧生物处理[厌氧消化池、水解酸化池、厌氧生物滤池、升流式厌氧污泥床(UASB)、折流式厌氧反应器(ABR)、内循环厌氧反应器(IC)等]
电化学法	将电能转化为化学能的处理方法	电解法;电火花法;电磁吸附分离法

由于机械加工行业门类众多，不同细分行业产生的污染物质是多种多样的，废水性质差异很大，进而导致处理工艺操作有较大差别。实践中，往往不可能只用一种方法把所有的污染物除尽，而是需要由几种单元处理操作组合成一个整体的处理过程，合理配置其主次关系和前后顺序，同时要根据废水中污染物的种类、性质、含量、排放标准、处理方法的特点等进行方案筛选，结合技术经济比较来确定。有的处理方法还需要进行小试、中试等来确定。

根据所去除污染物的种类和使用的工艺方法以及处理水去向的不同，废水处理可以分为一级、二级、三级处理，级数越高处理程度越深。

① 一级处理。又称为预处理，是将废水中的悬浮和漂浮状态的固体污染物清除掉，同时调节废水的浓度、pH、水温等，为后续处理工艺做准备。一级处理常用方法有筛滤法、重力分离法、气浮法及预曝气法等，多数为物理处理法。经过一级处理后，可以有效地去除大部分悬浮物（70%～80%）、部分 BOD（25%～40%），但一般不能去除废水中呈胶体状态和溶解状态的有机物、氧化物、硫化物等。

经一级处理后的废水一般还达不到废水排放标准，故通常作为预处理阶段，以减轻后续处理工序的负荷和提高处理效果。

② 二级处理。二级处理常用的方法主要是生物化学处理工艺，也可采用某些化学或物理化学处理工艺。经二级处理可以去除废水中大量的 BOD（80%～90%）和悬浮物质，以及污水中呈溶解状态和胶体状态的有机物、氧化物等，使水质进一步净化，但仍有氮、磷或重金属，以及病原菌和病毒等需进一步处理。

一般工业废水进二级处理后，已能达到排放标准，有些轻微污染的废水经二级处理后可以回用到对水质要求较低的单元或系统。

③ 三级处理。又称废水深度处理。将经过二级处理后未能去除的污染物，包括微生物以及未能降解的有机物和可溶性无机物，进一步净化处理，

减少对受纳水体的不利影响，或者为水的回用创造条件。主要方法有生物脱氮法、化学沉淀法、过滤法、反渗透法、离子交换法和电渗析法等。

在上述三个级别的废水处理环节中，均会产生数量不等的污泥，需要有针对性地进行处理，使脱水污泥容积显著降低以方便运输和处置。为了减少废水处理过程中的废气对周围空气的污染，可配套建设废气（臭气）处理设施。

10.3 防腐技术对废水处理环节的影响

水基金属加工液防腐技术的贯彻对减少后续废水处理负荷具有重要贡献。当水基金属加工液使用寿命提高一倍，废水产生量即可减少约 50%，这将带来采购成本和废物处理成本的大幅下降，是防腐技术最重要的价值体现。

水基金属加工液的产品类型和化学成分等对废水处理环节有一定影响，尤其是当工作液非正常报废时，往往含有大量的难降解添加剂、杀菌剂、有机胺等，使废水处理难度增大。

10.3.1 产品类型的影响

乳化型产品作为工艺介质发挥功效后，进入废水处理环节，通常需要先将其破乳，以便将油性组分回收后另行处理。不同成分废水的可处理性差别很大。乳化液是热力学不稳定体系，相对而言容易破乳；微乳液是热力学稳定体系，运用化学方法破乳和物理方法破乳的难度要大得多。即使是同一类型的乳状液，也会因为配方乳化体系的不同在废水处理难度上有明显差别。

全合成液型的产品，如全合成切削液是不含矿物油的配方结构，但其工作液在运行过程中会不可避免混入各种杂油；水基清洗剂配方亦不含油，但其清洗对象往往是含油污染物。外来油的混入使它们都成为含油废水，必须按照含油废水进行处理。

废水中的油类一般以 5 种形式存在，其特性和基本处理方法见表 10-2。

表 10-2 金属加工液废水中的油类存在形式和处理方法

类型	粒径/μm	结构	稳定性	性质	油水分离方法
浮油	≥100	油包水	不稳定	油珠粒径较大，易浮于水面上形成油膜或油层，容易分离，但对工作液的防腐和清洁性危害极大	重力分离法

续表

类型	粒径/μm	结构	稳定性	性质	油水分离方法
分散油	10～100	水包油	不稳定	呈悬浮状态，分散不稳定，静置一段时间后往往形成浮油，较易分离	重力分离法、气浮法、过滤法
乳化油	0.1～10	水包油	稳定或亚稳定	这种含油废水中往往含有表面活性剂等物质，使油滴分散状态稳定，在废水处理时必须经过破乳等处理	破乳法、气浮法、过滤法、混凝沉淀法
溶解油	<0.1	溶解	稳定	油分以分子状态溶于废水中，油与水形成均相体系，非常稳定，一般的处理方法难以去除	膜分离法，吸附法，生物化学法
油-固体物	—	机械混合物	稳定	油黏附在固体悬浮物的表面上而形成的油-固体混合物，油分极难分离	焚烧法

此外，表面活性剂是几乎所有类型的配方都可以应用到的功能添加剂，尤其是乳化型配方更是不可或缺。带负电荷的阴离子表面活性剂是最容易进行废水处理的，因为它会酸败或与阳离子絮凝剂反应，便于采用化学处理方法。但是化学处理方法对不带电荷的非离子表面活性剂则是无效的。

10.3.2 酸碱度和 pH 值的影响

废水中留存的酸碱度和 pH 值对废水可处理性非常关键，混凝沉淀、化学除磷、乳液破乳、离子交换、Fenton 试剂氧化、生化处理等工艺处理效果均显著受到废水酸碱度和 pH 值的影响。在此举两例予以说明。

(1) 在混凝沉淀工艺中，酸碱度和 pH 值对化学药剂的作用效果有较大影响

① 酸碱度的影响。铝盐和铁盐混凝剂的水解反应过程，会不断产生 H^+，从而导致水的 pH 值降低，要使 pH 值保持在合适的范围内，水中应有足够的碱性物质与 H^+ 中和。当废水酸度较高或碱度不足，或混凝剂投量大使 pH 值下降较多，不仅超出了混凝剂最佳作用范围，甚至影响混凝剂的继续水解或水解产物的电性进而影响混凝效果。因此，水中酸碱度的高低对混凝效果有着重要影响，为了保证正常混凝过程所需要的碱度，有时需要考虑投加石灰、氢氧化钠或苏打等碱性物质增加碱度。

② pH 值的影响。对于不同的混凝剂，废水的 pH 值对混凝效果的影响程度不同。铝盐和铁盐混凝剂，因为它们的水解产物直接受到水的 pH 值的影响，所以 pH 值过高或过低都无法完成处理过程，特别是硫酸铝受

pH 值影响程度较大。硫酸铝作为混凝剂用于去除浊度时，最佳 pH 值范围是 6.5～7.5；用于去除色度时，pH 值在 4.5～5.5 之间。对于氯化铁等三价铁盐混凝剂，适用的 pH 值范围较铝盐混凝剂系列要宽，用于去除浊度时，最佳 pH 值在 6.0～8.4 之间；用于去除色度时，pH 值在 3.5～5.0 之间。对于聚合形态的混凝剂，如聚合氯化铝和其他高分子混凝剂，其混凝效果受水的 pH 值影响程度较小，因为它们的分子结构在投入水中之前就已经形成。

(2) 在生化处理工艺中，酸碱度和 pH 值通过影响微生物活性来调节降解速率

① 酸碱度的影响。在废水生化处理过程中，要求进水具有一定的碱度来中和掉微生物活动产生的短链酸等物质，使废水在生化反应过程中的 pH 值条件有所控制，保持在对微生物活动适宜的范围内。酸度较高的废水对微生物生理活动会起到抑制作用，对生化处理也是不利的。在好氧生化处理过程中，据估计每去除 1kg BOD_5 可中和 0.5kg 碱度（以碳酸钙计）；在厌氧消化系统正常运行时，碱度一般在 1000～5000mg/L（以碳酸钙计）之间，典型值在 2500～3500mg/L 之间。

② pH 值的影响。在活性污泥处理工艺中，pH 值的改变可能会引起细胞膜电荷的变化，从而影响微生物对营养物质的吸收和微生物代谢过程中酶的活性，会改变营养物质的供给性和有害物质的毒性，而且不利的 pH 值条件不仅影响微生物的生长，还会影响微生物的形态。最有效的 pH 值操作范围是 6.5～8.5，pH 值处于该范围之外的废水一般都需要进行调整。

因此，为了消除酸性废水和碱性废水中留存的酸碱度和 pH 值条件对后续处理的不利影响，必须在处理工艺中增加中和工序。在具体处理工艺方面，中和处理应首先考虑以废治废的原则，如酸、碱性废水相互中和或利用废碱（渣）中和酸性废水，利用废酸中和碱性废水。在没有这些条件时，可采用中和剂处理。酸性废水的中和处理选用碱性中和剂（石灰、石灰石、白云石、苏打、苛性钠等）或碱性废水，碱性废水的中和处理选用酸性中和剂（盐酸、硫酸、硝酸等）或酸性废水。酸碱废水（含酸量大于 3%～5%的酸性废水和含碱量大于 1%～3%的碱性废水）应优先考虑回收利用，只有当废水无回收利用价值时，才采用中和法处理。

此外，经工业企业预处理的废水，在排入城市排水管网前，为避免排水管道腐蚀，应对废水的 pH 值进行调整。pH 值不符合国家排放标准的废水，应调节 pH 值为 6.0～9.0，才可排入受纳水体。

10.3.3 残留杀菌剂成分的影响

水基切削液等废水中往往会含有一定浓度的杀菌剂，尤其是严重腐败后应急处理失败或因非腐败原因产生的废水，杀菌活性成分浓度可能高达10000mg/L以上，具有强烈的微生物毒性。它们进入废水处理装置，难以生物降解，并破坏污泥内菌群的活性；直接流入环境中会增加公共水体的负载，对水生动植物产生严重危害。

废水中残留的杀菌活性成分也会导致对废水可生化处理性的误判。在测定BOD时，根据样品预处理程序，必须将水样的COD稀释到1000mg/L或更低，此时残留的杀菌活性成分对生物降解的不利作用就可能被掩盖，而废水处理时进水的COD却很高，对微生物的毒害作用就显露出来，造成假阳性，即BOD_5/COD的数值很大，但实际上生化处理可行性差，甚至彻底失败。

因此，在废水中留存有杀菌剂成分的情况下，必须采用湿式氧化、微电解和膜生物反应器组合工艺对其进行脱除之后才能进行生化处理，增加了处理工序和处理成本，故废水中残留的杀菌剂成分应越少越好。

10.3.4 难降解有机物的影响

出于对提高产品防腐寿命的考虑，一些不易被微生物分解的有机物添加剂受到青睐，容易造成使用寿命理想但废水处理困难的问题。根据有机物被微生物降解的难易程度，以及是否有生物毒性，可将有机物分为四类（表10-3）。在废水处理环节，第一类有机物可直接采用生物化学处理工艺去除；对于第二类有机物，一般可以通过控制进水浓度、对微生物进行驯化、工艺技术和处理流程的优化等工艺学措施来提高其降解效果；第三类和第四类有机物通常难以用常规工艺处理，需要用到废水高级氧化工艺（Fenton试剂氧化法、臭氧催化氧化法、臭氧双氧水氧化法、电化学催化氧化法、多维电解吸附工艺、电子束氧化法、超临界水氧化法）或电化学絮凝法、射频复合法、树脂吸附法、曝气生物滤池法等工艺进行预处理后，方可进入后续处理系统。当采用单一的处理处置方法深度处理难降解有机废水无法达标排放时，宜采用多种方法组合工艺路线，最终实现达标排放。

表10-3 有机物按降解性分类

类别	特性	典型物质
第一类	易生物降解、对微生物无毒性	葡萄糖、甘油三酸酯、油酸
第二类	可生物降解、对微生物有毒性	甲醛、苯酚、硝基化合物

续表

类别	特性	典型物质
第三类	难生物降解、对微生物无毒性	木质素、纤维素、聚乙烯醇
第四类	难生物降解、对微生物有毒性	有机磷农药、喹啉、吡啶、多氯联苯

以Fenton试剂氧化法为例，其工艺流程见图10-1。废水在中间水池调节pH至2～4后，在氧化塔中Fenton试剂（过氧化氢与催化剂Fe^{2+}构成的氧化体系）把有机物大分子氧化成小分子，再把小分子氧化成二氧化碳和水，同时二价铁离子被氧化为三价铁离子，三价铁离子具有一定的絮凝作用，三价铁离子水解成氢氧化铁具有一定的网捕作用，从而净化水质。

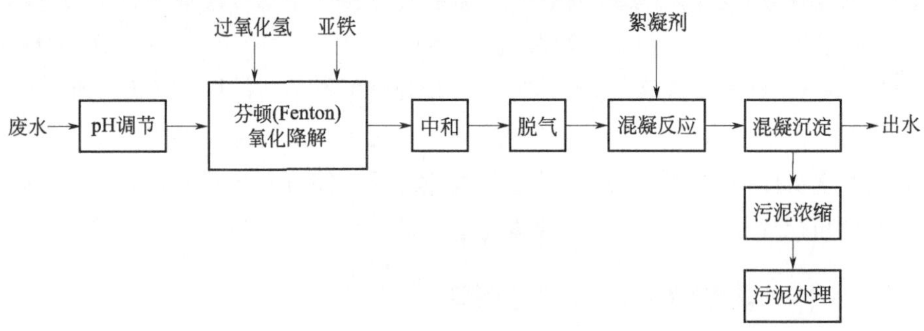

图10-1　Fenton试剂氧化法工艺流程（GB/T 39308—2020摘录）

10.3.5　添加剂溶解性的影响

配方所含添加剂的水溶性也与废水的可处理性有关。添加剂水溶性好有利于在生化处理过程中被微生物分解利用，但难以使用物理法或化学法分离，会增加后续废水处理负荷量。添加剂的油溶性越好（如矿物油和氯化石蜡），则越可能在废水隔油环节与水体分离，从而使余下的废水易于处理。

10.4　废水最少量原则

危险废物的减量化、资源化和无害化是应对水基金属加工液废水的指导原则。其基本思路首先是应采用先进适用的加工工艺和介质，贯彻实施有效的防腐技术以延长使用寿命，尽量减少工艺介质消耗量，也就间接降低了污染物的产生量和排放量；其次是应推进生产线整体性优化和推行介质循环利用，积极采用低废、少废、无废工艺；最后应考虑先进适用的废水处理技术。防腐技术的实施是现阶段实现废水最少量目标的主要途径，是清洁生产、循环经济和可持续发展的必然要求。

我国现行涉水法律均对节约水资源和减少废水排放等方面做出了规定，现将有关条款摘录如表 10-4 所示。

表 10-4 我国节水减排的相关法律条款摘录

法律名称	相关法律条款
《中华人民共和国环境保护法》	第三十六条　国家鼓励和引导公民、法人和其他组织使用有利于保护环境的产品和再生产品，减少废弃物的产生。 第四十条　国家促进清洁生产和资源循环利用。……企业应当优先使用清洁能源，采用资源利用率高、污染物排放量少的工艺、设备以及废弃物综合利用技术和污染物无害化处理技术，减少污染物的产生
《中华人民共和国水法》	第五十一条　工业用水应当采用先进技术、工艺和设备，增加循环用水次数，提高水的重复利用率
《中华人民共和国水污染防治法》	第四十四条　国务院有关部门和县级以上地方人民政府应当合理规划工业布局，要求造成水污染的企业进行技术改造，采取综合防治措施，提高水的重复利用率，减少废水和污染物排放量。 第四十八条　企业应当采用原材料利用效率高、污染物排放量少的清洁工艺，并加强管理，减少水污染物的产生
《中华人民共和国清洁生产促进法》	第十八条　新建、改建和扩建项目应当进行环境影响评价，对原料使用、资源消耗、资源综合利用以及污染物产生与处置等进行分析论证，优先采用资源利用率高以及污染物产生量少的清洁生产技术、工艺和设备。 第十九条　企业在进行技术改造过程中，应当采取以下清洁生产措施： (一)采用无毒、无害或者低毒、低害的原料，替代毒性大、危害严重的原料； (二)采用资源利用率高、污染物产生量少的工艺和设备，替代资源利用率低、污染物产生量多的工艺和设备； (三)对生产过程中产生的废物、废水和余热等进行综合利用或者循环使用； (四)采用能够达到国家或者地方规定的污染物排放标准和污染物排放总量控制指标的污染防治技术
《中华人民共和国循环经济促进法》	第二十七条　国家鼓励和支持使用再生水。在有条件使用再生水的地区，限制或者禁止将自来水作为城市道路清扫、城市绿化和景观用水使用。 第三十一条　企业应当发展串联用水系统和循环用水系统，提高水的重复利用率。企业应当采用先进技术、工艺和设备，对生产过程中产生的废水进行再生利用

企业在进行废水的末端处理前，或为使出水达到新的排放标准而对现有处理设备进行改造前，应着手制定废水减量化的方案。废水的减少和回用方法因厂而异。一般来说，废水减量技术可归纳为四种主要类别：资源管理和操作改进、更新设备、改变生产程序、再循环和再利用（表 10-5），这些技术不仅可应用于各种工业和制造过程，还可应用于危险和非危险的废水处理。

表 10-5 废弃物减量化途径和技术（参考美国 EPA）

措施	内容	措施	内容
资源管理和操作改进	检查和跟踪所有原材料 购买低毒或无毒的生产原料 使用高可靠性的原辅料 实施员工培训和管理反馈 改进材料的收集、储存和管理	改变生产程序	无害的原材料替代有害的原材料 分离废物进行回收 消除泄漏和溢出源头 把危险的和无危险的废物分开 重新设计和改进最终产品，使之无害 优化反应和原材料的利用
更新设备	安装资源利用率高、无废或少废的设备 改进设备以提高回收率或进行再循环 重新设计设备或生产线以减少废物产生量 改进设备的工作效率 保持严格的预防性处理程序	再循环和再利用	安装闭路循环系统 在线再循环实现回用 离线再循环实现回用 交换废物

为了实施此方案，需要对以下内容进行审查：

(1) 阶段Ⅰ——预评估

检查重点和准备；

鉴定单元操作和程序；

制定程序流程图。

(2) 阶段Ⅱ——物料平衡

确定原材料的进料量；

记录水的使用；

评估现有的实践和步骤；

确定过程的输出量；

说明排放方向：排入大气，排入废水，离线处置；

收集输入和输出信息；

建立初步物料平衡；

评估和细化物料平衡。

(3) 阶段Ⅲ——综合

确定选择方案：论证可行性，几种解决主要问题方案，进一步确认选择方案；

评估选择方案：技术，环境，经费；

准备行动计划：废物缩减计划，生产效率计划，培训。

第11章

水基金属加工液防腐技术面临的挑战

水基金属加工液的防腐已经历了几十年的实践与进步，从开始应用杀菌剂，到杀菌剂被市场广泛接受，再到生物稳定型配方概念的推广，防腐技术为提高产品使用价值、降低环境风险做出了巨大贡献。在不同历史阶段，防腐技术的侧重点与视角也有所不同，先后经历了侧重于追求高的微生物杀灭效力、向前追溯腐败原因防止再度腐败、向后采取综合预防措施寻求良好微生物控制过程等三个阶段，体现了防腐理念的持续创新。防腐技术的发展历程受到两个方面的制约，一是要随着化工添加剂、环境保护等行业和政策的发展而不断革新；二是需不断优化以适应机械加工设备和工艺技术的进步。在当前社会空前重视环境保护的大背景下，水基金属加工液防腐技术正面临一些新的挑战。

（1）关于甲醛释放体杀菌剂

甲醛释放体杀菌剂的应用颇具争议，乃至有机械加工行业用户谈甲醛色变。这其中既有混淆醛类杀菌剂与甲醛释放体杀菌剂的原因，亦有其他行业针对甲醛负面宣传的影响力所致。正确的观点应是充分发挥杀菌剂的效能，且将游离甲醛的浓度控制在安全范围内。虽然甲醛缩合物杀菌剂并未被全部禁止使用，但无甲醛金属加工液配方已在最近十来年开始逐渐流行起来，在一些传统上使用甲醛释放体杀菌剂的水基金属加工液领域，宣称不含甲醛往往能获得一定商业优势。产品失去醛基官能团的作用，防腐效能可能会下降，达成同等防腐效力所需付出的成本会增加。目前用于取代此类配方中甲醛释放体杀菌剂的首选是异噻唑啉酮类杀菌剂，除此之外，IPBC、BBIT、PCMX、PCMC、OPP 等也是良好的选项。

(2) 杀菌剂市场的变化

微生物抗性会继续降低现有杀菌剂的效率，导致对不同于现有分子结构和靶位的新型杀菌剂的需求增多，但现状是可用于水基金属加工液的杀菌活性成分的总数却在逐步减少。主要原因之一是法规的日趋严格限制了杀菌剂的选择和应用，对整个杀菌剂消费链造成了影响。在21世纪初的北美地区，尽管可用于金属加工液中的杀菌剂活性成分多达80种，但广泛使用的只有不到12种，却占据了金属加工液杀菌剂使用总量的90%以上。此外，新型杀菌剂活性物质的开发还受到市场环境和投资回报的影响。与日化品、纺织、涂料、水处理等行业相比，金属加工液行业用杀菌剂属于小众产品，产品数量较少、成本相对较高，这使得其研发工作缺乏足够的重视。杀菌剂活性物质的开发、注册成本高昂，据文献记载，一个新型杀菌剂的开发从研制到最终商品化通常需要8～10年，合成和筛选80000个化合物，耗资8000万～1.5亿美元。可以预见的是，在各工业发达国家法律法规的约束下，工业杀菌剂的选择面将会变窄，而许多新引入的活性成分在水基金属加工液中应用效果不佳，转而对用户在使用环节提出了更高要求，包括增加监控频率、提升卫生等级、加强系统清洗，以及更高频次的池边维护作业。

(3) 生物基材料应用增多

化学原材料革新进展迅速，产品将从依赖于有限的石油产品转变为来自可再生资源的、更加具有生物相容性和环境友好的原材料，如应用天然植物油来源的组分、以合成酯作为基础油等，使水基金属加工液产品面临新的微生物控制难题。植物油基产品对人体更加友好，但其抗腐败性能是严峻挑战，高润滑性能、低油雾产生量和对人体友好的优势也由于配方和应用层面的复杂性而受到严重削弱。非矿物基础油体系的水基金属加工液产品，也易使工作液丧失杂油兼容性，进而对加工系统的油路密封、净化作业等提出了更高的要求。

(4) 工艺介质系统的环境条件趋于温和

对于传统水基金属加工液产品而言，在切削加工领域保持工作液较高的pH和碱度有利于防腐败、防腐蚀，在清洗环节适当的高温条件可提高清洗去污效率，但是为了适应新材料、新工艺的发展，必须在工作液的技术指标上做出妥协。例如，有色金属应用越来越广泛，然而它们对酸碱等化学环境条件比较敏感，尤其是一些大型的、复杂的有色金属部件，加工时长可能长达一周以上，因而要求工艺介质具有低的腐蚀性。因此，一些较活泼的有色金属，如镁合金、铝合金、锌合金的机加工工艺介质的pH向近中性发展，使得微生物污染的形势更加严峻。此外，绿色节能技术的推广力度越来越大，如新型的水基常温高效清洗剂可以将工艺温度要求从传统的60℃以上降低到40℃以下，显著降低了能耗，但以往几乎无需关注的抗菌问题得以显现。

（5）重视工人权益与环境保护

随着工人权益意识不断提升，对工作环境质量的诉求不断提高。例如，要求加工现场使用低毒害或无毒害的金属加工液产品，反对通过简单地增加杀菌剂来达到延长工作液使用寿命的做法。水基金属加工液供应链中的各级企业必须考虑一线作业人员的合理诉求，亦有义务采用无毒、无害或者低毒、低害的原料，替代毒性大、危害严重的原料。同时，这也是清洁生产、可持续发展的基本要求，为防腐技术的发展方向和技术路线的确立提供了指导意见。

今后水基金属加工液在不断的技术迭代中，仍会继续与微生物做斗争，直至被新的加工工艺（如微量润滑、少无润滑等）所取代为止。可以预见，未来在相当长的时期内，水基金属加工液防腐技术仍将是备受关注的议题。

参考文献

[1] 王先逵. 机械制造工艺学 [M]. 3 版. 北京：机械工业出版社，2013.

[2] 张辉，杨林初. 先进制造技术概念与实践 [M]. 镇江：江苏大学出版社，2016.

[3] BYERS J P. 金属加工液 [M]. 2 版. 傅树琴，译. 北京：化学工业出版社，2011.

[4] 刘镇昌. 切削液技术 [M]. 北京：机械工业出版社，2008.

[5] 张康夫，黄本元，王余高，等. 暂时防锈手册 [M]. 北京：化学工业出版社，2011.

[6] 黄文轩. 润滑添加剂性质及应用 [M]. 北京：中国石化出版社，2011.

[7] 樊东黎，潘健生，徐跃明，等. 热处理技术手册 [M]. 北京：化学工业出版社，2009.

[8] 沈萍，陈向东. 微生物学 [M]. 8 版. 北京：高等教育出版社，2016.

[9] 魏民，张丽萍，杨建雄. 生物化学简明教程 [M]. 6 版. 北京：高等教育出版社，2020.

[10] 耿春女，高阳俊，李丹. 环境生物学 [M]. 北京：中国建材出版社，2015.

[11] 肖纪美. 材料学方法论的应用——拾贝与贝雕 [M]. 北京：冶金工业出版社，2000.

[12] 樊有海. 首届切削液用户调查（节选）报告 [J]. 金属加工（冷加工），2013 (13)：5-6.

[13] 樊有海. 第二届切削液用户调查报告 [J]. 金属加工（冷加工），2015 (11)：30-34.

[14] 赵国玺，朱珧瑶. 表面活性剂作用原理学 [M]. 北京：中国轻工业出版社，2003.

[15] 肖进新，赵振国. 表面活性剂应用原理 [M]. 北京：化学工业出版社，2003.

[16] TANT C O，BENNETT E O. The isolation of pathogenic bacteria from used emulsion oils [J]. Appl Microbiol，1956，4 (6)：332-338.

[17] CHENG C，PHIPPS D，ALKHADDAR R M. Treatment of spent metalworking fluids [J]. Water Research，2005，39 (17)：4051-4063.

[18] PASSMAN F J. Microbial problems in metalworking fluids [J]. Tribology & Lubrication Technology，1988，27 (2)：14～17.

[19] 谢娟，李便琴，屈撑囤. 环境污染与健康 [M]. 北京：石油工业出版社，2018.

[20] 冯薇荪，汪孟言，唐秀军. 润滑油的生物降解性能与其结构及组成的关系 [J]. 石油学报（石油加工），2000，16 (03)：48-57.

[21] 王彬，陶德华，蒋海珍. 可生物降解二聚酸酯类的合成及其摩擦磨损性能研究 [J]. 摩擦学学报，2005，25 (05)：403-407.

[22] 陈仪本，欧阳友生，黄小茉，等. 工业杀菌剂 [M]. 北京：化学工业出版社，2001.

[23] 王天军，彭伟，王瑜. 工业防腐剂应用手册 [M]. 北京：化学工业出版社，2011.

[24] 顾学斌，谢小保. 工业杀菌剂应用技术 [M]. 北京：化学工业出版社，2021.

[25] 顾学斌，王磊，马振瀛. 抗菌防霉技术手册 [M]. 2 版：北京：化学工业出版社，2019.

[26] 王春华，谢小保，曾海燕，等. 微生物对工业杀菌剂的抗药性研究进展 [J]. 微生物学通报，2007，34 (04)：791-794.

[27] 陈凯. 杀菌剂抗性阻止与治理概述 [J]. 江苏农业科学，2009 (05)：145-147.

[28] 陈艺彩，谢小保，施庆珊，等. 异噻唑啉酮衍生物类工业杀菌剂的研究进展 [J]. 精细与专用化学品，2010，18 (01)：43-46.

[29] 贺晓蓉. BIOBAN™ 586 及布罗波尔——液洗产品中的优势防腐剂 [J]. 日用化学品科学，2014，37 (11)：44-47，55.

[30] 吴颖，郦和生，王崇，等. 醇胺类的生物降解动力学及其对活性污泥法影响研究 [J]. 工业水

处理，2013，33（03）：68-70，80.
[31] RUDNICK L R. 润滑剂添加剂化学及应用 [M]. 2 版.《润滑剂添加剂化学及应用》翻译组，译. 北京：中国石化出版社，2016.
[32] PASSMAN F J. Current trends in MWF microbicides [J]. Tribology & Lubrication Technology，2010，66（5）：30-38.
[33] PASSMAN F J. Formaldehyde risk in perspective：a toxicological comparison of twelve biocides [J]. Lubrication Engineering，1996，52（1）：69-80.
[34] RENSSELAR J V. The future of metalworking fluid additives [J]. Tribology & Lubrication Technology，2015，71（3）：37-45.
[35] 柳荣. 采购与供应链管理：采购成本控制和供应商管理实践 [M]. 北京：人民邮电出版社，2018.
[36] 刘宝红. 采购与供应链管理：一个实践者的角度 [M]. 3 版. 北京：机械工业出版社，2019.
[37] 许保玖. 给水处理理论 [M]. 北京：中国建筑工业出版社，2000.
[38] 孙丰辉. 浅谈化学品管理外包 [J]. 石油商技，2008，26（03）：61-64.
[39] 张晓健，黄霞. 水与废水物化处理的原理与工艺 [M]. 北京：清华大学出版社，2011.
[40] 廖传华，朱廷风，代国俊，等. 化学法水处理过程与设备 [M]. 北京：化学工业出版社，2016.
[41] 廖传华，韦策，赵清万，等. 生物法水处理过程与设备 [M]. 北京：化学工业出版社，2016.
[42] 刘建伟. 污水生物处理新技术 [M]. 北京：中国建材工业出版社，2016.
[43] 冯宽利. 工业废水处理技术与工程实践 [M]. 北京：化学工业出版社，2020.
[44] 任南琪，丁杰，陈兆波. 高浓度有机工业废水处理技术 [M]. 北京：化学工业出版社，2012.
[45] 张自杰，王有志，郭春明. 实用注册环保工程师手册 [M]. 北京：化学工业出版社，2017.
[46] 林孔勋. 杀菌剂毒理学 [M]. 北京：中国农业出版社，1995.